I0796775

4° C ENTRE TOI ET MOI

BAP!
2025

BIENNALE
D'ARCHITECTURE
ET DE PAYSAGE
D'ÎLE-DE-FRANCE

SANA FRINI
PHILIPPE RAHM

AVANT-PROPOS

FOREWORDS

[FR] En 2100, la France pourrait enregistrer des températures en moyenne supérieures de 4 degrés à celles de l'ère préindustrielle.

Ces projections doivent nous interpeler, et nous pousser à remettre en question beaucoup de fondamentaux, et notamment ceux qui font la ville d'aujourd'hui.

Nous souffrons déjà du réchauffement climatique, avec des températures estivales de plus en plus insoutenables en ville mais aussi des événements soudains et violents qui nous rappellent notre vulnérabilité et le besoin impérieux de nous y adapter.

Le climat tempéré qui définissait la France n'est plus une certitude, et nous devons nous adapter à des conditions similaires à celles de régions du monde qui, au fil des siècles, ont appris à vivre avec des températures extrêmement élevées.

Notre manière de penser et de bâtir la ville doit donc se réinventer. Prenons l'histoire urbaine de ces régions pour exemple, et tirons-en le meilleur pour aménager nos villes. Les architectes et urbanistes des pays chauds ont une longueur d'avance sur nous et savent construire des villes résilientes à l'aune du réchauffement climatique.

Je pense notamment aux tours à vent persanes, aux patios végétalisés de Séville, aux corridors verts de Medellin, ou encore aux bassins de Jaipur en Inde, qui sont autant d'exemples ingénieux permettant de limiter la température de ces villes.

La 3e Biennale d'architecture et de paysage d'Île-de-France s'attèle à contribuer à cette profonde réflexion, et notamment à travers l'exposition *4° Celsius entre toi et moi*, portée par l'École nationale supérieure d'architecture de Versailles, qui explore la richesse de l'expertise architecturale du monde entier pour penser la ville française de demain.

La Région Île-de-France, qui porte un schéma directeur environnemental ambitieux devant contribuer à répondre au plus grand enjeu du XXIème siècle, s'inspirera fortement de ce travail prospectif pour bâtir une Île-de-France toujours plus résiliente.

— VALÉRIE PÉCRESSE
Présidente de la Région Île-de-France

[EN] By 2100, average temperatures in France could be 4 degrees higher than in the pre-industrial era.

These projections should challenge us and prompt us to rethink many of the fundamental principles that shape today's cities.

We are already experiencing the effects of global warming: increasingly unbearable summer temperatures in cities, along with sudden and violent weather events that remind us of our vulnerability and the urgent need to adapt.

The temperate climate that once defined France is no longer guaranteed, and we must prepare for conditions similar to those in regions that, over the centuries, have learned to live with extreme heat.

We must therefore rethink the way we design and build our cities. We should take inspiration from the urban history of these regions and apply its lessons to the way we plan our cities. Architects and urban planners in hot climates have an advantage over us and understand how to design cities that are resilient to global warming.

Persian wind towers, Seville's green patios, Medellín's green corridors, and Jaipur's pools are all ingenious examples of passive cooling strategies used to mitigate urban heat.

The 3rd Biennale d'Architecture et de Paysage d'Île-de-France is committed to fostering this critical reflection, particularly through the exhibition *4° Celsius entre toi et moi*, supported by the École Nationale Supérieure d'Architecture de Versailles, which explores global architectural expertise to envision the French city of tomorrow.

The Île-de-France region, which is developing an ambitious environmental master plan to tackle one of the greatest challenges of the 21st century, will rely heavily on this forward-thinking work to build an even more resilient Île-de-France.

— VALÉRIE PÉCRESSE
President of the Île-de-France Region

[FR] Depuis sa première édition en 2019, la biennale d'architecture et du paysage (la BAP) s'appuie sur les deux écoles nationales d'architecture et du paysage de Versailles.

Dans chacune de ces institutions, pour chaque BAP successive, un jury de spécialistes sélectionne un projet d'exposition qui puisse contribuer à éclairer le public et la réflexion des professionnels sur une thématique commune.

«La ville vivante» est celle choisie pour la BAP 2025. Les premiers critères qui ont conduit le jury à retenir la proposition de Philippe Rahm et de Sana Frini sont la clarté et la singularité de leur propos.

La littérature sur les conséquences du réchauffement climatique sur nos villes est en effet devenue excessive. Philippe Rahm et Sana Frini abordent le sujet avec un regard nouveau et d'une façon volontairement pédagogique destinée au plus grand nombre.

Ils partent d'un constat de base : l'augmentation inexorable de la température de la planète. En 2100, elle aura connu un réchauffement de quatre degrés. Leur travail a d'abord consisté à identifier, dans les pays subtropicaux, des pratiques architecturales permettant de se prémunir contre les effets néfastes du réchauffement climatique. Appliquant ensuite à ces observations une grille d'analyse temporelle, Philippe et Sana en tirent des exemples significatifs et offrent à travers eux des clés de lecture pour le passé, le présent et le futur.

Ils mettent en évidence la préoccupation permanente des sociétés humaines de devoir s'adapter au climat, conduisant à des typologies architecturales différentes en construisant des esthétiques.

Répondre à l'urgence climatique peut, dès lors, devenir une source non pas de bâtiments conçus comme de simples boîtes isothermes – ce qui serait le facteur d'un appauvrissement de la beauté de nos villes –, mais, au contraire, devenir l'occasion de revisiter des pratiques anciennes en les adaptant à la modernité.

Une réflexion sur l'architecture et la beauté, tout à la fois volontariste, optimiste et scientifique qui en paie le prix dans un moment où l'inquiétude relative aux conséquences de la hausse des températures et une forme d'enlaidissement de nos villes et de nos paysages pourraient nous conduire à une nostalgie paralysante du passé.

— FRANÇOIS DE MAZIÈRES
Maire de Versailles

[EN] Since its first edition in 2019, the Biennale d'Architecture et du Paysage (BAP) has been supported by the two national schools of architecture and landscape at Versailles.

In each of these institutions, for each successive BAP, a jury of specialists has been set up to select an exhibition project that can contribute to enlighten the public and professional reflection on a common theme.

The "Living City" was chosen for BAP 2025. The first criterion that led the jury to select Philippe Rahm and Sana Frini's proposal was the clarity and singularity of their message.

The literature on the impact of global warming on our cities has become overabundant. Philippe Rahm and Sana Frini take a fresh look at the subject, with a deliberately educational approach aimed at the widest possible audience.

Their starting point is a basic observation: the inexorable rise in global temperature. By 2100, the planet will have warmed by four degrees. Their work began by identifying architectural practices in subtropical countries that could help protect against the harmful effects of global warming. Applying a temporal analysis grid to these observations, Philippe and Sana draw out significant examples, providing keys to answers to the past, present and future. They highlight the constant concern of human societies to adapt to the climate, leading to different architectural typologies and, in so doing, building aesthetics.

Responding to the climate emergency can therefore become a source not of buildings designed as simple isothermal boxes, which would be a factor in impoverishing the beauty of our cities, but on the contrary become an opportunity to revisit ancient practices by adapting them to modernity.

A reflection on architecture and beauty, at once voluntarist, optimistic and scientific, which makes it worthwhile at a time when concern over the consequences of rising temperatures and a form of uglification of our cities and landscapes could lead us to a paralysing nostalgia.

— FRANÇOIS DE MAZIÈRES
Mayor of Versailles

[FR] Là où le XXe siècle a compté les distances en temps de trajet et converti le territoire en nombre d'heures de TGV ou d'avion, accélérant par là même la compression du monde, Sana Frini et Philippe Rahm proposent pour l'École nationale supérieure d'architecture de Versailles une autre vision de la géographie. Celle, presque inéluctable, d'un glissement progressif de latitude, d'une distance qui se compterait désormais, à l'aune du réchauffement climatique, en degrés Celsius. Le dérèglement climatique dû aux gaz à effet de serre d'origine anthropique, formellement identifié par le 4e rapport du GIEC en 2007, prévoit une élévation progressive des températures, comme un glissement de latitude de quelques milliers de kilomètres, invitant en 2100 le climat du Texas à New York, celui d'Ankara à Stockholm, et celui de Mexico à Versailles. C'est précisément ce glissement – aussi stupéfiant soit-il – qui anime les commissaires de notre biennale, basés respectivement dans ces deux dernières métropoles.

L'exercice du déplacement est au centre du travail de Philippe Rahm depuis ses débuts. En 2022, il me relatait, dans un entretien pour la précédente biennale, le moment fondateur où, alors jeune architecte, il avait « *pris conscience du phénomène grâce à une climatologue du GIEC, rencontrée à l'EPFL en 1996 ou en 1997. Après avoir beaucoup discuté avec elle ce jour-là, Jean-Gilles Décosterd et moi étions repartis avec le premier rapport du GIEC sous le bras et l'accès à un petit logiciel permettant déjà de simuler l'évolution du climat, selon la date, la teneur en CO_2 de l'atmosphère, et d'autres paramètres*. »[1] Philippe Rahm a alors utilisé cette capacité de projection en architecture, envisageant les climats des lieux non comme des héritages géolocalisés et figés, mais plutôt comme des conditions futures possibles, mouvantes, porteuses de changement, et donc de potentiel d'architecture.

Si la biennale se fonde sur ce glissement physique, il s'agit aussi, nécessairement, d'un voyage culturel et d'une rencontre avec Sana Frini, née en Tunisie et installée à Mexico. Évoluant dans une jeune génération d'architectes qui opère dans des climats chauds et explorant les techniques vernaculaires, Sana incarne le déplacement des enjeux de nos climats nord-européens, de moins en moins tempérés.

Ensemble, au travers de cette exposition pour l'École nationale supérieure d'architecture de Versailles, ils montrent que ce voyage et la migration des idées qu'il implique sont peut-être la conséquence la plus réjouissante et la seule conclusion heureuse au changement climatique, nous permettant d'habiter ensemble un monde qui se trouble.

— NICOLAS DORVAL-BORY
Architecte et directeur de l'École nationale supérieure d'architecture de Versailles.

1 [...] RAMILLIEN, éditions Polygone et ENSA-Versailles, Versailles, 2022

4 °C ENTRE TOI ET MOI EST L'HISTOIRE DU VOYAGE. OU PLUTÔT, DU DÉPLACEMENT.

'4 °C ENTRE TOI ET MOI' IS A STORY OF TRAVEL. OR RATHER, OF DISPLACEMENT.

[EN] While the 20th century measured distances in travel time, converting geography into hours of high-speed rail or air travel and accelerating the compression of the world, Sana Frini and Philippe Rahm for the École nationale supérieure d'architecture de Versailles propose a different vision of geography: one shaped by an almost inescapable shift in latitude, a displacement now measured in degrees Celsius in the era of global warming. Climate disruption due to anthropogenic greenhouse gases, formally identified by the^4th IPCC report in 2007, predicts a gradual rise in temperatures, like a latitude shift of a few thousand kilometres. By 2100, Texas' climate could reach New York, Ankara's could shift to Stockholm, and Mexico City's could settle in Versailles. It is precisely this shift – as staggering as it may be – that motivates the curators of our biennial, based respectively in the latter two metropolises.

The exercise of displacement has been at the heart of Philippe Rahm's work since the very beginning. In a 2022 interview for the previous biennial, he recalled a seminal moment as a young architect when he first grasped the phenomenon: "*I became aware of it thanks to an IPCC climatologist I met at EPFL in 1996 or 1997. After much discussion with her that day, I and Jean-Gilles Décosterd left with the IPCC's first report under our arms and access to a small software that could already simulate climate change, depending on the date, the CO2 content of the atmosphere and other parameters*'[1]. Philippe Rahm then used this capacity for projection in architecture, envisaging the climates of places not as geolocated, fixed heritages, but rather as possible future conditions, in flux, bringing change, and therefore architectural potential. While the biennial is grounded in this physical shift, it is also, inevitably, a cultural journey—one that led to the encounter with Sana Frini, who was born in Tunisia and now lives in Mexico City. Part of a younger generation of architects working in warm climates and exploring vernacular techniques, Sana embodies the shifting challenges of our increasingly temperate northern European climates.

Together, through this exhibition for the École nationale supérieure d'architecture de Versailles they reveal that this journey—and the migration of ideas it entails—may be one of the rare positive consequences of climate change, allowing us to envision a shared future in a world undergoing profound transformation.

— NICOLAS DORVAL-BORY
Architect and director of the École nationale supérieure d'architecture de Versailles.

1 VISIBLE/INVISIBLE, edited by Nicolas DORVAL-BORY and Guillaume RAMILLIEN, éditions Polygone and ENSA-Versailles, Versailles, 2022

[FR] NOTE DES COMMISSAIRES SANA FRINI ET PHILIPPE RAHM

Architectes et commissaires de l'exposition "4° Celsius entre toi et moi", 3ème biennale d'architecture et de paysage d'Île-de-France

Le constat, officiellement annoncé en 2023 par l'ancien ministre français de la transition écologique Christophe Béchu[1], est que la France connaîtra une hausse de +4 °C des températures d'ici à 2100. Avec le réchauffement climatique, le climat aujourd'hui tempéré de Paris (et des autres villes de même latitude nord) deviendra jusqu'en 2100 subtropical, chaud et sec en été, doux en hiver avec de fortes pluies, correspondant à l'actuel plus au sud, que connaissent le Mexique, la Tunisie ou la Corée.

Selon le rapport de Météo-France, cela se traduira concrètement à Paris en 2100 par[2] :

EN ÉTÉ :
Une hausse des températures moyennes allant jusqu'à +5,3 °C ;
Une forte augmentation du nombre de jours de canicule qui atteindrait 3 à 26 jours par an, au lieu de 1 jour en moyenne aujourd'hui ;
Une accentuation des sécheresses.

EN HIVER :
Une hausse des températures moyennes allant jusqu'à +3,9 °C et la baisse des périodes de gel ;
Une augmentation de la quantité d'eau dans les pluies sans augmentation significative du nombre de jours de pluie.

L'argument de notre exposition intitulée « 4 ° Celsius entre toi et moi » est que les architectes et les urbanistes exerçant dans les climats tempérés du nord comme celui de Paris doivent aujourd'hui regarder au sud, vers ces climats semi-arides, subtropicaux, méditerranéens, voire arides et tropicaux, pour trouver les modèles de l'architecture et de l'urbanisme. Afin de construire leur futur, ils

[EN] CURATOR´S NOTE SANA FRINI AND PHILIPPE RAHM

Architects and curators of the exhibition *4° Celsius Between You and Me* 3rd Biennial of Architecture and Landscape of Île-de-France

The conclusion, officially announced in 2023 by former french Minister for Ecological Transition Christophe Béchu[1], is that temperatures in France will rise by + 4° C by 2100. With global warming, the current temperate climate in Paris (and other cities in even latitude north) will become subtropical by 2100, hot and dry in summer, mild in winter with heavy rainfall, corresponding to the current further south, as in Mexico, Tunisia or Korea.

According to the Météo-France report, this will translate into[2] in Paris by 2100:

SUMMER:
A rise in average temperatures of up to +5.3 °C;
A sharp increase in the number of heatwave days, reaching 3 to 26 days per year, instead of an average of 1 day today;
Increasing drought.

WINTER:
An increase in average temperatures of up to +3.9 °C and fewer periods of frost;
An increase for water in the rainfall without any significant increase in the number of rainy days.

The argument behind our exhibition entitled '4° Celsius between you and me' is that architects and urban planners working in temperate northern climates such as Paris today need to look at these semi-arid, subtropical, mediterranean, even arid and tropical climates, to find models for architecture and urban planning. To build their future, they will draw inspiration from practical solutions in subtropical climates to fight heat, drought, rain, floods and fires, with the aim of acquiring the know-how to build,

vont s'inspirer des solutions pratiques des climats subtropicaux pour lutter contre la chaleur, la sécheresse, les pluies, les inondations et les incendies, dans le but d'acquérir un savoir-faire leur permettant de construire, transformer et adapter les bâtiments et les villes des latitudes plus au nord à cette hausse des températures et la multiplication des canicules. Le paysage urbain des climats tempérés va ainsi se « méditerranéiser », se « tropicaliser[3] » au cours du XXIe siècle. Cette transformation climatique et hydrographique des villes du nord va entraîner une révolution de l'esthétique de l'architecture et des villes, de leurs formes et de leurs apparences, et plus profondément de la culture, des us et coutumes et de l'art de vivre pour être en adéquation avec ces nouvelles conditions extérieures matérielles.

Notre exposition propose alors de se pencher sur ces modèles du sud déjà conçus pour résister à ces nouvelles températures, aux sécheresses, aux fortes pluies et aux inondations, en présentant les modèles du passé (architecture vernaculaire d'avant les énergies fossiles), ceux d'aujourd'hui (architecture contemporaine), et finalement des projections comme anticipation des anciennes villes tempérées qui sont en train de se « tropicaliser », se « méditerranéiser » d'ici à 2100 et des autres villes de même latitude, imaginées par des critiques d'architecture, historiens ou philosophes.

1 https://www.ecologie.gouv.fr/france-sadapte-christophe-bechu-runi-elus citoyens-acteurs-economiques-societe-civile-et-experts

2 La Brochure de l'Agence parisienne du climat et de Météo-France, « Le réchauffement climatique à Paris », 2019, (https://www.teddif.org/sites teddif/files/fichiers/2019/04/brochure-le-changement-climatique-paris.pdf indique les prévisions suivantes pour Paris pour 2100:

- *Une augmentation du nombre de jours très chauds (température maximale supérieure à 30 °C) qui atteindrait 10 à 45 jours par an à la fin du siècle, contre 10 jours en moyenne aujourd'hui.*
- *Une augmentation du nombre de jours extrêmement chauds (température maximale supérieure à 35° C) qui atteindrait 1 à 12 jours par an à la fin du siècle, contre 1 jour en moyenne aujourd'hui.*
- *Une forte augmentation du nombre de jours de vagues de chaleur (période d'au moins cinq jours consécutifs avec une température maximale quotidienne dépassant de plus de 5 °C la normale climatique) qui atteindrait 21 à 94 jours par an, contre 7 jours en moyenne toutes saisons confondues aujourd'hui.*
- *Une forte augmentation du nombre de jours de canicule (moyenne de la température minimale sur trois jours supérieure à 21 °C et moyenne de la température maximale sur trois jours supérieure à 31 °C) qui atteindrait 3 à 26 jours par an, au lieu d'un jour en moyenne aujourd'hui.*

3 L'expression est de l'artiste Dominique Gonzalez-Foerster

transform and adapt buildings and cities in more northerly latitudes to these rising temperatures and increasing heatwaves. The urban landscape of temperate climates will thus 'mediterraneanize', 'tropicalize'[3] over the course of the XXIst century. This climatic and hydrographic transformation of northern cities will bring about a revolution in the aesthetics of architecture and cities, in their forms and appearances, and more profoundly in culture, habits and customs, and the art of living to match these new material outdoor conditions.

Our exhibition takes a closer look at these models already designed to withstand these new temperatures, droughts, heavy rains and floods, presenting models from the past (vernacular architecture before fossil fuels), those of today (contemporary architecture), and, finally, projections that anticipate former temperate cities becoming 'tropicalized', becoming 'mediterraneanized' by 2100 and other cities at same latitude, imagined by architectural critics, historians and philosophers.

1 https://www.ecologie.gouv.fr/france-sadapte-christophe-bechu-reuni-elus-citoyens-acteurs-economiques-societe-civile-et-experts

2 The Paris Climate Agency and Météo-France brochure, "Global Warming in Paris", 2019, (https://www.teddif.org/sites/teddif/files/fichiers/2019/04/brochure-le-changement-climatique-paris.pdf) shows the following forecasts for Paris in 2100

- *An increase in the number of very hot days (maximum temperature over 30°C), which could reach 10 to 45 days a year by the end of the century, compared with an average of 10 days today.*
- *An increase in the number of extremely hot days (maximum temperature over 35°C), which could reach 1 to 12 days a year by the end of the century, compared with 1 day on average today.*
- *A sharp increase in the number of heatwave days (a period of at least five consecutive days with a maximum daily temperature more than 5°C above normal), which could reach 21 to 94 days a year, compared with an average of 7 days for all seasons combined today.*
- *A sharp increase in the number of heatwave days (three-day average minimum temperature above 21°C and three-day average maximum temperature above 31°C), which would reach 3 to 26 days a year, instead of the current average of one day.*

3 The expression comes from artist Dominique Gonzalez-Foerster

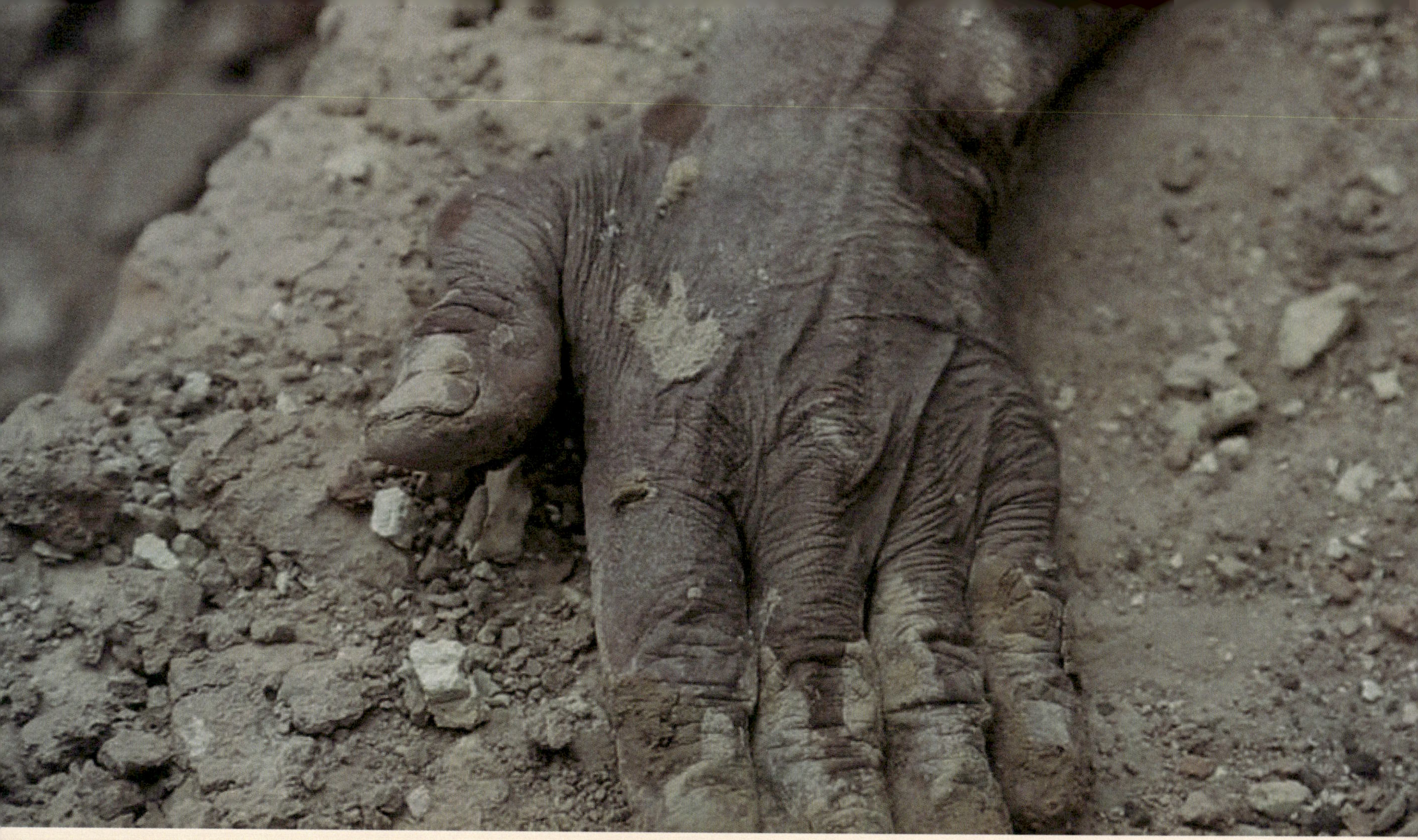

[FR]

QUATRE DEGRÉS CELSIUS ENTRE TOI ET MOI

INTRODUCTION GÉNÉRALE PAR PHILIPPE RAHM ET SANA FRINI

[EN]

FOUR DEGREES CELSIUS BETWEEN YOU AND ME

GENERAL INTRODUCTION BY PHILIPPE RAHM AND SANA FRINI

[FR] Le réchauffement climatique en cours produit une migration progressive des climats[1] de l'équateur vers les pôles de l'ordre d'un peu plus de 1 mètre par heure[2]. Cela signifie que le climat de l'Afrique du Nord d'autrefois va être celui de l'Europe de demain; celui de l'Afrique du Nord va devenir celui de l'Afrique équatoriale, tandis que celui de l'Afrique équatoriale connaîtra quelque chose d'inconnu, d'extrêmement chaud et en réalité inhabitable pour les humains. Il est ainsi prévu que le climat de New York en 2100 sera semblable à celui de la Colombie[3], tandis que celui de Paris ressemblera à celui de la région des Marches en Italie[4], voire plus au sud encore selon les différents scénarios du GIEC. Il faut aussi noter que les températures ont déjà augmenté depuis le début des émissions anthropiques massives de CO_2 à partir du XIXe siècle, la température moyenne annuelle de Rome, par exemple, étant passée de 14,6 °C en 1980 à 16,3 °C en 2020[5].

Les conséquences de ce glissement progressif global du climat sont matérielles, écologiques. Il entraîne et entraînera une migration générale et continue du vivant[6], des animaux et des plantes, du sud vers le nord[7] de la planète. On évalue[8] ce glissement général des biotopes en transition vers les latitudes nord plus froides d'environ 1° de latitude tous les dix ans, ce qui revient à dire que l'habitat naturel du vivant se déplace du sud vers le nord à plus de 11 km par année, soit environ 1,3 mètre par heure. Selon ces calculs, le climat de Paris d'autrefois (de l'année 1960 par exemple), situé à 48,5° latitude nord, ne sera plus, en 2100, à Paris, mais 1500 km plus au nord (11,2° plus au nord), à 59,7° de latitude nord, vers Stockholm en Suède, tandis que la ville de Paris connaîtra en 2100 un climat semblable à celui d'Athènes, 11,2° plus au sud, à 37,3° de latitude.

MIGRATION ASSISTÉE

Face à l'augmentation de température de leur habitat naturel, les espèces végétales et animales voient leur biotope originel devenir trop chaud,[9] se délocaliser toujours plus au nord de l'Europe, mais selon une progression vers les pôles parfois plus rapide que leur capacité à s'adapter[10] ou à migrer naturellement par elles-mêmes plus au nord. Les animaux sauvages qui ont des pattes, des ailes ou des nageoires pour se mouvoir ont commencé cette migration globale du sud vers le nord. Deux tiers des oiseaux européens, par exemple, « se sont déjà déplacés vers des zones plus fraîches au cours des trente dernières années, en moyenne de 100 kilomètres et surtout vers le nord et l'est.[11] » Les animaux rencontrent en réalité d'immenses difficultés dans leur progression[12], et cela plus spécifiquement en ce qui concerne les animaux terrestres qui croisent des chaînes de montagnes, des mers, des zones urbanisées[13] qui empêchent leur déplacement et leur établissement plus au nord, menant à leur extinction. C'est bien sûr encore plus catastrophique pour les plantes qui n'ont pas de pattes pour se déplacer[14] et ne peuvent s'adapter à la transformation du climat où elles sont implantées. L'Observatoire des forêts françaises le constate déjà aujourd'hui où les essences d'arbres locaux n'arrivent plus à survivre dans leur région d'origine aux températures qui ont déjà augmenté[15].

Pour faire face à ces menaces d'extinction sur le végétal et à la perte de biodiversité en conséquence, l'Office national de forêt (ONF) en France a lancé le projet GIONO[16] de ce que l'on appelle « migration assistée », qui teste l'implantation au nord de la France en forêt de Verdun[17] d'essences d'arbres originaires du sud de la France plus aptes à survivre dans ces régions nordiques au climat qui se réchauffe et qui deviendra leur nouveau biotope originel dans quelques années. Le Canada[18], la Belgique[19] ou la Suisse,[20] parmi d'autres pays, ont engagé ces procédures de migration assistée du végétal qui verront finalement une transformation des paysages millénaires des régions françaises qui vont se « méditerranéiser » ou s'hispaniser, tandis qu'on retrouvera les anciens paysages de nos régions françaises au nord de l'Allemagne où de l'Angleterre. Dans cette grande migration, d'autres vivants, moins visibles, les bactéries et les virus, remontent également vers le nord[21]. Ainsi le Chikungunya, la Dengue ou le virus Zika passent la Méditerranée et les océans et progressent en Europe, amenant de nouvelles maladies, mais aussi un nouveau microbiome. Le changement climatique est ainsi aussi un changement microbien: toute une écologie de l'infiniment petit est également chamboulée avec le réchauffement climatique. Des écosystèmes qui s'étendent finalement des forêts à la peau, de la terre végétale aux intestins humains, migrent ou doivent migrer aujourd'hui tant bien que mal du sud vers le nord en raison de la hausse des températures.

ARCHITECTURE EN MIGRATION

Qu'en est-il des humains justement? Ce glissement progressif global du climat a et aura des conséquences matérielles, écologiques, sanitaires pour les humains qui devront notamment affronter en France en été des sécheresses et des canicules de plusieurs semaines d'ici à 2100, des pluies tropicales et des inondations les autres saisons[22]. Car le climat de la France, autrefois tempéré est en train de se transformer en un climat subtropical ou semi-aride. Les conséquences ne resteront pas que matérielles. Parce que les modes de vie devront aussi s'adapter, le changement climatique entraîne et entraînera aussi des transformations culturelles, esthétiques et sociales, qui verront l'art de l'architecture et de l'urbanisme du sud migrer vers le nord, afin de trouver dans les anciens climats du nord de l'Afrique ou du sud de l'Europe des modes de bâtir adaptés à cette nouvelle chaleur. L'architecture des climats tempérés va ainsi se tropicaliser, se « méditerranéiser » pour s'adapter au nouveau climat français à + 4° Celsius dans les années qui viennent.

En architecture et en urbanisme, toute l'esthétique et la pratique sont déjà en train de changer. Le triple enjeu aujourd'hui de l'architecture et de l'urbanisme en France, comme dans ces mêmes latitudes nord, est celui de réduire les émissions de CO_2 du secteur, de construire comme si nous étions déjà dans le climat du sud de l'Espagne et non plus dans celui de la France, et de recourir au maximum à des solutions passives pour ne pas dépendre totalement de l'air conditionné et d'une abondance en énergie qui ne nous est plus donnée. Pour ces raisons, nous devons nous inspirer pour bâtir le futur autant de la culture contemporaine de l'Europe du Sud ou du nord de l'Afrique que celle, plus ancienne, d'avant l'usage de l'air conditionné : toutes ces solutions pratiques d'autrefois mises en place pour résister à la chaleur et que l'on a trop interprétées au XXe siècle comme l'expression architecturale de raisons culturelles, sociales ou religieuses. Il faudra dès lors se pencher, étudier et faire migrer en France toutes les solutions architecturales que l'on trouvait en Afrique du Nord, dans le sud de l'Espagne, en Inde, au Portugal ou en Italie avant l'arrivée de l'air conditionné afin de pouvoir résister aux températures qui montent, à la sécheresse, aux inondations, aux incendies qui vont devenir notre nouvel environnement matériel.

Doit-on toujours se protéger des vents froids en se fermant au nord et en s'ouvrant au sud ou bien ne doit-on pas plutôt aujourd'hui profiter de ces vents quand ils soufflent pour refroidir les villes en été ou plutôt, comme à Nefta en Tunisie, ouvrir les rues dans le sens du vent ? Doit-on toujours offrir des façades de béton, de pierre ou de briques quand on sait que ces matériaux à forte inertie thermique vont emmagasiner de la chaleur l'été toute la journée et la restituer le soir dans les rues et à nos fenêtres, nous empêchant de profiter de la fraîcheur de la nuit ? Ne doit-on pas repenser plus sérieusement tous les dispositifs de protections solaires pour éviter qu'en été la chaleur radiante pénètre et surchauffe encore plus les intérieurs ? Ne devrions-nous pas aussi faire migrer avec le végétal les savoir-faire architecturaux traditionnels du sud vers le nord ? Reprendre les modèles d'arcades de Garrovillas en Espagne et de loggia des maisons du Caire en Égypte, les rues couvertes de Cisternino en Italie ou de Tozeur en Tunisie, les anciens velums (toldos) de Séville en Espagne, les moucharabiehs de Jaipur en Inde ou ceux de l'Alhambra de Grenade en Espagne qui protègent de la chaleur du soleil tout en permettent à l'air de passer quand sa température est chaude, mais pas au-delà de 35 °C, celle de la peau ? Ne doit-on pas regarder et s'inspirer aussi de tous ces systèmes domestiques ou urbains pour répondre à la sécheresse estivale que l'on trouvait, par exemple, en Inde, dans le Maghreb ou en Iran où l'on récupérait les eaux de pluie de printemps pour en profiter l'été, à la fois comme réserve d'eau potable, mais aussi pour rafraîchir les maisons par évaporation à l'aide de fontaines comme celles des riads marocains, de lacs comme les *stepwells* indiens ou de rivières intérieures à la manière de celles du Red Fort à Delhi ou de Darb Jhelum à Kashan en Iran ? N'est-ce pas aujourd'hui utile de stocker sous un patio intérieur un réservoir d'eau de pluie qui, par conduction, rafraîchira l'espace comme dans les maisons de Sidi Bou Saïd ou les trulli des Pouilles ? Ne doit-on pas apprendre et reproduire en France les anciennes traditions des systèmes de refroidissement convectif des climats arides, où l'on crée des courants d'air pour éviter la stagnation et l'augmentation de la chaleur dans les intérieurs en été, à la manière des tours de Yazd en Iran ou d'Hyderabad au Pakistan autrefois, qui captent le vent en hauteur pour le faire descendre dans les intérieurs des maisons ? Ou de la même manière, placer des impostes, des oculi sous ou dans les toits pour évacuer en hauteur l'air chaud qui naturellement monte et garder ainsi les parties basses des chambres plus fraîches telles qu'on le trouve au panthéon de Rome ou dans la grande mosquée d'Ispahan ? Ne devrait-on pas copier ces pavements de céramique ou de marbre que l'on trouve au Maroc, au Portugal ou en Italie qui, quand ils sont à l'ombre, grâce à leur haute effusivité thermique, rafraîchissent l'air et nos corps quand on y pose les pieds ? Ne devrait-on pas s'inspirer de la couleur claire des maisons de Lanzarote, de Grèce ou du Portugal pour en augmenter l'albédo et protéger les intérieurs des maisons de la chaleur des rayons de soleil ? Ne pourrait-on pas plus franchement profiter de la fraîcheur constante des sous-sols comme à Matmata en Tunisie, Guadix en Espagne ou Matera en Italie ? Et bien sûr, face aux pluies et aux inondations, ne faudrait-il pas regarder et importer les solutions des climats chauds et humides, les pilotis des maisons anciennes de la province de Pichit en Thaïlande ou ceux de Célèbes en Indonésie ?

1 "A substantial shift in the spatial distribution is detected in the North Atlantic and projections of range shift using IPCC scenarios suggest a poleward movement of the species of one degree of latitude per decade for the 21st century. The shift in the spatial distribution of this species reveals a pronounced alteration of polar pelagic ecosystems with likely implications for lower and upper trophic levels and some biogeochemical cycles." Helaouët, P., Beaugrand, G. Physiology, Ecological Niches and Species Distribution. Ecosystems 12, 1235–1245 (2009). https://doi.org/10.1007/s10021-009-9261-5 – https://e360.yale.edu/features/redrawing-the-map-how-the-worlds-climate-zones-are-shifting

2 https://link.springer.com/article/10.1007/s10021-009-9261-5

3 https://www.upi.com/Top_News/US/2022/07/25/US-cities-similar-to-Mideast-by-2100/4521658778000/

4 https://fitzlab.shinyapps.io/cityapp/

5 https://en.wikipedia.org/wiki/Climate_change_in_Italy

6 « Les changements climatiques anthropiques prévus auront pour effet général le déplacement des habitats de nombreuses espèces vers le pôle ou en altitude par rapport à leurs emplacements actuels. Les changements climatiques influeront différemment sur les espèces ; celles-ci connaîtront des taux de migration différents, dans des paysages fragmentés, et les preuves de ces changements n'apparaîtront que lentement dans les écosystèmes dominés par des espèces à longue durée de vie (arbres longévifs, etc.). Un changement de la composition de la majorité des écosystèmes actuels est probable, étant donné que les migrations des espèces composant un écosystème ne seront pas simultanées. Les changements les plus rapides sont prévus dans les régions où ils seront accélérés par des variations des régimes de perturbations non climatiques naturelles et anthropiques. » LES CHANGEMENTS CLIMATIQUES ET LA BIODIVERSITÉ, Document technique V du GIEC, Avril 2002

7 La migration se fait du sud vers le nord dans l'hémisphère nord, et du nord vers le sud dans l'hémisphère sud.

8 Selon le scénario optimiste du GIEC de +1,5°C. Le déplacement pourrait être beaucoup plus rapide selon les scénarios aujourd'hui plus probables d'un réchauffement de +4°C.

9 « Les modèles d'écosystèmes et climatiques indiquent que, sur une grande échelle, les zones climatiques adaptées aux espèces de plantes tempérées et boréales pourront connaître un déplacement de 200 à 1 200 km vers le nord d'ici à 2100 (étant donné le réchauffement prévu de 2 à 8°C pour la plupart des masses terrestres aux latitudes moyennes et élevées). Des processus tels que la disparition, la modification et la fragmentation des habitats, et l'introduction et l'expansion d'espèces étrangères influeront sur les incidences des changements climatiques. Une prévision réaliste de l'état futur des écosystèmes mondiaux doit tenir compte des types d'utilisation des ressources terrestres et marines par les populations humaines, lesquels auront d'importantes répercussions sur la capacité de migration des organismes confrontés aux changements climatiques. » LES CHANGEMENTS CLIMATIQUES ET LA BIODIVERSITÉ, Document technique V du GIEC, Avril 2002

10 Selon Curtis A. Deutsch de l'Université de Washington, USA, il semblerait que les animaux des latitudes plus froides aient plus de résilience face à une montée des températures tandis que les animaux des régions plus équatoriales ne le sont pas, ce qui conduirait à une plus grande extinction là où la biodiversité est la plus grande :
https://www.pnas.org/doi/epdf/10.1073/pnas.0709472105

11 https://www.snf.ch/fr/L87r5MxWR72qESBh/news/les-oiseaux-qui-fuient-le-rechauffement-climatique-sont-ralentis-par-des-obstacles

12 https://www.wwf.fr/sites/default/files/doc-2017- 09/151110_rapport_impacts_du_changement_climatique_sur_les_especes.pdf /

13 La dernière difficulté contre laquelle tentent de répondre les programmes politiques de mise en place des corridors écologiques.

14 « Approximately half of the species assessed globally have shifted polewards or, on land, also to higher elevations (very high confidence). Biological responses including changes in geographic placement and shifting seasonal timing are often not sufficient to cope with recent climate change (very high confidence). Hundreds of local losses of species have been driven by increases in the magnitude of heat extremes (high confidence) and mass mortality events on land and in the ocean (very high confidence)" IPCC, 2023: Sections. In: Climate Change 2023: Synthesis Report. Contribution of Working Groups I, II and III to the Sixth Assessment Report of the Intergovernmental Panel on Climate Change
[Core Writing Team, H. Lee and J. Romero (eds.)]. IPCC, Geneva, Switzerland, pp. 35-115, doi: 10.59327/IPCC/AR6-9789291691647.

15 https://foret.ign.fr/themes/la-sante-des-forets-se-degrade

16 https://www.onf.fr/onf/+/2f9::projet-giono-en-images-le-grand-exode-climatique-des-arbres.html

17 Des programmes similaires sont engagés dans de nombreux pays d'Europe comme en Belgique testant l'implantation d'arbres originaires d'Italie ou du Sud de la France en Belgique (https://www.treesforfuture.be/le-projet/forets-et-changements-climatiques/la-migration-assistee/)

18 https://ressources-naturelles.canada.ca/changements-climatiques/changements-climatiques/adaptation/la-migration-assistee/1312

19 https://www.treesforfuture.be/le-projet/forets-et-changements-climatiques/la-migration-assistee/

20 https://www.wsl.ch/fr/biodiversite/adaptation-et-evolution

21 Ainsi, le rapport de la World Health Organisation (WHO) de 2017 explique : "Mosquito-borne diseases (MBDs) are spreading worldwide, including in temperate regions, due to the impact of climate change, the increase in human travel and commercialization, and other factors such as urbanization and land-use changes. Several emerging mosquito-borne outbreaks reported recently in the Mediterranean basin were caused by viruses mainly belonging to the family Togaviridae (Chikungunya virus) and to the Flavivirus genus as West Nile virus (WNV) and Usutu virus (USUV) transmitted by Culex sp. or Dengue virus and Zika virus (ZIKV), transmitted by Aedes sp. In 2007, a Chikungunya (CHIK) outbreak occurred in the Emilia-Romagna region of Italy. Another outbreak caused by this tropical virus occurred in the summer of 2017."

22 La brochure de l'Agence parisienne du climat et de Météo-France, « Le réchauffement climatique à Paris », 2019, (https://www.teddif.org/sites/teddif/files/fichiers/2019/04/brochure-le-changement-climatique-paris.pdf) indique les prévisions suivantes pour Paris pour 2100:

- Une augmentation du nombre de jours très chauds (température maximale supérieure à 30 °C) qui atteindrait 10 à 45 jours par an à la fin du siècle, contre 10 jours en moyenne aujourd'hui.
- Une augmentation du nombre de jours extrêmement chauds (température maximale supérieure à 35° C) qui atteindrait 1 à 12 jours par an à la fin du siècle, contre 1 jour en moyenne aujourd'hui.
- Une forte augmentation du nombre de jours de vagues de chaleur (période d'au moins cinq jours consécutifs avec une température maximale quotidienne dépassant de plus de 5 °C la normale climatique) qui atteindrait 21 à 94 jours par an, contre 7 jours en moyenne toutes saisons confondues aujourd'hui.
- Une forte augmentation du nombre de jours de canicule (moyenne de la température minimale sur trois jours supérieure à 21 °C et moyenne de la température maximale sur trois jours supérieure à 31 °C) qui atteindrait 3 à 26 jours par an, au lieu d'un jour en moyenne aujourd'hui.

[EN] Ongoing global warming is producing a gradual migration of climates[1] from the equator to the poles nearly just over of 1 meter per hour[2]. This means that the climate of North Africa in the past will be that of Europe in the future; that of North Africa will become that of equatorial Africa, while that of equatorial Africa will experience something unknown, extremely hot and effectively uninhabitable for humans. It is predicted that the climate of New York in 2100 will be like that of Colombia[3], while that of Paris will resemble that of the Marche region of Italy[4], or even further south according to the various IPCC scenarios. It should also be noted that temperatures have already risen since massive anthropogenic CO_2 emissions began in the XIXe century, with Rome's mean annual temperature, for example, rising from 14.6 °C in 1980 to 16.3 °C in 2020.[5]

The consequences of this progressive global climate shift are material and ecological. It is causing, and will continue to cause, a general and continuous migration of living organisms[6], animals and plants, from the south to the north[7] of the planet. It has been estimated that[8] this general shift of transitional biotopes towards colder northern latitudes is about 1° of latitude every ten years, which means that the natural habitat of living organisms is moving from south to north at more than 11 km per year, or about 1.3 metres per hour. According to these calculations, the climate of Paris in the past (in 1960 for example), at 48, 5° latitude north, will no longer be, in 2100, in Paris, but 1500 km further north (11.2° further north), at 59.7° north latitude, towards Stockholm in Sweden, while the city of Paris in 2100 will experience a climate similar that of Athens, 11.2° further south, at 37.3° latitude.

ASSISTED MIGRATION

Faced with the rising temperature of their natural habitat, plant and animal species are finding their original biotope too hot,[9] relocating further north in Europe, but at progress towards the poles that is sometimes faster than their ability to adapt[10] or to migrate naturally by themselves further north. Wild animals with legs, wings or fins to move around have begun this global migration from south to north. Two-thirds of European birds, for example, 'have already moved to cooler areas over the last thirty years, by an average of 100 kilometers and mostly to the north and east.[11]' The animals are encountering immense difficulties in their progression[12], and this more specifically in the case of terrestrial animals which cross mountain ranges, seas, urbanized areas[13] which prevent their movement and settlement further north, leading to their extinction. This is of course even more catastrophic for plants, which have no legs to move around,[14] and cannot adapt to the changing climate in which they are established. The *Observatoire des forêts françaises* (French forest observatory) has already observed this, with local tree species no longer able to survive the temperatures that have already risen in their native region.[15]

In response to these threats of plant extinction and the consequent loss of biodiversity, France's forest national office (ONF) has launched the GIONO project[16] of what is known as "assisted migration", which is testing the establishment in north of France's Verdun forest[17] of tree species originating from the south of France more survive in these northern regions with their warming climate, which will become their new original biotope in a few years. Canada[18], Belgium[19] or Switzerland,[20] among other countries, have initiated these assisted plant migration procedures, which will ultimately see a transformation of the thousand-year-old landscapes of the french regions, which will become 'mediterraneanized' or hispanicized, while the old landscapes of our french regions will be found in the north of Germany or England. In this great migration, other, less visible living things, bacteria and viruses, are also heading north[21]. For example, Chikungunya, Dengue fever and the Zika virus cross the Mediterranean and the oceans and are making their way to Europe, bringing with them not only new diseases, but also a new microbiome. Climate change is thus also a microbial change: an entire ecology of the infinitely small is also turned upside down by global warming. Ecosystems stretching from forests to skin, from topsoil to human intestines, are now migrating or having to migrate as best they can from south to north due rising temperatures.

ARCHITECTURE IN MIGRATION

What about humans? This gradual global shift in climate has and will have material, ecological and health consequences for humans, who in France will have to contend with droughts and heatwaves lasting several weeks in summer between now and in 2100, and tropical rains and floods other seasons[22]. France's climate, once temperate, is being transformed into a subtropical or semi-arid climate. The consequences will not only be material. Because lifestyles will also have to adapt, climate change is also bringing about and will bring about cultural, aesthetic and social transformations, which will see the art of architecture and urban planning from the south migrate northwards, to find in the ancient climates of northern Africa or the south of Europe building methods adapted to this new heat. The architecture of temperate climates will thus become tropicalized and 'mediterraneanized' to adapt to the new french climate of +4° Celsius in the coming years.

In architecture and urban planning, all aesthetics and practice are already changing. The triple challenge facing architecture and urban planning in France today, as in these same northern latitudes, is to reduce the sector's CO_2 emissions, to build as if we were already in the climate of southern Spain and no longer in that of France, and to make maximum use of passive solutions so as not to be dependent on air conditioning and and massive use of energy that energy that is no longer available to us. For these reasons, we need to draw as much inspiration for building the future from the contemporary culture of Southern Europe or Africa as from the more ancient culture of the pre-air-conditioned era: all those practical solutions put in place in the past to resist the heat, and which in the XX[e] century have been over-interpreted as the architectural expression of cultural, social or religious reasons. All the architectural solutions found in North Africa, southern Spain, India, Portugal or Italy before the arrival of air conditioning will have to be studied and migrated to France, to withstand the rising temperatures, drought, floods and fires that will become our new material environment.

Should we always protect ourselves from cold winds by closing off to the north and opening up to the south, or should we take advantage of these winds when they blow to cool cities in summer or, as in Nefta in Tunisia, open up the streets toward the wind? Should we still offer concrete, stone or brick facades when we know that these materials with their high thermal inertia will store heat in summer all day long and release it in the evening into the streets and our windows, preventing us from enjoying the coolness of the night? Shouldn't we be rethinking our solar protection systems to prevent radiant heat from penetrating and overheating our homes in summer? Shouldn't we also migrate traditional architectural know-how from the south to the north? Adopt the arcades of Garrovillas in Spain and the loggia of houses in Cairo, Egypt, the covered streets of Cisternino in Italy or Tozeur in Tunisia, the ancient velums (toldos) of Seville in Spain, the moucharabiehs of Jaipur in India or those of the Alhambra in Granada in Spain, which protect against the heat of the sun while allowing air to pass through when its temperature is warm, but not above 35 °C, the temperature of the skin? Shouldn't we also be looking at and drawing inspiration from all these domestic or urban systems for dealing with summer drought, found, for example, in India, the Maghreb or Iran, where spring rainwater was collected for use in summer, both as a reserve of drinking water, and to cool houses by evaporation using fountains like those in Moroccan riads, lakes like Indian stepwells, or indoor rivers like those at the Red Fort in Delhi or Darb Jhelum at Kashan in Iran? Wouldn't it be useful today to store a reservoir of rainwater under an interior patio which, through conduction, would cool the space, as in the houses of Sidi Bou Saïd or the *trulli* of Puglia? Shouldn't we learn and reproduce in France the ancient traditions of convective cooling systems in arid climates, where air currents are created to avoid stagnation and the increase in heat in interiors in summer, in the manner of the Yazd towers in Iran or Hyderabad in Pakistan in the past, which capture the wind high up and blow it down into the interiors of houses? Or in the same way, place transoms and oculi under or in roofs to evacuate the hot air that naturally rises to keep the lower parts of rooms cooler as found in Rome's Pantheon or Isfahan's Great Mosque? Shouldn't we copy the ceramic or marble pavements found in Morocco, Portugal or Italy, which, when they're in the shade, thanks to their high thermal effusivity, cool the air and our bodies when we put our feet on them? Shouldn't we take inspiration from the light colors of houses in Lanzarote, Greece or Portugal to increase their albedo and protect their interiors from the heat of the sun's rays? Couldn't we take advantage of the constant coolness of basements, as in Matmata in Tunisia, Guadix in Spain or Matera in Italy? And of course, in the face of rain and flooding, shouldn't we be looking at and importing solutions from hot, humid climates, such as the stilts of ancient houses in the province of Pichit in Thailand or those in Sulawesi in Indonesia?

1 " A substantial shift in the spatial distribution is detected in the North Atlantic and projections of range shift using IPCC scenarios suggest a poleward movement of the species of one degree of latitude per decade for the 21st century. The shift in the spatial distribution of this species reveals a pronounced alteration of polar pelagic ecosystems with likely implications for lower and upper trophic levels and some biogeochemical cycles." Helaouët, P., Beaugrand, G. Physiology, Ecological Niches and Species Distribution. Ecosystems 12, 1235-1245 (2009). https://doi.org/10.1007/s10021-009-9261-5 - https://e360.yale.edu/features/redrawing-the-map-how-the-worlds-climate-zones-are-shifting
2 https://link.springer.com/article/10.1007/s10021-009-9261-5
3 https://www.upi.com/Top_News/US/2022/07/25/US-cities-similar-to-Mideast-by-2100/4521658778000/
4 https://fitzlab.shinyapps.io/cityapp/
5 https://en.wikipedia.org/wiki/Climate_change_in_Italy
6 "The general effect of predicted anthropogenic climate change will be to shift the habitats of many species polewards or upwards from their current locations. Climate change will affect species differently; they will experience different rates of migration, in fragmented landscapes, and evidence of these changes will appear only slowly in ecosystems dominated by long-lived species (long-lived trees, etc.). A change in the composition of the majority of current ecosystems is likely, given that the migrations of the species making up an ecosystem will not be simultaneous. The most rapid changes are expected in regions where they will be accelerated by variations in natural and anthropogenic non-climatic disturbance regimes." CLIMATE CHANGE AND BIODIVERSITY, IPCC Technical Paper V, April 2002
7 Migration takes place from south to north in the northern hemisphere, and from north to south in the southern hemisphere.
8 According to the IPCC's optimistic scenario of +1.5°C. The shift could be much more rapid according to today's more likely scenarios of +4°C warming.
9 "Ecosystem and climate models indicate that, on a large scale, climatic zones adapted to temperate and boreal plant species may experience a northward shift of 200 to 1,200 km by 2100 (given the projected warming of 2 to 8°C for most land masses at mid- and high latitudes). Processes such as the disappearance, modification and fragmentation of habitats, and the introduction and expansion of alien species will influence the impact of climate change. A realistic prediction of the future state of the world's ecosystems must take into account the ways in which human populations use terrestrial and marine resources, which will have important repercussions on the migratory capacity of organisms faced with climate change." CLIMATE CHANGE AND BIODIVERSITY, IPCC Technical Paper V, April 2002
10 According to Curtis A. Deutsch of the University of Washington, USA, animals in colder latitudes are more resilient to rising temperatures while animals in more equatorial regions are not, leading to greater extinction where biodiversity is greatest: https://www.pnas.org/doi/epdf/10.1073/pnas.0709472105
11 https://www.snf.ch/fr/L87r5MxWR72qESBh/news/les-oiseaux-qui-fuient-le-rechauffement-climatique-sont-ralentis-par-des-obstacles
12 https://www.wwf.fr/sites/default/files/doc-2017- 09/151110_rapport_impacts_du_change_climatique_sur_les_especes.pdf /
13 The last difficulty that political programs for the creation of ecological corridors attempt to address.
14 "Approximately half of the species assessed globally have shifted polewards or, on land, also to higher elevations (very high confidence). Biological responses including changes in geographic placement and shifting seasonal timing are often not sufficient to cope with recent climate change (very high confidence). Hundreds of local losses of species have been driven by increases in the magnitude of heat extremes (high confidence) and mass mortality events on land and in the ocean (very high confidence)" IPCC, 2023: Sections. In: Climate Change 2023: Synthesis Report. Contribution of Working Groups I, II and III to the Sixth Assessment Report of the Intergovernmental Panel on Climate Change [Core Writing Team, H. Lee and J. Romero (eds.)]. IPCC, Geneva, Switzerland, pp. 35-115, doi: 10.59327/IPCC/AR6-9789291691647.
15 https://foret.ign.fr/themes/la-sante-des-forets-se-degrade
16 https://www.onf.fr/onf/+/2f9::projet-giono-en-images-le-grand-exode-climatique-des-arbres.html
17 Similar programs are underway in many European countries, such as Belgium, which is testing the planting of trees originating from Italy or southern France in Belgium (https://www.treesforfuture.be/le-projet/forets-et-changements-climatiques/la-migration-assistee/).
18 https://ressources-naturelles.canada.ca/changements-climatiques/changements-climatiques/adaptation/la-migration-assistee/13122
19 https://www.treesforfuture.be/le-projet/forets-et-changements-climatiques/la-migration-assistee/
20 https://www.wsl.ch/fr/biodiversite/adaptation-et-evolution/
21 The 2017 World Health Organisation (WHO) report explains: "Mosquito-borne diseases (MBDs) are spreading worldwide, including in temperate regions, due to the impact of climate change, the increase in human travel and commercialization, and other factors such as urbanization and land-use changes. Several emerging mosquito-borne outbreaks reported recently in the Mediterranean basin were caused by viruses mainly belonging to the family Togaviridae (Chikungunya virus) and to the Flavivirus genus as West Nile virus (WNV) and Usutu virus (USUV) transmitted by Culex sp. or Dengue virus and Zika virus (ZIKV), transmitted by Aedes sp. In 2007, a Chikungunya (CHIK) outbreak occurred in the Emilia-Romagna region of Italy. Another outbreak caused by this tropical virus occurred in the summer of 2017."
22 The brochure from the Paris Climate Agency and Météo-France, "Global warming in Paris", 2019, (https://www.teddif.org/sites/teddif/files/fichiers/2019/04/brochure-le-changement-climatique-paris.pdf) shows the following forecasts for Paris for 2100

- *An increase in the number of very hot days (maximum temperature over 30°C), which could reach 10 to 45 days a year by the end of the century, compared with an average of 10 days today.*
- *An increase in the number of extremely hot days (maximum temperature over 35°C), which could reach 1 to 12 days a year by the end of the century, compared with 1 day on average today.*
- *A sharp increase in the number of heatwave days (a period of at least five consecutive days with a maximum daily temperature more than 5°C above normal), which could reach 21 to 94 days a year, compared with an average of 7 days for all seasons combined today.*
- *A sharp increase in the number of heatwave days (three-day average minimum temperature above 21°C and three-day average maximum temperature above 31°C), which would reach 3 to 26 days a year, instead of the current average of one day.*

I.

I.

LE PASSÉ

PAST

[FR] APPRENDRE DU SUD

D'ici à 2100, la France passera d'un climat tempéré à un climat subtropical, voire semi-aride, selon une hausse globale de +4 °C de la température moyenne annuelle. En été, les canicules dureront plusieurs semaines accompagnées de sécheresses, tandis que les autres saisons verront des épisodes de fortes pluies entraînant crues et inondations[1].

Pour résister à ces nouvelles conditions climatiques, pour continuer à habiter ces climats tempérés devenus subtropicaux, l'art de l'architecture en France et dans les régions aux mêmes latitudes doit donc se transformer pour s'y s'adapter. L'usage des techniques modernes telles que l'air conditionné participera certainement à répondre mécaniquement à ce changement, mais en se détachant des sources d'énergies fossiles au profit des énergies renouvelables (panneaux photovoltaïques pour produire de l'électricité, panneaux solaires pour produire de l'eau chaude, pompes à chaleur et géothermie pour produire du froid, principalement) ou non carbonées (nucléaire). Mais l'insécurité qui existe face à ces nouvelles sources non carbonées d'énergie exigent que les architectes reprennent aussi le contrôle sur leurs compétences traditionnelles en termes de travail sur la forme, les ouvertures, les proportions d'espaces, les matériaux et leur mise en œuvre, la construction, l'orientation des bâtiments, et c'est à ce niveau-là que l'étude des solutions architecturales d'avant l'usage de l'air conditionné des régions chaudes, celles du sud de l'Europe, du nord de l'Afrique, de l'Asie ou des régions équatoriales d'Amérique, est importante afin de s'en inspirer, renouvelant le corpus de références de l'histoire de l'architecture en ne se cantonnant plus à celle occidentale correspondant à un climat qui s'en est allé, mais en l'élargissant aux latitudes plus chaudes, en tropicalisant, en méditerranéisant notre culture architecturale.

C'est dans ce cadre que nous devons refaire une lecture de l'architecture vernaculaire des climats arides et des climats chauds et humides, en nous appuyant sur les premières recherches menées à partir des années 1960 par Victor Olgiay[2] sur l'architecture bioclimatique ou celles de Bernard Rudofsky[34] sur l'architecture vernaculaire et dont le travail a été prolongé au cours des années 70-80 dans de nombreuses écoles d'architectures comme à l'École polytechnique fédérale de Lausanne en Suisse dans le laboratoire du professeur Frédéric Aubry,[5] ou par le géographe Pierre Deffontaines avec son livre de 1972 *L'homme et sa maison*[6], mais aussi mis en pratique par l'architecte Hassan Fathy qui en compile les solutions climatiques et constructives dans son livre *Construire avec le peuple: histoire d'un village d'Égypte, Gourna*[7] de 1970, avant que ces recherches sur le vernaculaire perdent en intérêt dans les décennies suivantes avec le retour des énergies bon marché.

De ces études sur le vernaculaire, nous pouvons déjà tirer quelques leçons énumérées ci-après pour répondre au climat qui vient, en égrenant une par une les solutions que nous pouvons déjà identifier pour résister à la chaleur, aux pluies et aux inondations. Pour répondre à une hausse des températures moyennes allant jusqu'à +5,3 °C et à la forte augmentation du nombre de jours de canicule qui atteindrait jusqu'à 26 jours par an au lieu de 1 jour en moyenne aujourd'hui, nous pouvons retenir les stratégies de rafraîchissement mises en place dans l'architecture vernaculaire en s'appuyant sur les quatre modes de transfert d'énergie que sont la radiation, la convection, la conduction et l'évaporation.

Les dessins et analyses climatiques du chapitre « LE PASSÉ » ont été réalisés spécialement pour la 3e biennale d'architecture et de paysage d'Île-de-France par les étudiants des universités suivantes : Columbia University, Cornell University, École Nationale d'Architecture et d'Urbanisme de Tunis, École nationale supérieur d'architecture de Versailles, École Polytechnique Fédérale de Lausanne, Haute école d'art et de design de Genève, National University of Singapore, Pontificia Universidad Católica del Perú, Sapienza Università di Roma, Texas Tech University, The Ohio State University, The University of Texas at Austin, Universidad Nacional Autónoma de México.

1 La Brochure de l'Agence parisienne du climat et de Météo-France, « Le réchauffement climatique à Paris », 2019, (https://www.teddif.org/sites/teddif/files/fichiers/2019/04/brochure-le-changement-climatique-paris.pdf) indique les prévisions suivantes pour Paris pour 2100:
- *Une augmentation du nombre de jours très chauds (température maximale supérieure à 30 °C) qui atteindrait 10 à 45 jours par an à la fin du siècle, contre 10 jours en moyenne aujourd'hui.*
- *Une augmentation du nombre de jours extrêmement chauds (température maximale supérieure à 35° C) qui atteindrait 1 à 12 jours par an à la fin du siècle, contre 1 jour en moyenne aujourd'hui.*
- *Une forte augmentation du nombre de jours de vagues de chaleur (période d'au moins cinq jours consécutifs avec une température maximale quotidienne dépassant de plus de 5 °C la normale climatique) qui atteindrait 21 à 94 jours par an, contre 7 jours en moyenne toutes saisons confondues aujourd'hui.*
- *Une forte augmentation du nombre de jours de canicule (moyenne de la température minimale sur trois jours supérieure à 21 °C et moyenne de la température maximale sur trois jours supérieure à 31 °C) qui atteindrait 3 à 26 jours par an, au lieu d'un jour en moyenne aujourd'hui.*

2 VICTOR OLGYAY, Design with Climate, Architectural regionalism, Princeton University Press, USA, 1963
3 BERNARD RUDOFSKY, Architecture Without Architects, MoMA, New York, USA, 1964
4 BERNARD RUDOFSKY, Architecture Without Architects, MoMA, New York, USA, 1964
5 https://www.epfl.ch/schools/enac/acm/expositions/architecture-vernaculaire-en-suisse/
6 Pierre Deffontaines, L'Homme et sa maison. NRF Gallimard, Paris, 1972
7 Hassan Fathy, Construire avec le peuple : histoire d'un village d'Égypte : Gourna, Éditeurs J. Martineau, 1970

By 2100, France will have gone from a temperate to a subtropical or even semi-arid climate, with a global rise in average annual temperature of +4 °C. In summer, heatwaves will last several weeks with drought, while other seasons will see episodes of heavy rainfall leading to flooding.[1]

To withstand these new climatic conditions, and to continue to inhabit these temperate climates that have become subtropical, the art of architecture in France and in regions at the same latitudes must change to adapt to them. The use of modern techniques such as air conditioning will help to respond mechanically to this change, but by moving from fossil fuels in favor of renewable energies (photovoltaic panels to produce electricity, solar panels to produce hot water, heat pumps and geothermal energy to produce cooling, mainly) or non-carbon energies (nuclear power). But the insecurity surrounding these new, non-carbon sources of energy means that architects must also regain control over their traditional skills in terms of working on the form, openings, proportions of spaces, materials and their application, construction and orientation of buildings, and this is where the study of architectural solutions before the use of air conditioning in hot regions comes in, in southern Europe, northern Africa, Asia or the equatorial regions of America, is important to draw inspiration from them, renewing the corpus of references in the history of architecture by no longer confining ourselves to Western architecture corresponding to a climate that has gone, but by extending it to warmer latitudes, by tropicalizing and Mediterraneanizing our architectural culture.

It is in this context that we need to re-read the vernacular architecture of arid climates and hot, humid climates, based on the initial research carried out from the '60s by Victor Olgiay[2] on bioclimatic architecture, or that of Bernard Rudofsky[34] on vernacular architecture, whose work was continued during the '70s-80s in numerous schools of architecture, such as the École polytechnique fédérale de Lausanne in Switzerland in the laboratory of professor Frédéric Aubry,[5] or by geographer Pierre Deffontaines with his 1972 book *L'homme et sa maison*[6], but also put into practice by architect Hassan Fathy, who compiles climatic and constructive solutions in his book *Architecture for the Poor: An Experiment in Rural Egypt*[7] 1970, before this research into the vernacular lost interest in the following decades with the return of cheap energy.

From these studies on the vernacular, we can already draw some lessons listed below for responding to the coming climate, by listing one by one the solutions we can already identify to withstand heat, rain and flooding. In response to a rise in average temperatures of up to +5.3 °C and a sharp increase in the number of heatwave days, which could reach up to 26 days per year instead of the current average of 1 days, we can draw on the cooling strategies implemented in vernacular architecture, based on the four modes of energy transfer: radiation, convection, conduction and evaporation.

The drawings and climatic analyses in the "PAST" chapter were produced especially for the 3rd Biennale d'Architecture et de Paysage d'Île-de-France by students from the following universities: Columbia University, Cornell University, École Nationale d'Architecture et d'Urbanisme de Tunis, École nationale supérieur d'architecture de Versailles, École Polytechnique Fédérale de Lausanne, Haute école d'art et de design de Genève, National University of Singapore, Pontificia Universidad Católica del Perú, Sapienza Università di Roma, Texas Tech University, The Ohio State University, The University of Texas at Austin, Universidad Nacional Autónoma de México.

1 The Paris Climate Agency and Météo-France brochure, "Global Warming in Paris", 2019, (https://www.teddif.org/sites/teddif/files/fichiers/2019/04/brochure-le-changement-climatique-paris.pdf) shows the following forecasts for Paris in 2100
· *An increase in the number of very hot days (maximum temperature over 30°C), which could reach 10 to 45 days a year by the end of the century, compared with an average of 10 days today.*
· *An increase in the number of extremely hot days (maximum temperature over 35°C), which could reach 1 to 12 days a year by the end of the century, compared with 1 day on average today.*
· *A sharp increase in the number of heatwave days (a period of at least five consecutive days with a maximum daily temperature more than 5°C above normal), which could reach 21 to 94 days a year, compared with an average of 7 days for all seasons combined today.*
· *A sharp rise in the number of heatwave days (three-day average minimum temperature above 21°C and three-day average maximum temperature above 31°C), from an average of one day today to between 3 and 26 days a year.*
2 VICTOR OLGYAY, Design with Climate, Architectural regionalism, Princeton University Press, USA, 1963
3 BERNARD RUDOFSKY, Architecture Without Architects, MoMA, New York, USA, 1964
4 BERNARD RUDOFSKY, Architecture Without Architects, MoMA, New York, USA, 1964
5 https://www.epfl.ch/schools/enac/acm/expositions/architecture-vernaculaire-en-suisse/
6 Pierre Deffontaines, L'Homme et sa maison. NRF Gallimard, Paris, 1972
7 Hassan Fathy, Architecture for the Poor: An Experiment in Rural Egypt, University of Chicago Press, 2000

RAFRAÎCHIR PAR CONVECTION

La convection comme principe de rafraîchissement est essentiellement comprise comme celui de créer des courants d'air, des vents, afin qu'ils emportent la chaleur des objets plus chauds, et notamment celle du corps humain, à 37 °C, pour les adapter à la température de l'air. Plus la vitesse de l'air sera grande, plus l'effet rafraîchissant sera important. Néanmoins la température de l'air en mouvement, et donc de l'air extérieur, doit être inférieure à 35 °C – c'est-à-dire inférieur à la température de la peau – pour qu'il y ait un effet rafraîchissant. Au-delà de 35 °C, le vent n'aura plus d'effet rafraîchissant et agira comme un sèche-cheveux, donc au contraire, il augmentera la température des objets et du corps humain. Il faudra dès lors s'en protéger en fermant les portes, les fenêtres et les autres arrivées d'air neuf, et bien sûr les volets, pour conserver tant que l'on peut la fraîcheur de la nuit durant la journée.

1 SUR LE PLAN URBAIN :

Orienter les rues de la ville dans le sens des vents frais venant des sources d'eau (Nefta en Tunisie) ;
Placer les bâtiments en quinconce de telle manière que le vent puisse s'écouler sans interruption à travers la ville (village de Bari au Soudan) ;
Créer des effets de cheminée dans l'espace urbain à la manière des Bortal de Tozeur en Tunisie, qui accélèrent le vent dans des rues couvertes.

2 EN CE QUI CONCERNE LES BÂTIMENTS :

Créer des espaces traversants, permettant au vent de traverser d'un côté à l'autre la maison ;
Créer des impostes, des grilles, des trous sous le plafond dans les cloisons des pièces permettant de laisser sortir l'air chaud (qui monte naturellement) de chacune des pièces jusqu'à sortir finalement de la maison (maison thaïlandaise) ;
Créer des impostes, des grilles au-dessus des portes extérieures afin de laisser sortir l'air chaud tout en gardant la porte fermée (Veracruz, Mexico) ;
Créer des cheminées, des dômes, des coupoles pour laisser sortir l'air chaud tout en haut des pièces (Grande Mosquée d'Ispahan, Villa Rotonda en Vénétie) ;
Créer deux toitures l'une sur l'autre pour laisser passer le vent et évacuer par convection la chaleur que le toit extérieur a reçue du soleil avant qu'elle ne touche l'intérieur de la maison ;
Créer des moucharabiehs ou des persiennes qui laissent passer le vent rafraîchissant, mais bloquent la chaleur du soleil en empêchant son rayonnement ;
Créer des ouvertures hautes dans les murs des pièces en façade pour laisser sortir l'air chaud ;
Créer des patios qui laissent seulement sortir l'air plus chaud en hauteur, pour profiter d'un air plus froid en bas, refroidi par l'évaporation des fontaines et la froideur conductive des sous-sols (riad de Marrakech) ;
Créer des pièces de plein air, mais protégées du soleil par un toit, par une treille ou une pergola, ce qui permettrait au vent de passer et de rafraîchir tout en bloquant la chaleur du soleil (Grenade en Espagne) ;
Créer des façades, des cloisons, des planchers ajourés pour laisser passer le vent à travers toutes les pièces de la maison (maison aux Célèbes en Indonésie) ;
Élever le bâtiment pour qu'il profite des vents plus forts en hauteur (maison dans les arbres en Nouvelle-Guinée) ;
Attraper le vent en hauteur et le conduire vers le bas dans la maison (maison à Yazd en Iran) ;
Profiter des différences de température durant la journée entre les zones d'eau (lac, canal, rivière) plus fraîches et les zones minérales (place, rue, toitures) plus chaudes (et inversement la nuit), qui génèrent des courants d'air et ouvrir les bâtiments pour qu'ils se laissent traverser par ces vents (palais à Venise, Italie).

COOLING BY CONVECTION

Convection as a cooling principle is understood as the creation of air currents, or winds, to which carry away the heat of warmer objects, including the human body, at 37 °C, to adapt to the air temperature. The greater the air speed, the greater the cooling effect. However, the temperature of the moving air, and therefore of the outside air, must be below 35 °C – i.e. below skin temperature – for there to be a cooling effect. Above, the wind has no cooling effect and acts like a hairdryer, on the contrary, it raises the temperature of objects and the human body. You'll need to protect yourself by closing doors, windows and other air intakes, and of course shutters, to retain as much of the night's coolness as possible during the day.

1 URBAN:

Orient city streets toward fresh winds coming from water sources (Nefta in Tunisia);
Stagger buildings so that the wind can flow uninterrupted through the city (see village of Bari in Sudan);
Create chimney effects in urban spaces, like the Bortal in Tozeur, Tunisia, which accelerate the wind in covered streets.

2 FOR BUILDINGS:

Create through spaces, allowing the wind to cross from one side of the house to the other;
Create transoms, grilles, holes under the ceiling in room partitions to let warm air (which rises naturally) out of each room until it finally exits the house (thaï houses);
Create transoms and grilles above exterior doors to let warm air out while keeping the door closed (Veracruz, Mexico);
Create chimneys, domes and cupolas to let the hot air out at the very top of the rooms (Great Mosque of Isfahan, Villa Rotonda in Veneto);
Create two roofs one on top of the other to let the wind through and convect away the heat received from the sun by the outer roof before it reaches the inside of the house;
Create moucharabiehs or louvers that let the cooling wind through, but block the sun's heat at;
Create high openings in the walls of front-facing rooms to let warm air out;
Create patios that only allow warmer air to escape upwards, to take advantage of the cooler air below, cooled by the evaporation of fountains and the conductive coldness of basements (Marrakech riad);
Create open-air rooms, but protected from the sun by a roof, a trellis or a pergola, which allows the wind to pass through and cool while blocking the sun's heat (Granada, Spain);
Create openwork facades, partitions and floors to allow the wind to pass through all the rooms in the house (house in Sulawesi, Indonesia);
Elevate the building to take advantage of stronger winds at higher levels (house in the trees in New Guinea);
Catch the wind high up and drive it down into the house (house at Yazd in Iran);
Take advantage of temperature differences during the day between cooler water areas (lakes, canals, rivers) and warmer mineral areas (squares, streets, rooftops) (and vice versa at night), which generate air currents, and open buildings so that these winds can flow through them (palace in Venice, Italy).

PERSIENNES
Cyrielle Blanc

Seville, SPAIN
37°23'00"N, 5°59'48"W

HISTORICAL PERIOD	20TH
MEAN ANNUAL TEMPERATURE	18.6° C
CLIMATE TYPE	MEDITERRANEAN
PROGRAM	Housing

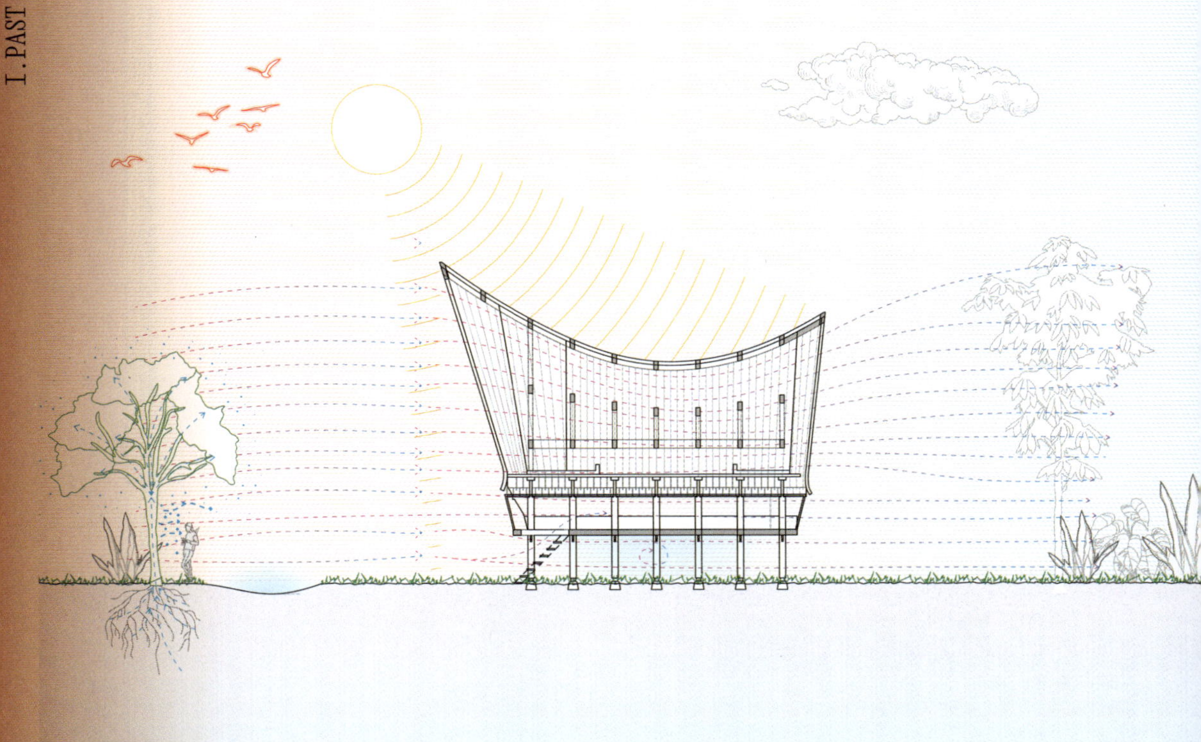

THE BATAK HOUSE
Sharel Liu

North Sumatra, INDONESIA
2.125801405, 99.077512

HISTORICAL PERIOD	N/A
MEAN ANNUAL TEMPERATURE	25.4°C
CLIMATE TYPE	EQUATORIAL
PROGRAM	Housing

QOLLQAS
Kenneth Rado

Ollantaytambo, Cusco, PERÚ
-13.256286, -72.261037

HISTORICAL PERIOD	1200 A.D- 1533 A.D
MEAN ANNUAL TEMPERATURE	7.2°C
CLIMATE TYPE	SUBTROPICAL HIGHLAND
PROGRAM	Food Preservation

MOUCHARABIEH
Vincent Mariot

HISTORICAL PERIOD	711- 1492
MEAN ANNUAL TEMPERATURE	26°C
CLIMATE TYPE	MEDITERRANEAN

Grenada, SPAIN
37°10'59.1"N 3°35'03.2"W

PROGRAM Housing

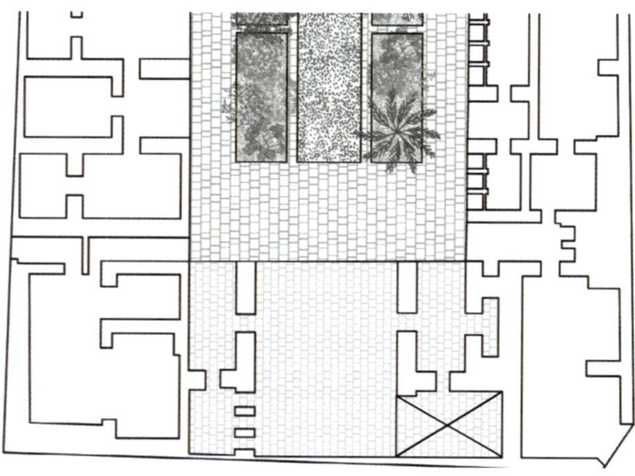

1m

LARIHA HOUSE
Zofia Beyger

Yazd, IRAN
31.906489,54.369871

HISTORICAL PERIOD	1869
MEAN ANNUAL TEMPERATURE	20°C
CLIMATE TYPE	HOT DESERT
PROGRAM	Housing

I. AIR

I. PAST

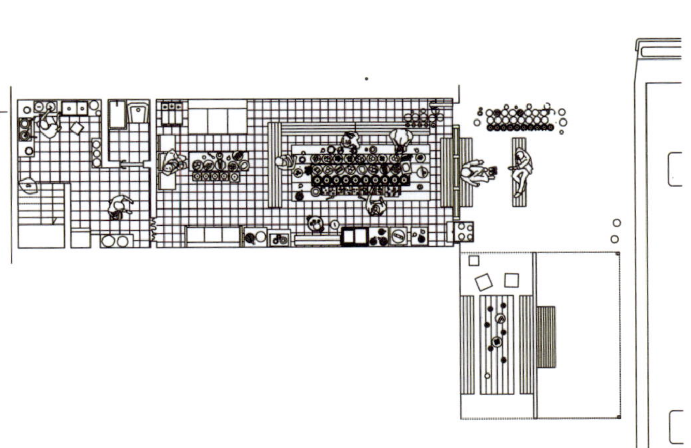

1m

MAKAN JADOEL WARUNG

Valentina Takatch

Temanggung, Java, INDONESIA

-7.320654,110.187200

HISTORICAL PERIOD	19TH CENTURY
MEAN ANNUAL TEMPERATURE	24°C
CLIMATE TYPE	EQUATORIAL
PROGRAM	Shophouse

BADGIR
Hugo Maia Schmitt

Yazd, IRAN
-31.8974° N, 54.3569° E

HISTORICAL PERIOD	16TH CENTURY
MEAN ANNUAL TEMPERATURE	21°C
CLIMATE TYPE	HOT DESERT
PROGRAM	Housing

KARO BATAK HOUSE
Sabrina Mahbub

Sumatra, INDONESIA
3.117552, 98.468561

HISTORICAL PERIOD	-2000
MEAN ANNUAL TEMPERATURE	32°C
CLIMATE TYPE	EQUATORIAL
PROGRAM	Housing

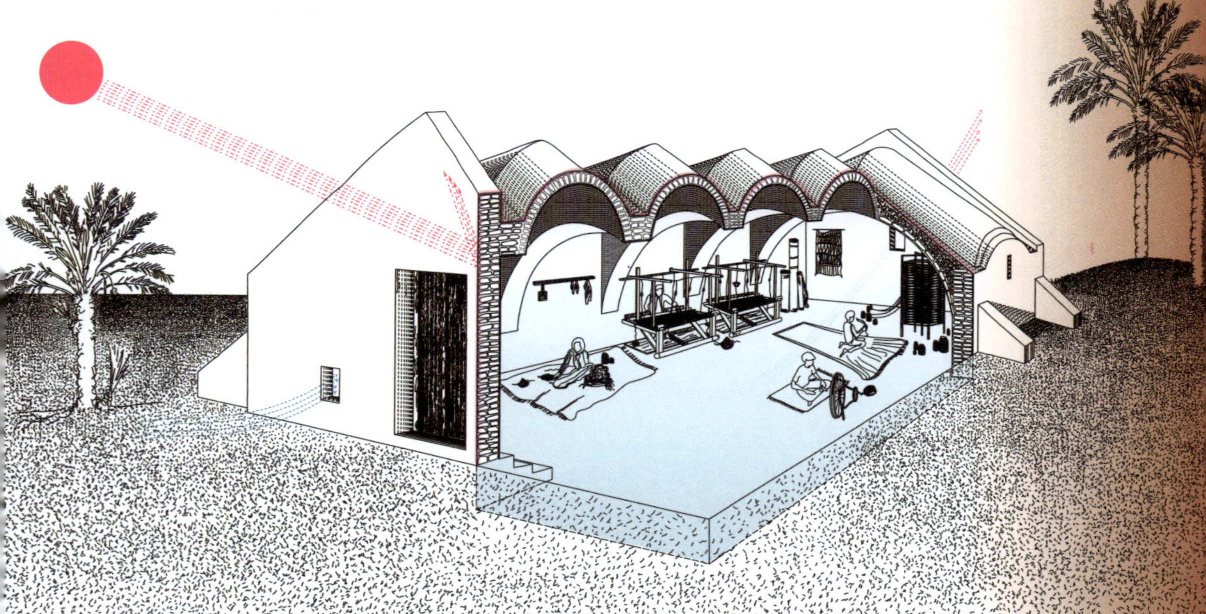

WEAVING WORKSHOP
Feriel Mesbah & Yosr Ammar

Djerba, TUNISIA
33.746197, 10.920493

HISTORICAL PERIOD	17TH CENTURY
MEAN ANNUAL TEMPERATURE	25°C
CLIMATE TYPE	HOT DESERT
PROGRAM	Workshop

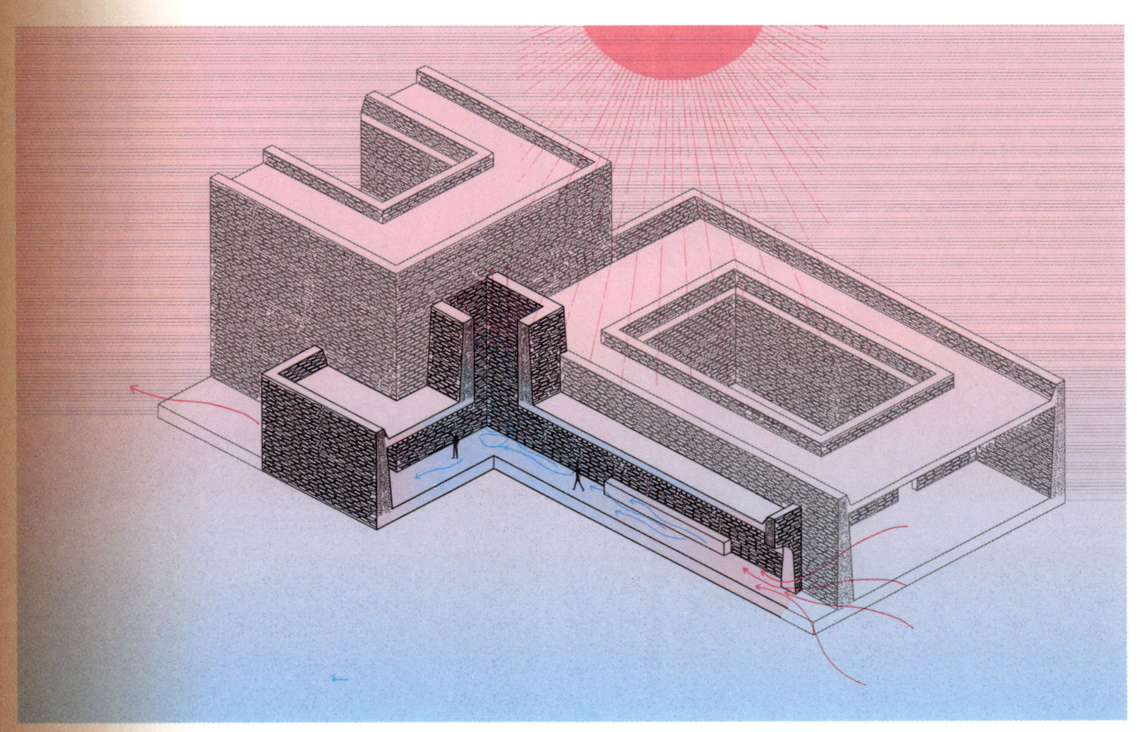

BORTAL WITH URBAN CHIMNEY
Raya Najet Rebai

HISTORICAL PERIOD	15TH CENTURY
MEAN ANNUAL TEMPERATURE	29°C
CLIMATE TYPE	HOT DESERT

Tozeur, TUNISIA
33.870178 7.872840

PROGRAM	Covered Street

PANTESCO GARDEN
Pan Ziyi

Trapani, Sicily, ITALY
36°49'48"N -11°57'20"E

HISTORICAL PERIOD 11TH CENTURY
MEAN ANNUAL TEMPERATURE 15°C
CLIMATE TYPE MEDITERRANEAN

PROGRAM Garden

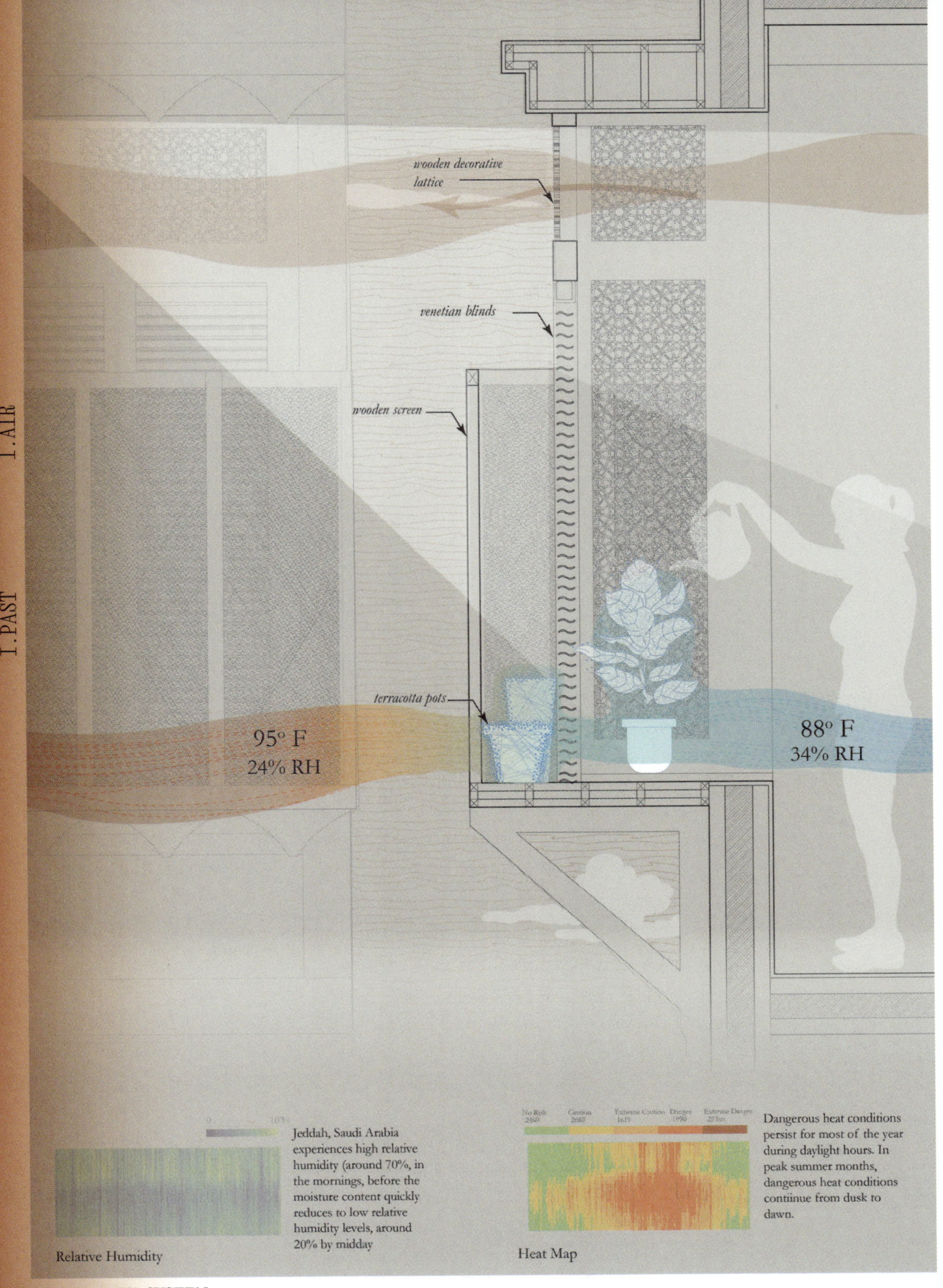

MASHRABIYA SYSTEN

Aiko Alvarez-Gibson

HISTORICAL PERIOD	20TH CENTURY
MEAN ANNUAL TEMPERATURE	28.1°C
CLIMATE TYPE	HOT DESERT
PROGRAM	Housing

Jeddah, SAUDI ARABIA
21.492500, 39.177570

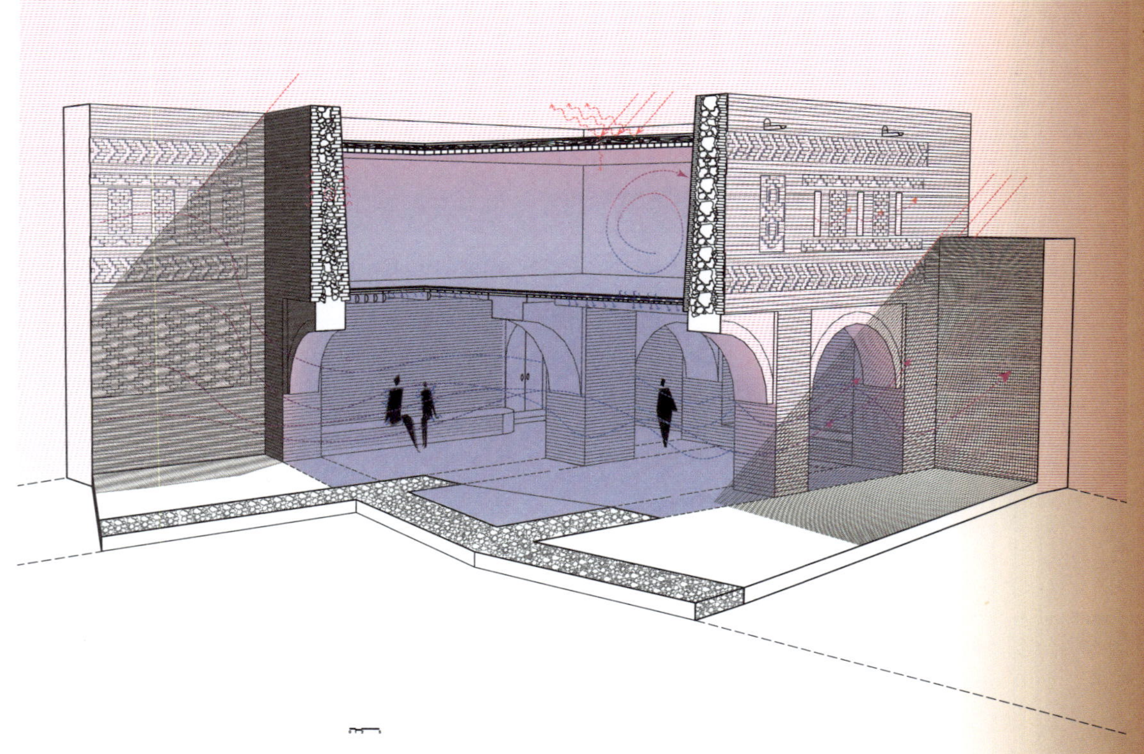

THE BORTAL
Issra Messaoudi

Tozeur, TUNISIA
33.870178 7.872840

HISTORICAL PERIOD	18TH CENTURY
MEAN ANNUAL TEMPERATURE	29°C
CLIMATE TYPE	HOT DESERT CLIMATE
PROGRAM	Covered Street

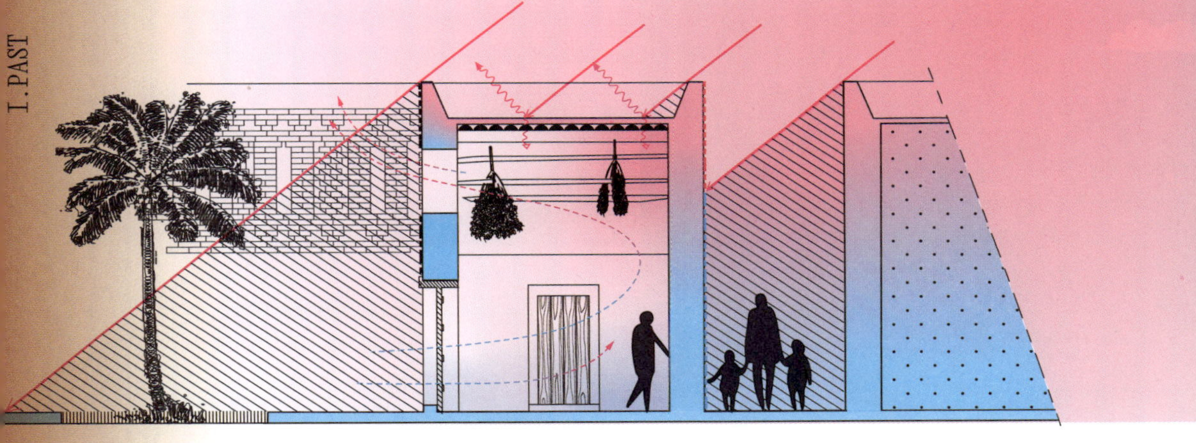

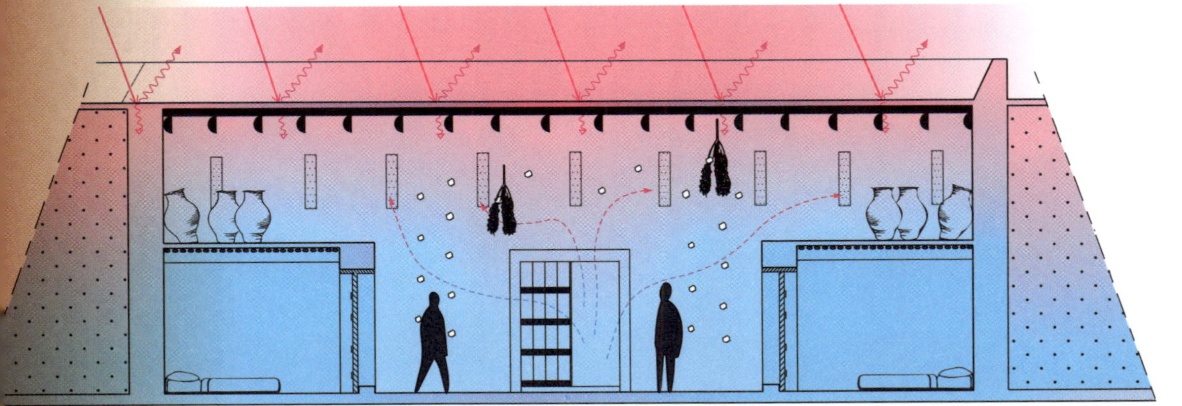

THE DAR
Lina Kallel

Nefta, TUNISIA
33.870178 7.872840

HISTORICAL PERIOD	-1000
MEAN ANNUAL TEMPERATURE	29°C
CLIMATE TYPE	HOT DESERT
PROGRAM	Housing

TORAJA TONGKONAN
Fue Jie

Sulawesi, INDONESIA
-2.909353, 119.940322

HISTORICAL PERIOD	-2000
MEAN ANNUAL TEMPERATURE	28°C
CLIMATE TYPE	Equatorial
PROGRAM	Housing, Barn

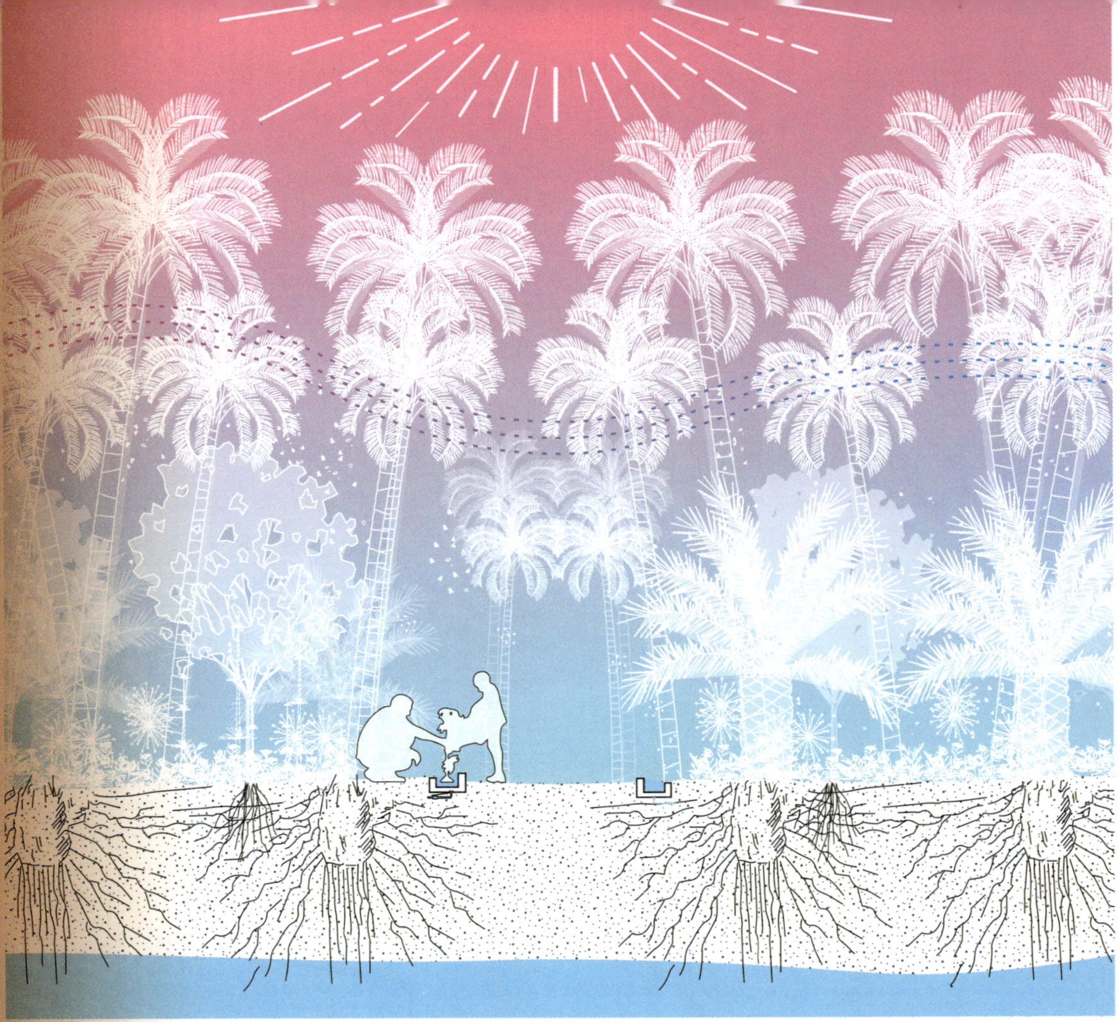

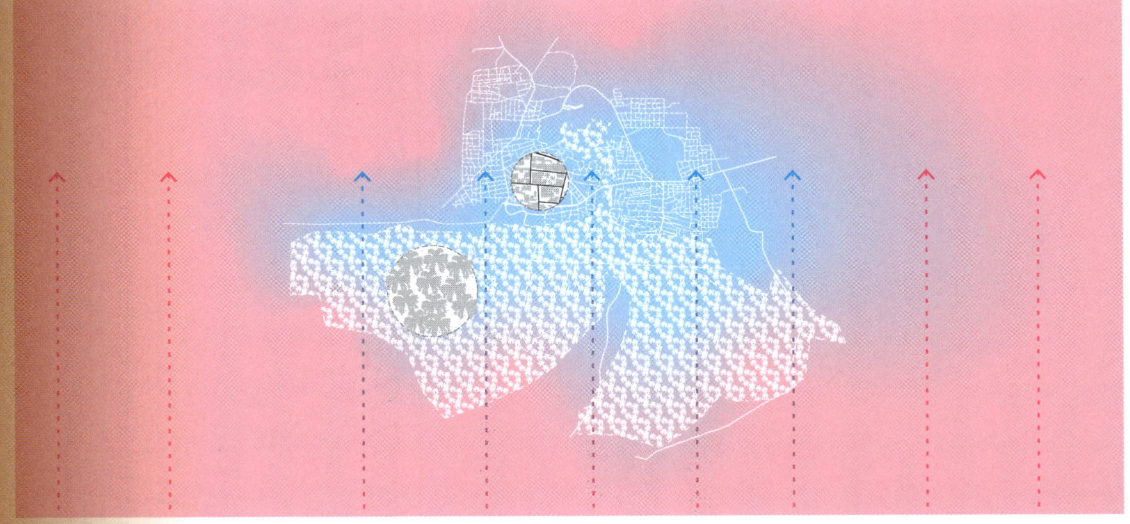

NEFTA'S OASIS

Mohamed Benothmen

Nefta, Tozeur, TUNISIA
33.870178 7.872840

HISTORICAL PERIOD	N/A
MEAN ANNUAL TEMPERATURE	29°C
CLIMATE TYPE	HOT DESERT
PROGRAM	Garden

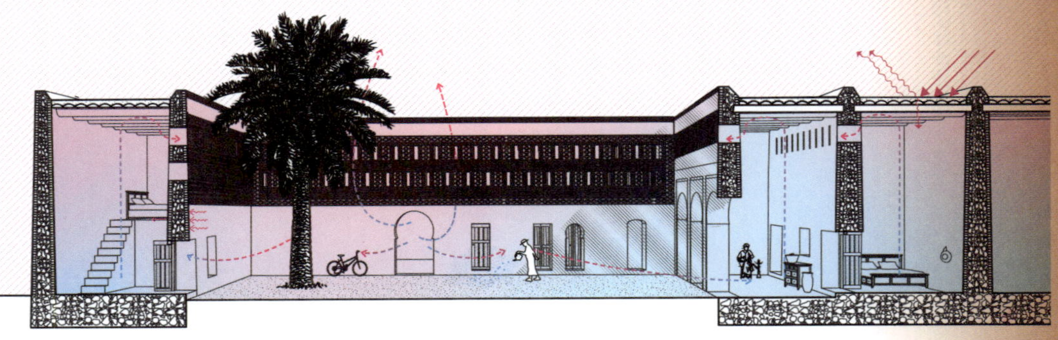

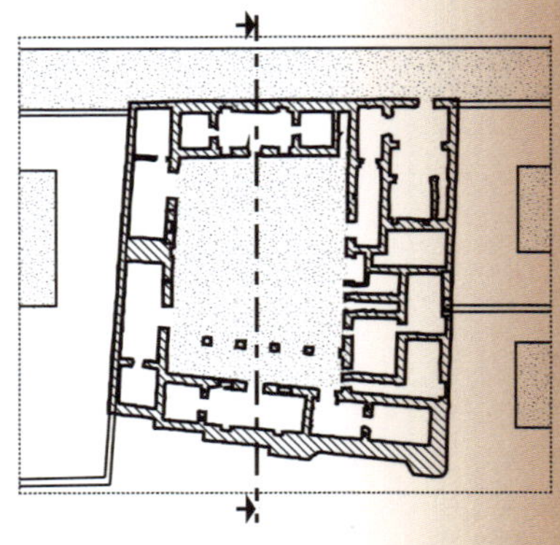

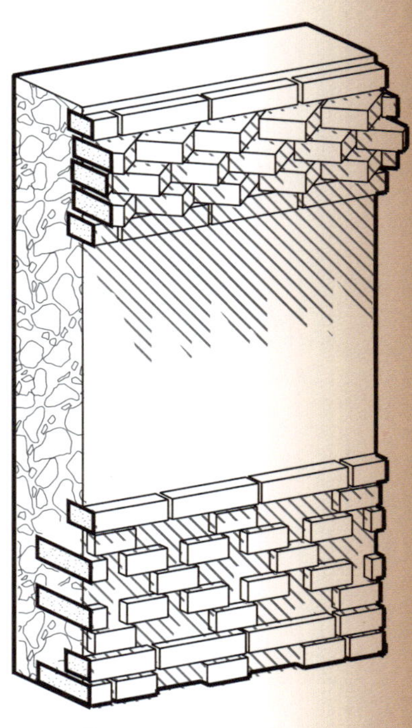

PATIO OF A HOUCH
Oumaïma Beji

Nefta, TUNISIA
33.87017 7.872840

HISTORICAL PERIOD	18TH CENTURY
MEAN ANNUAL TEMPERATURE	29°C
CLIMATE TYPE	HOT DESERT
PROGRAM	Housing

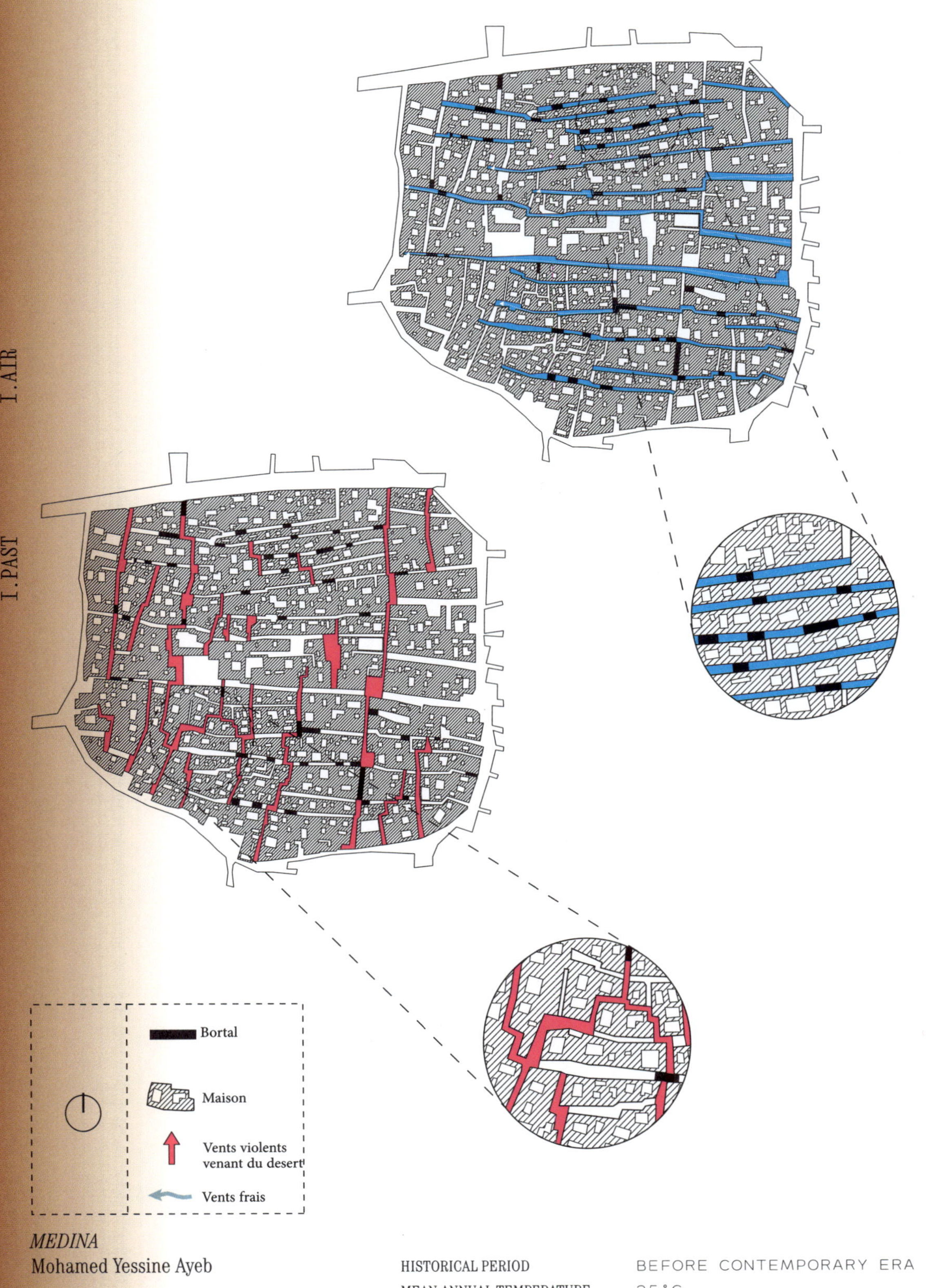

MEDINA
Mohamed Yessine Ayeb

Nefta, TUNISIA
33.869929 7.885805

HISTORICAL PERIOD	BEFORE CONTEMPORARY ERA
MEAN ANNUAL TEMPERATURE	25°C
CLIMATE TYPE	HOT DESERT
PROGRAM	City Planning

COMANCHE TIPI
Valentina Claros

Southern Plains, Texas, USA
30.2672°N, 97.7431°W

HISTORICAL PERIOD	PRE-CONTACT ERA
MEAN ANNUAL TEMPERATURE	21°C
CLIMATE TYPE	HUMID SUBTROPICAL
PROGRAM	Housing

Rocking chair

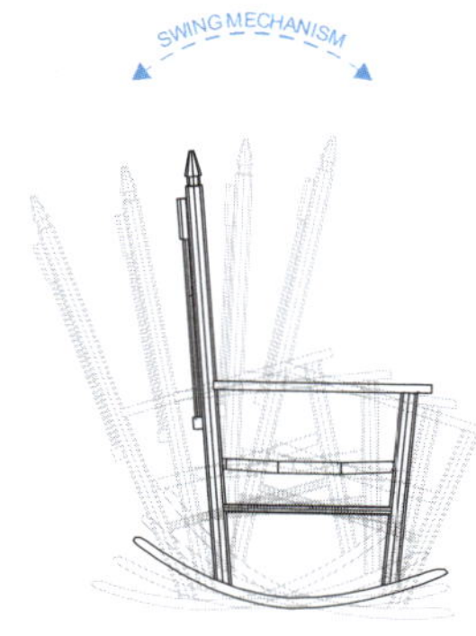

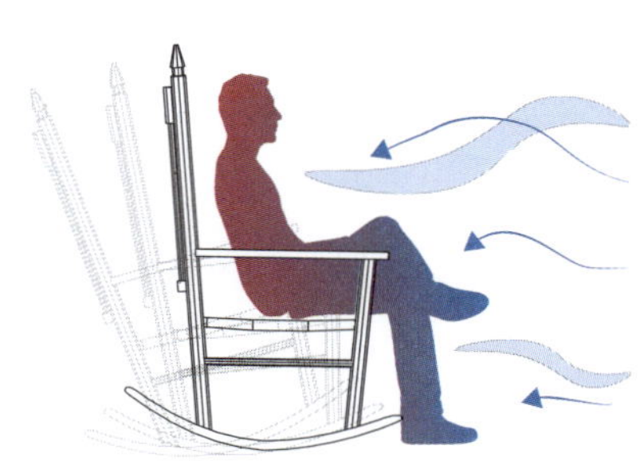

Fan chair

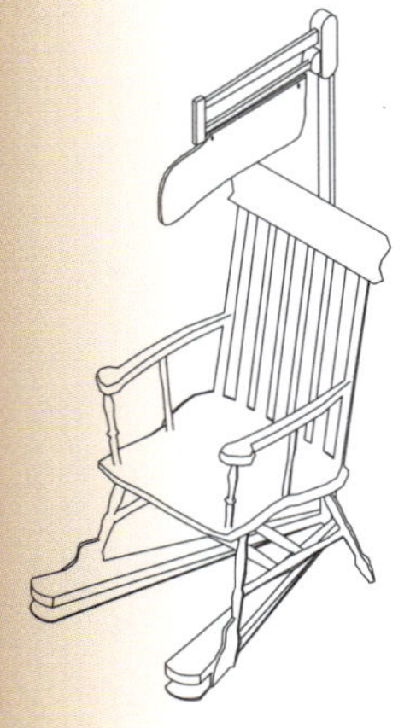

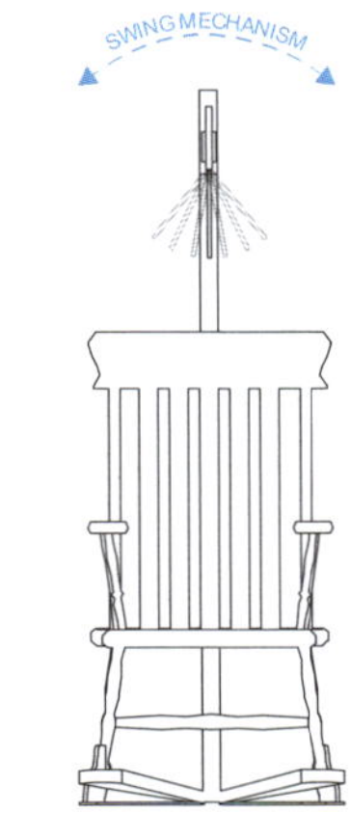

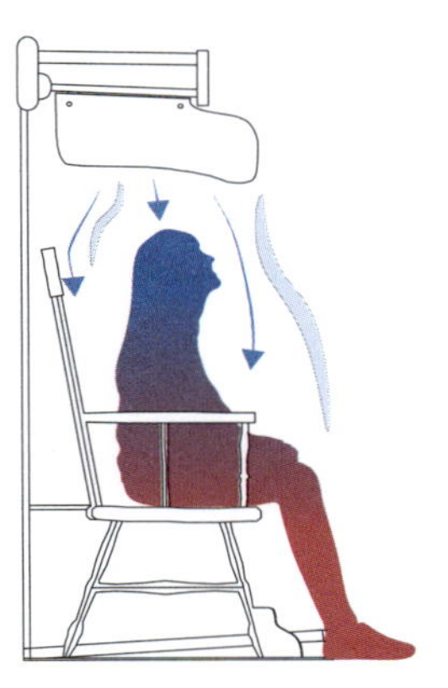

Punkah fan

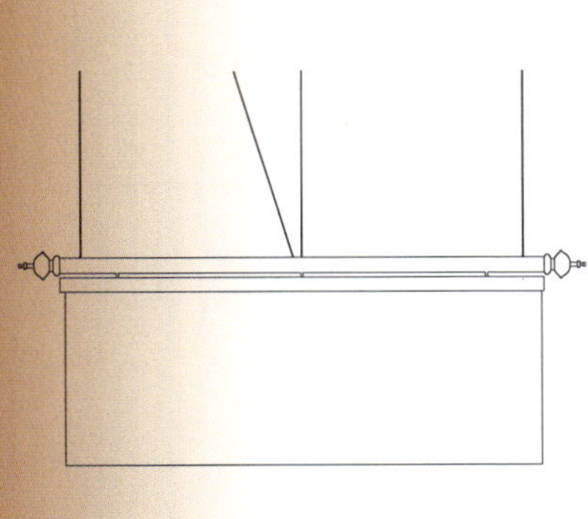

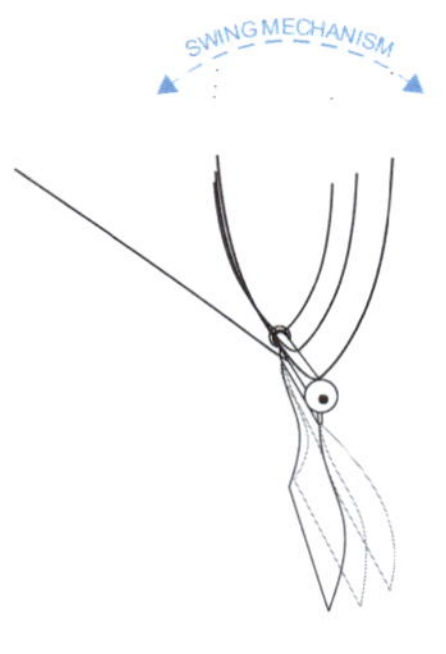

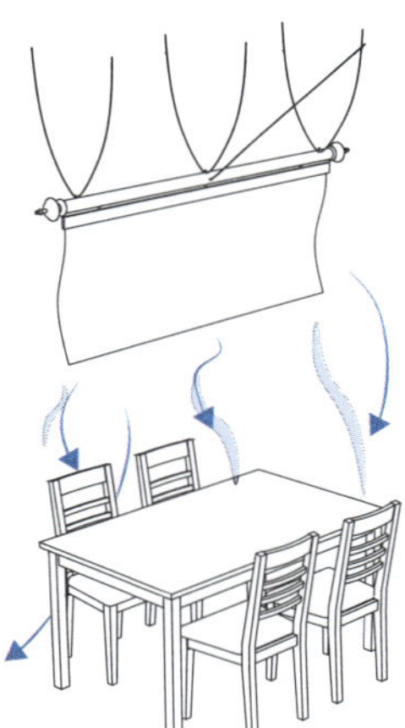

BOSTON ROCKING CHAIR
Martino De Grandis

USA

HISTORICAL PERIOD	18TH CENTURY
MEAN ANNUAL TEMPERATURE	16°C
CLIMATE TYPE	HOT SEMI-ARID
PROGRAM	Equipment

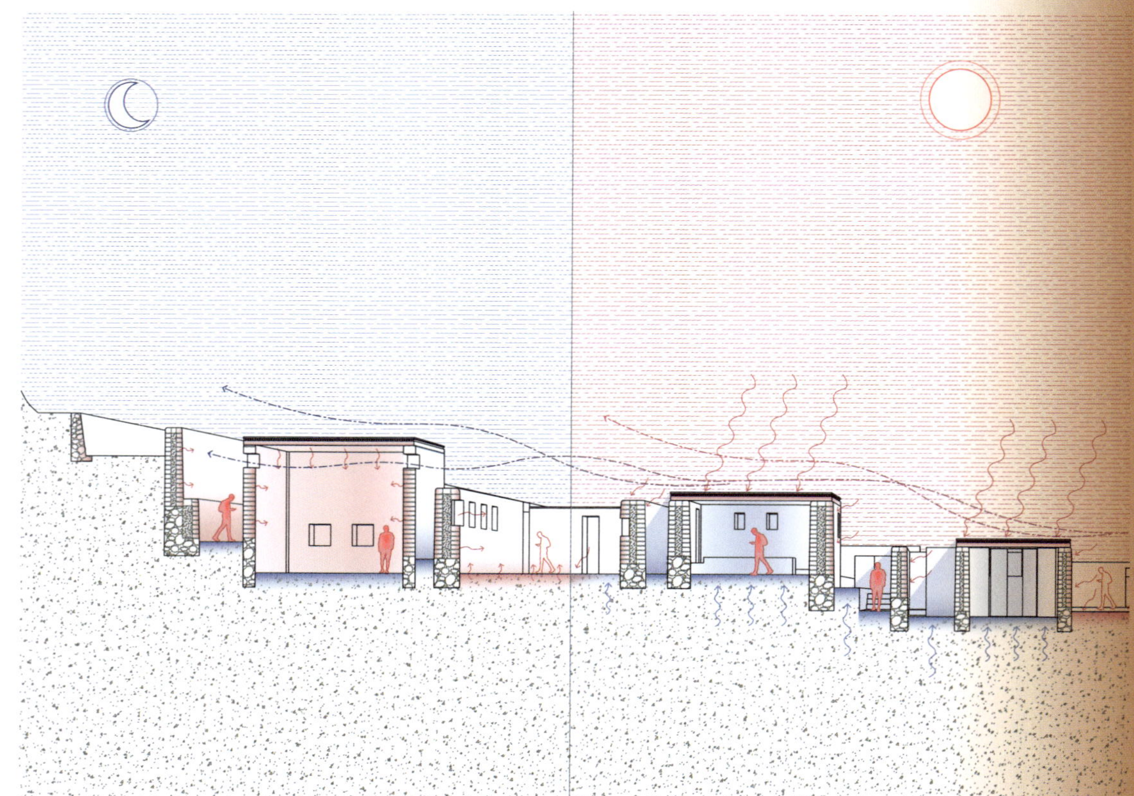

TAMBO COLORADO
Milagros Perales

Pisco Desert, Ica, PERU
-13.7051, -75.8296

HISTORICAL PERIOD	1470 - 1532 A.D.
MEAN ANNUAL TEMPERATURE	20.1°C
CLIMATE TYPE	HOT DESERT
PROGRAM	Residential Complex

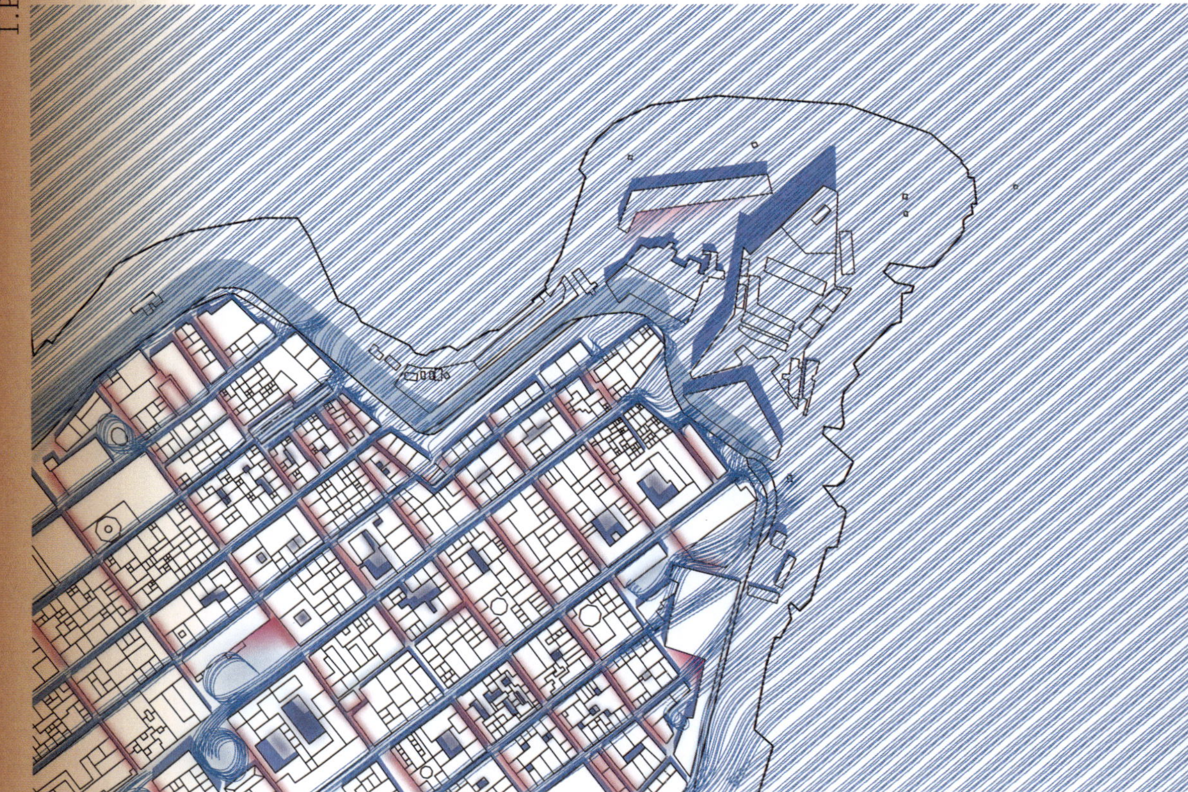

ARCHITECTURE AT THE SERVICE OF THE WINDS

Annabelle Marques

La Valette, MALTA

35°52'59''N, 14°27'00''E

HISTORICAL PERIOD	16TH CENTURY
MEAN ANNUAL TEMPERATURE	29°C
CLIMATE TYPE	MEDITERRANEAN
PROGRAM	City Planning

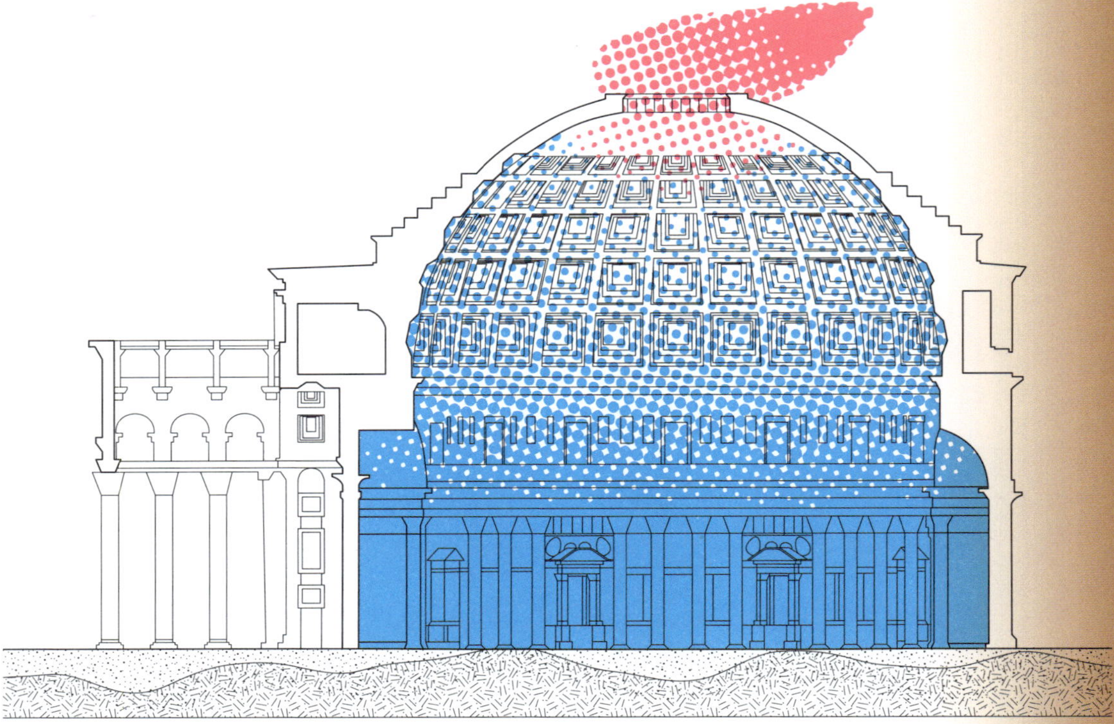

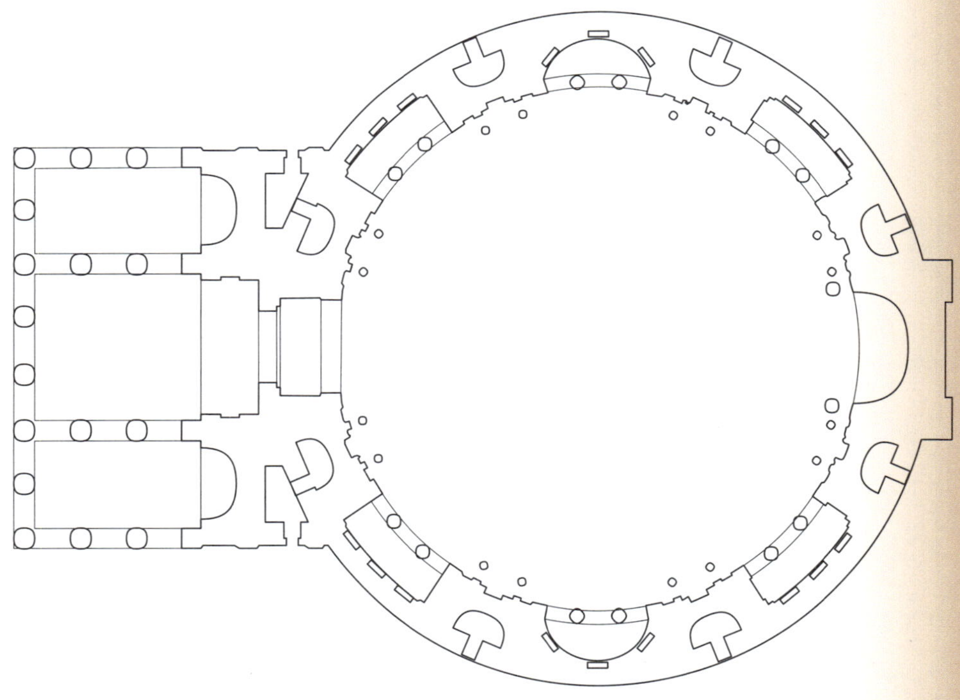

THE PANTHEON
Daevon McDowell

Rome, ITALY
41.8986°N 12.4768°E

HISTORICAL PERIOD	B.C 25-27
MEAN ANNUAL TEMPERATURE	22°C
CLIMATE TYPE	MEDITERRANEAN
PROGRAM	Covered public space

BLOOMBING BAMBOO HOUSE
Kristin Leuzinger

Hanoi, VIETNAM
21°03'41"N 105°50'21"E

HISTORICAL PERIOD	2013
MEAN ANNUAL TEMPERATURE	23.6°C
CLIMATE TYPE	SUBTROPICAL MONSOON
PROGRAM	Housing

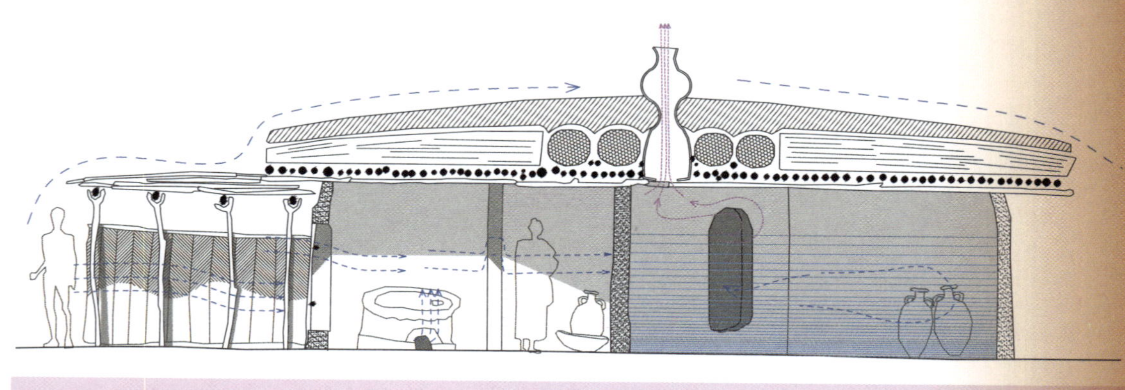

CASE OF MUNDANG

Masako Kawamoto

Kaele, CAMEROON

10° 06' 00"N, 14°27' 00"E

HISTORICAL PERIOD	20TH CENTURY
MEAN ANNUAL TEMPERATURE	30.8°C
CLIMATE TYPE	HOT DESERT
PROGRAM	Housing

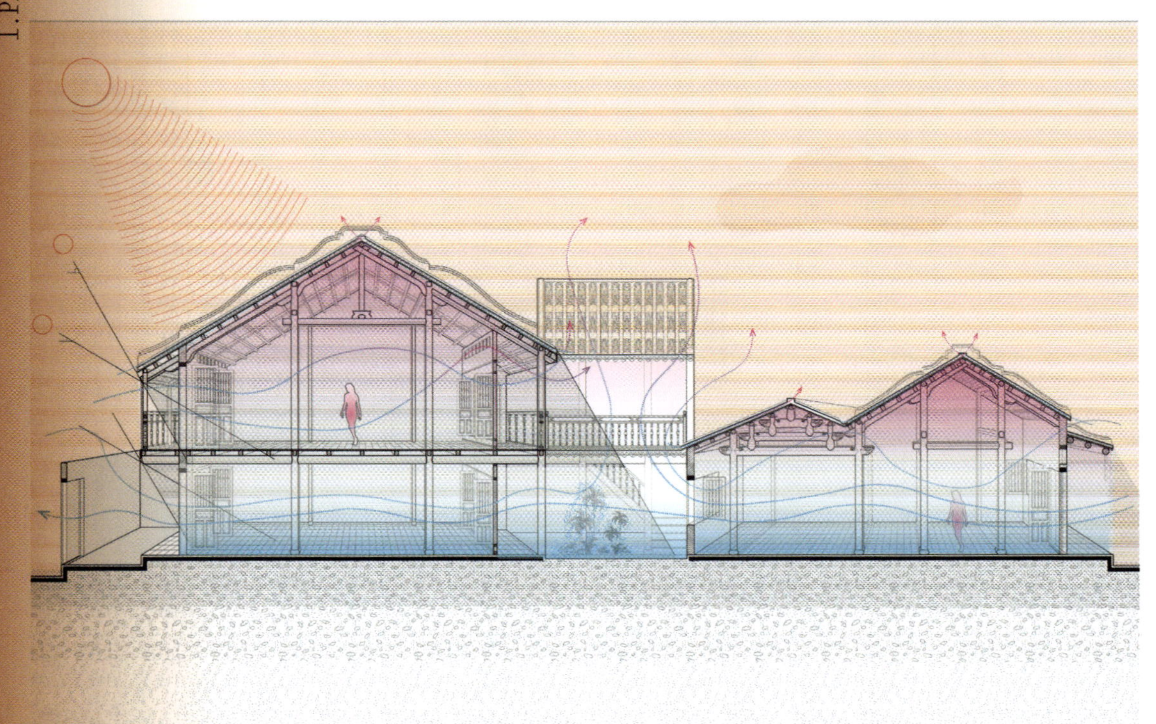

HOIAN ANCIENT HOUSES
Bui To Uyen

Hoian, VIETNAM
15°52'40"N, 108°194 50"E

HISTORICAL PERIOD	17TH CENTURY
MEAN ANNUAL TEMPERATURE	26°C
CLIMATE TYPE	TROPICAL MONSOON
PROGRAM	Housing, Offices

COLONIAL BALCONY
Daniel Mateo Rodriguez

Lima, PERU
31.-12.0464, -77.0428

HISTORICAL PERIOD 1600-1800
MEAN ANNUAL TEMPERATURE 24 °C
CLIMATE TYPE HOT DESERT

PROGRAM Housing

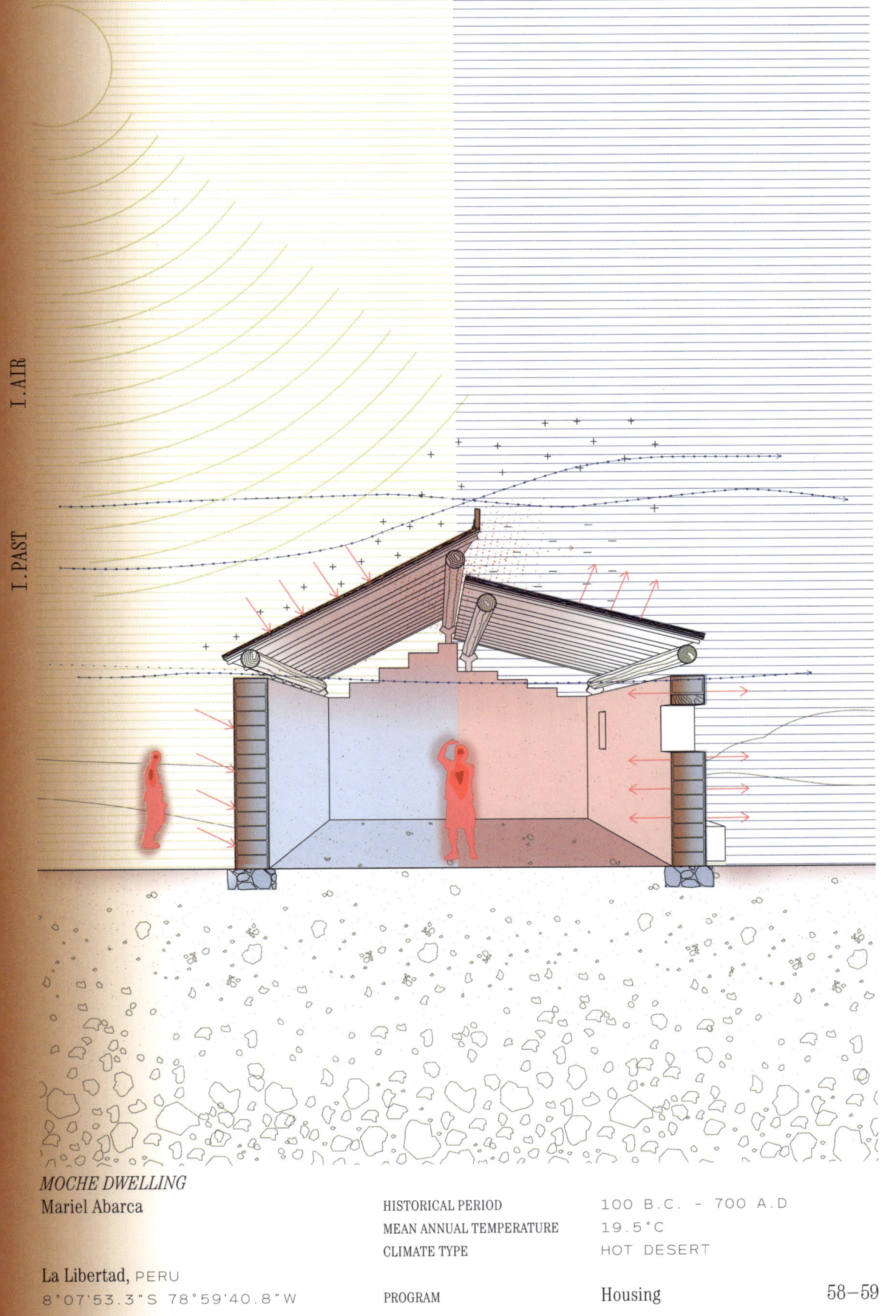

MOCHE DWELLING
Mariel Abarca

HISTORICAL PERIOD 100 B.C. - 700 A.D
MEAN ANNUAL TEMPERATURE 19.5°C
CLIMATE TYPE HOT DESERT

La Libertad, PERU
8°07'53.3"S 78°59'40.8"W

PROGRAM Housing

BHUNGAS
Djihane Bouamoucha

Kutch District, Gujarat, INDIA
23°54'54'', 70°22'01''

HISTORICAL PERIOD	16TH CENTURY
MEAN ANNUAL TEMPERATURE	27°C
CLIMATE TYPE	HOT SEMI-ARID
PROGRAM	Housing

KILIÇ ALI PAŞA HAMAMI
C. Aala, R. Bianco, D. Dulaj, F. Leone, M. Morgia, L. Pomella, D. Scalia, G. Solis

Istanbul, TURKEY
41°01'N - 28°58'E

HISTORICAL PERIOD	16TH CENTURY
MEAN ANNUAL TEMPERATURE	15°C
CLIMATE TYPE	HOT DESERT
PROGRAM	Bath

MASHRABIYA
Corinne Tendorf

Cairo, EGYPT
30.0444, 31.2357

HISTORICAL PERIOD	15TH CENTURY
MEAN ANNUAL TEMPERATURE	22°C
CLIMATE TYPE	HOT DESERT
PROGRAM	Ventilation System

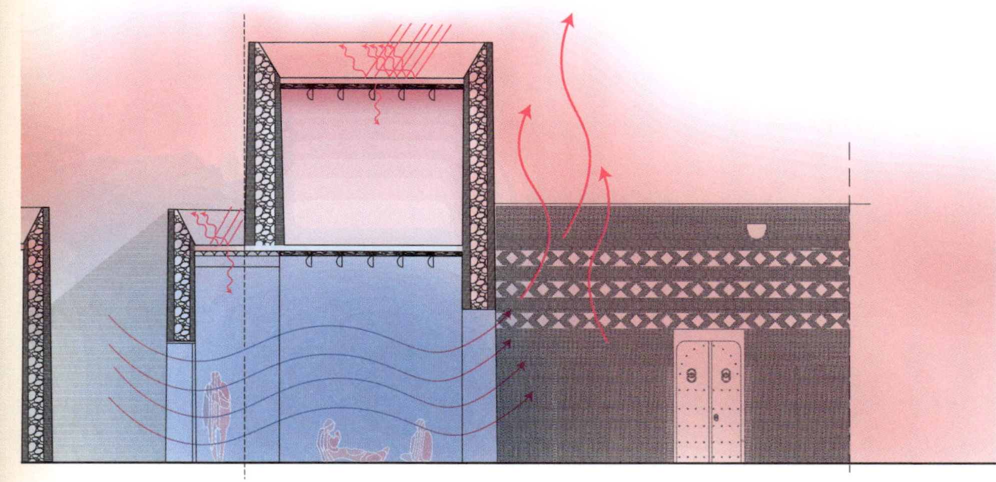

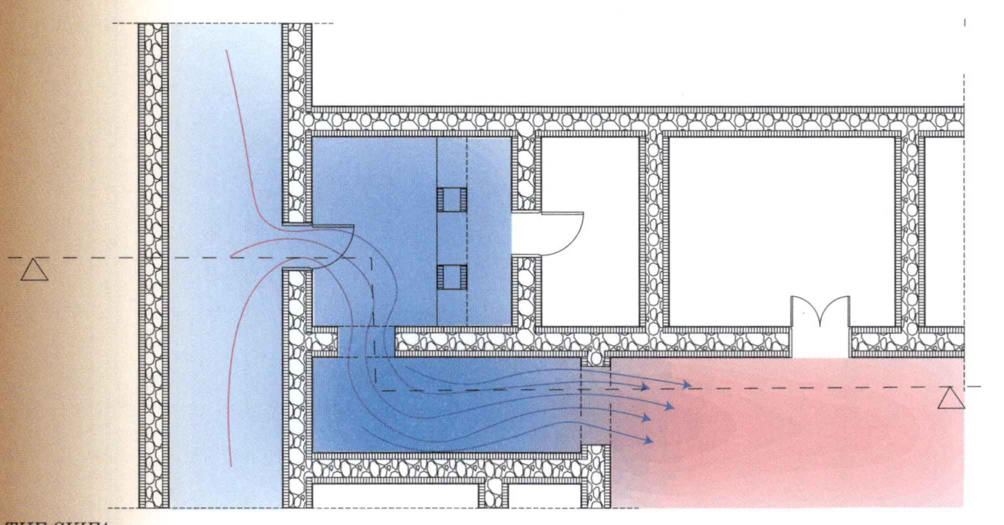

THE SKIFA
Imen Zitoun

Nefta, TUNISIA
33.870178 7.872840

HISTORICAL PERIOD	20TH CENTURY
MEAN ANNUAL TEMPERATURE	29°C
CLIMATE TYPE	HOT DESERT
PROGRAM	Housing

MOJINETE
Paloma Gonzalez

Tacna, PERU
-18.05556, -70.24833

HISTORICAL PERIOD	1400 A.D. - 1950 A.D.
MEAN ANNUAL TEMPERATURE	23.4°C
CLIMATE TYPE	HOT DESERT
PROGRAM	Housing

SEMARANG PASAR JOHAR MARKET

Cindy Koo Xin Yu

Java, INDONESIA

6.9665° S, 110.4204°E

HISTORICAL PERIOD	1939
MEAN ANNUAL TEMPERATURE	25.7°C
CLIMATE TYPE	TROPICAL MONSOON
PROGRAM	Market

SINGAPORE SHOPHOUSE

Daryl Lim Mingze

Emerald Hill, SINGAPORE

1.3031°N, 103.83°E

HISTORICAL PERIOD 20TH CENTURY

MEAN ANNUAL TEMPERATURE 27.8°C

CLIMATE TYPE EQUATORIAL

PROGRAM Shophouse

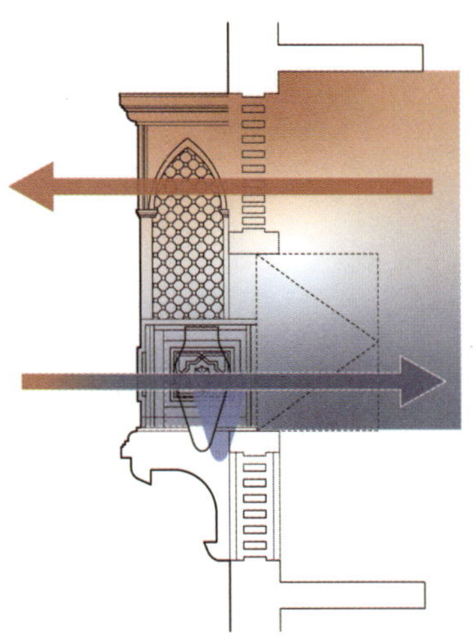

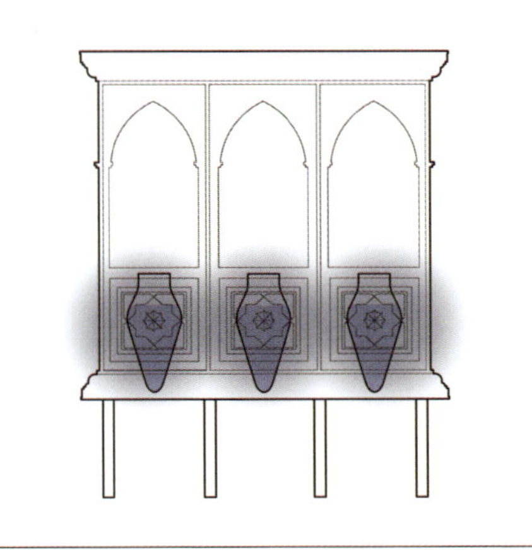

MASHRABIYA
David Roeder

Cairo, EGYPT
30.0444° N, 31.2357° E

HISTORICAL PERIOD	13TH CENTURY
MEAN ANNUAL TEMPERATURE	21.3°C
CLIMATE TYPE	HOT DESERT
PROGRAM	Window

RAFRAÎCHIR PAR ÉVAPORATION

L'eau, quand elle s'évapore, c'est-à-dire passe de la forme liquide à la forme gazeuse, ce qui se produit constamment et naturellement, nécessite de l'énergie qui est prise à l'air qui en fait baisser la température. Plus l'énergie cinétique de l'eau est importante, c'est-à-dire, plus elle est en mouvement (une chute d'eau plutôt qu'un lac), plus l'évaporation sera considérable. De la même manière, plus la surface d'échange de l'eau avec l'air est grande (les gouttelettes d'un jet d'eau plutôt que la surface dormante d'un bassin), plus l'évaporation sera importante, accentuant ainsi le rafraîchissement de l'air.

1 SUR LE PLAN URBAIN :

Construire les villes près des points d'eau (oasis de Siwa en Égypte) ;
Placer des fontaines, des jets d'eau, dans l'espace public (Rome en Italie) ;
Récolter les eaux de pluie dans un bassin et construire autour (stepwell en Inde).

2 EN CE QUI CONCERNE LES BÂTIMENTS :

Créer des fontaines intérieures (riad au Maroc) ;
Créer des cascades et des rivières intérieures (Red Fort à Delhi en Inde) ;
Remplir d'eau des jarres en terre cuite ; ce matériau étant légèrement poreux, il transpire cette eau vers l'extérieur de la jarre, rafraîchissant l'air passant dessus (maison au Caire, Égypte) ;
Faire descendre sous terre l'air neuf rentrant dans la maison jusqu'à rencontrer des canaux de rivières souterraines fraîches pour que l'air s'y rafraîchisse avant de le faire remonter dans la maison (Badgir et Qanat en Iran) ;
Créer des bassins au-devant de la maison, là d'où vient le vent, pour rafraîchir l'air rentrant dans la maison (maison en Inde).

RÉSISTER À LA SÉCHERESSE

Pour répondre à l'augmentation significative des périodes de sécheresse en été en France d'ici à 2100, les solutions architecturales des climats arides étaient celles de récupérer le surplus des eaux de pluie durant les saisons pluvieuses (hiver, printemps) pour pouvoir en disposer en été.

1 SUR LE PLAN URBAIN :

Récolter localement les eaux de pluie dans un bassin et construire autour (stepwell en Inde) ;
Récolter la pluie dans une citerne communale enterrée en hauteur du village et en distribuer l'eau par un réseau de conduite et de puits (Matera, Italie).

2 EN CE QUI CONCERNE LES BÂTIMENTS :

- Récupérer en toiture les eaux de pluie et les stocker dans une citerne enterrée sous la maison (maison à Sidi Bou Saïd en Tunisie).

RÉSISTER AUX PLUIES ET AUX INONDATIONS

1 SUR LE PLAN URBAIN :

Récolter les eaux de pluie dans un bassin et construire la ville autour (stepwell en Inde) ;
Construire la ville en hauteur des vallées et des plaines inondables, hors de portée des crues, sur les collines, sur des reliefs, des éminences rocheuses (villages en Italie) ;

2 EN CE QUI CONCERNE LES BÂTIMENTS :

Construire le rez-de-chaussée bien au-dessus du sol, sur pilotis (maison au Célèbes en Indonésie) pour se protéger des crues ;
Construire de très larges toitures, protégeant largement les intérieurs et les terrasses de la pluie et les façades du ruissèlement.

[EN]

COOLING BY EVAPORATION

When water evaporates, i.e. changes from liquid form to gaseous form—which happens constantly and naturally—it requires energy, which that comes from the air, lowering its temperature. The greater the kinetic energy of the water, i.e. the more it is in motion (a waterfall rather than a lake), the greater the evaporation will be. Similarly, the greater the surface area of the water exchanged with the air (the droplets of a water jet, rather than the still surface of a pond), the greater the evaporation, thus accentuating air cooling.

1 URBAN:

Building towns near water sources (oasis of Siwa in Egypt);
Fountains and fountains in public spaces (Rome, Italy);
Collect rainwater in a basin and build around it (stepwell in India).

2 BUILDINGS:

Create indoor fountains (riad in Morocco);
Create waterfalls and inland rivers (Red Fort in Delhi, India);
Filling earthenware jars with water; as this material is slightly porous, it transpires this water towards the outside the jar, cooling the air passing over it (house in Cairo, Egypt);
Take the new air entering the house underground until it encounters cool underground river channels so that the air can be cooled before being brought back up into the house (Badgir and Qanat in Iran);
Create basins at the front of the house, where the wind comes from, to cool the air entering the house (house in India).

DROUGHT-RESISTANT

In response to the significant increase in summer droughts in France between now and 2100, architectural solutions for arid climates were to recover surplus rainwater during the rainy seasons (winter, spring) for use in summer.

1 URBAN:

Harvest rainwater locally in a basin and build around it (stepwell in India);
Collect rainwater in a communal cistern buried high above the village and distribute it via a network of pipes and wells (Matera, Italy).

2 BUILDINGS:

Collect rainwater on the roof and store it in a cistern buried under the house (house in Sidi Bou Saïd, Tunisia).

RAIN AND FLOOD RESISTANCE

1 URBAN:

Collect rainwater in a basin and build a city around it (stepwell in India);
Build the city at the top of valleys and flood plains, unreachable of floods, on hills, reliefs, rocky eminences (villages in Italy);

2 BUILDINGS:

Build the ground floor well above the ground, on stilts (house in Celebes, Indonesia) to protect against flooding;
Build very wide roofs, protecting interiors and terraces from rain and facades from run-off.

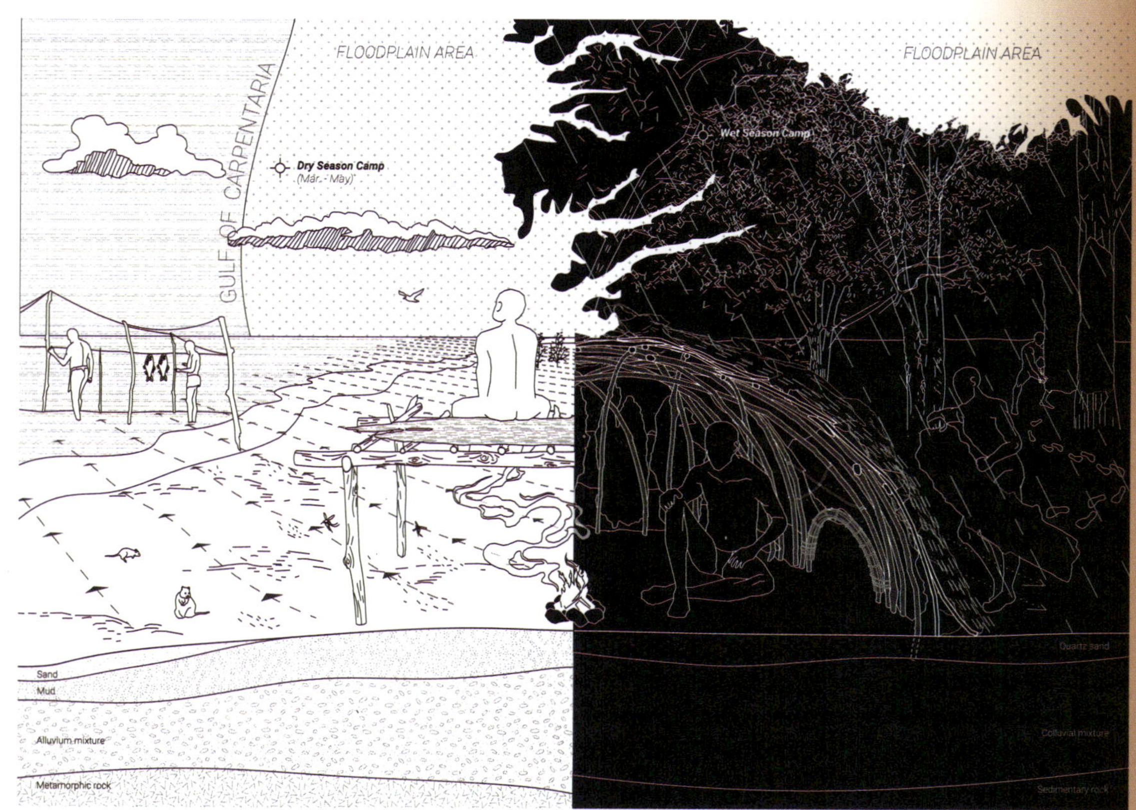

CASA PROFESSA PALAZZO

Tony Liu, Shu Chen Xu

Cape York Peninsula, AUSTRALIA

-10.6891000°, 142.5316000°

HISTORICAL PERIOD	15TH CENTURY
MEAN ANNUAL TEMPERATURE	26°C
CLIMATE TYPE	TROPICAL SAVANNA
PROGRAM	Dwelling

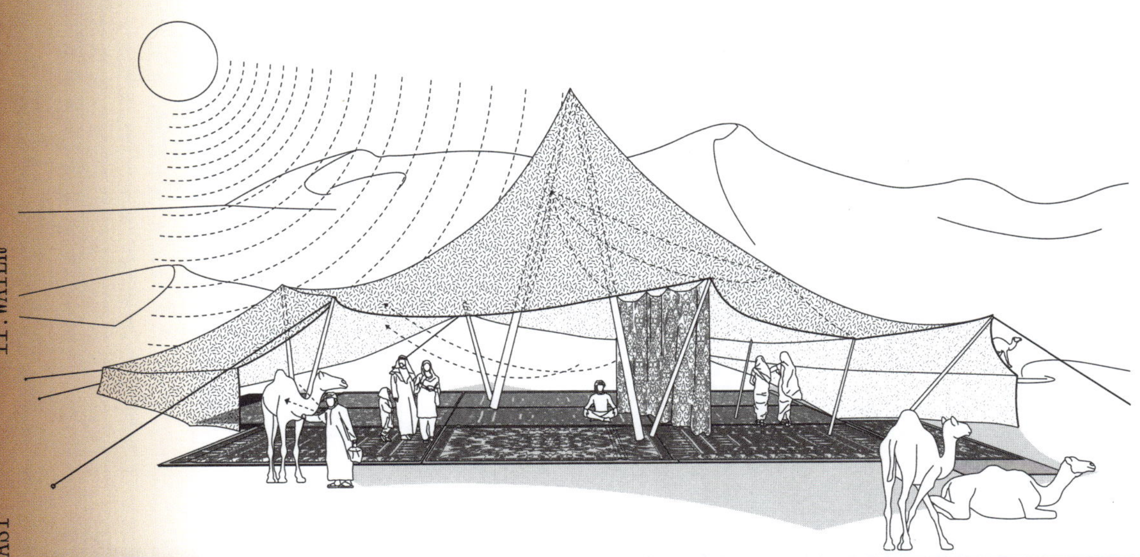

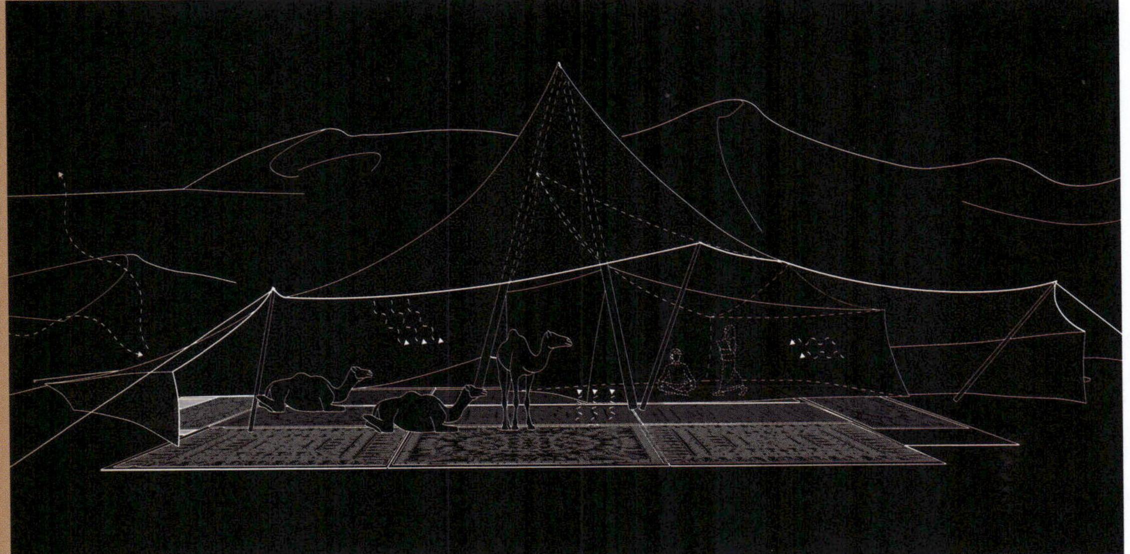

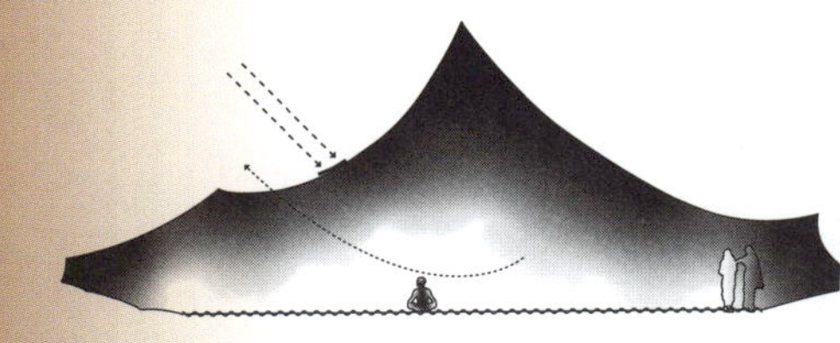

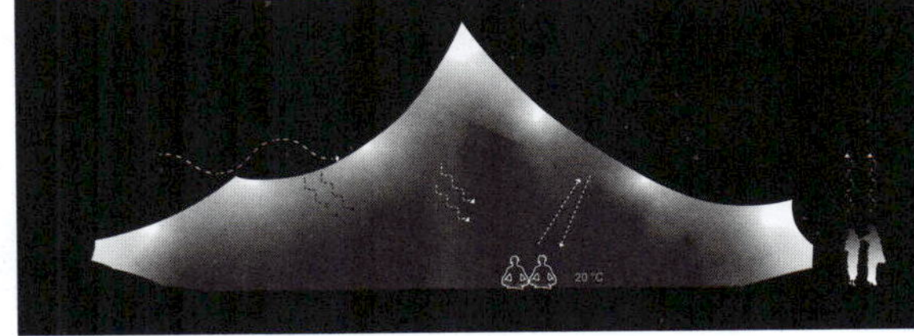

TEMPORARY SHELTER
Emma Canton

Arid Climate Areas

HISTORICAL PERIOD	17TH-19TH CENTURY
MEAN ANNUAL TEMPERATURE	27°C
CLIMATE TYPE	HOT DESERT
PROGRAM	Housing

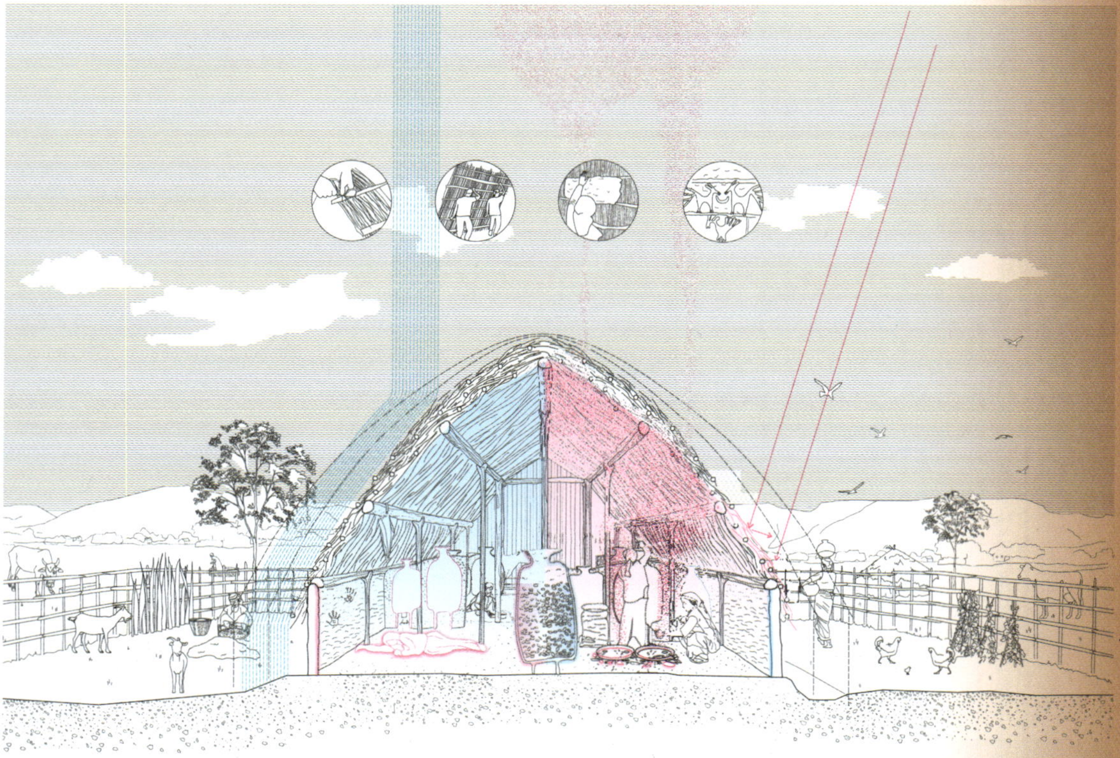

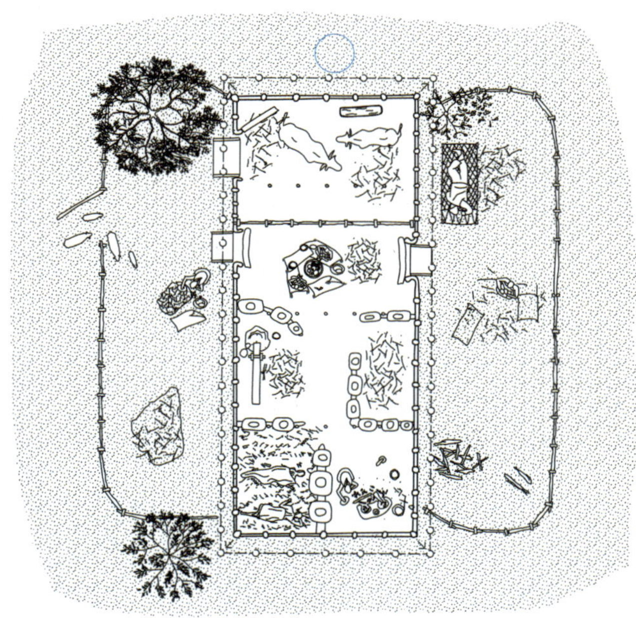

THARU HOUSE
Lili Rouveure

Jagatpur, NEPAL
21.919910, 83.383499

HISTORICAL PERIOD FROM 1000
MEAN ANNUAL TEMPERATURE 24°C
CLIMATE TYPE SUBTROPICAL MONSOON

PROGRAM House

BHAMMARIYO KUVO
Lajja Mehta

Mahemdabad, Gujarat, INDIA
72.7510921 22.8118178

HISTORICAL PERIOD	14TH CENTURY
MEAN ANNUAL TEMPERATURE	30°C
CLIMATE TYPE	HOT SEMI-ARID
PROGRAM	Step-well

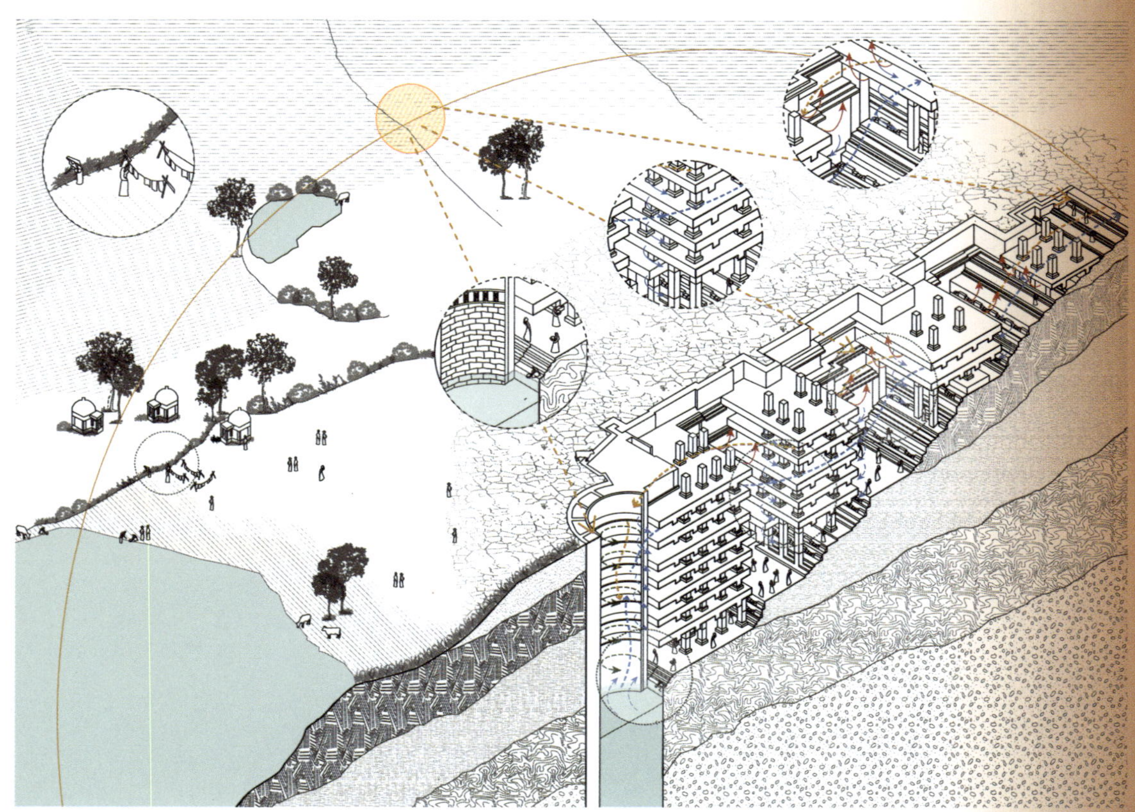

RANI-KI-VAV
Anusha Dasgupta

Patan, Gujarat, INDIA
23.8589° N, 72.1019° E

HISTORICAL PERIOD	11TH CENTURY
MEAN ANNUAL TEMPERATURE	40°C
CLIMATE TYPE	TROPICAL SAVANNA
PROGRAM	Water Reservoir

RUMAH GADANG
Lin Zichun

Sumatra, INDONESIA
-0.344852, 100.229297

HISTORICAL PERIOD	-2000
MEAN ANNUAL TEMPERATURE	32°C
CLIMATE TYPE	EQUATORIAL
PROGRAM	House

BAHAY KUBO
Juliane Servais

HISTORICAL PERIOD	11TH CENTURY
MEAN ANNUAL TEMPERATURE	26°C
CLIMATE TYPE	EQUATORIAL
PROGRAM	Housing

Mindanao, PHILIPPINES
7°41'59.89"N124°37'26.19"E

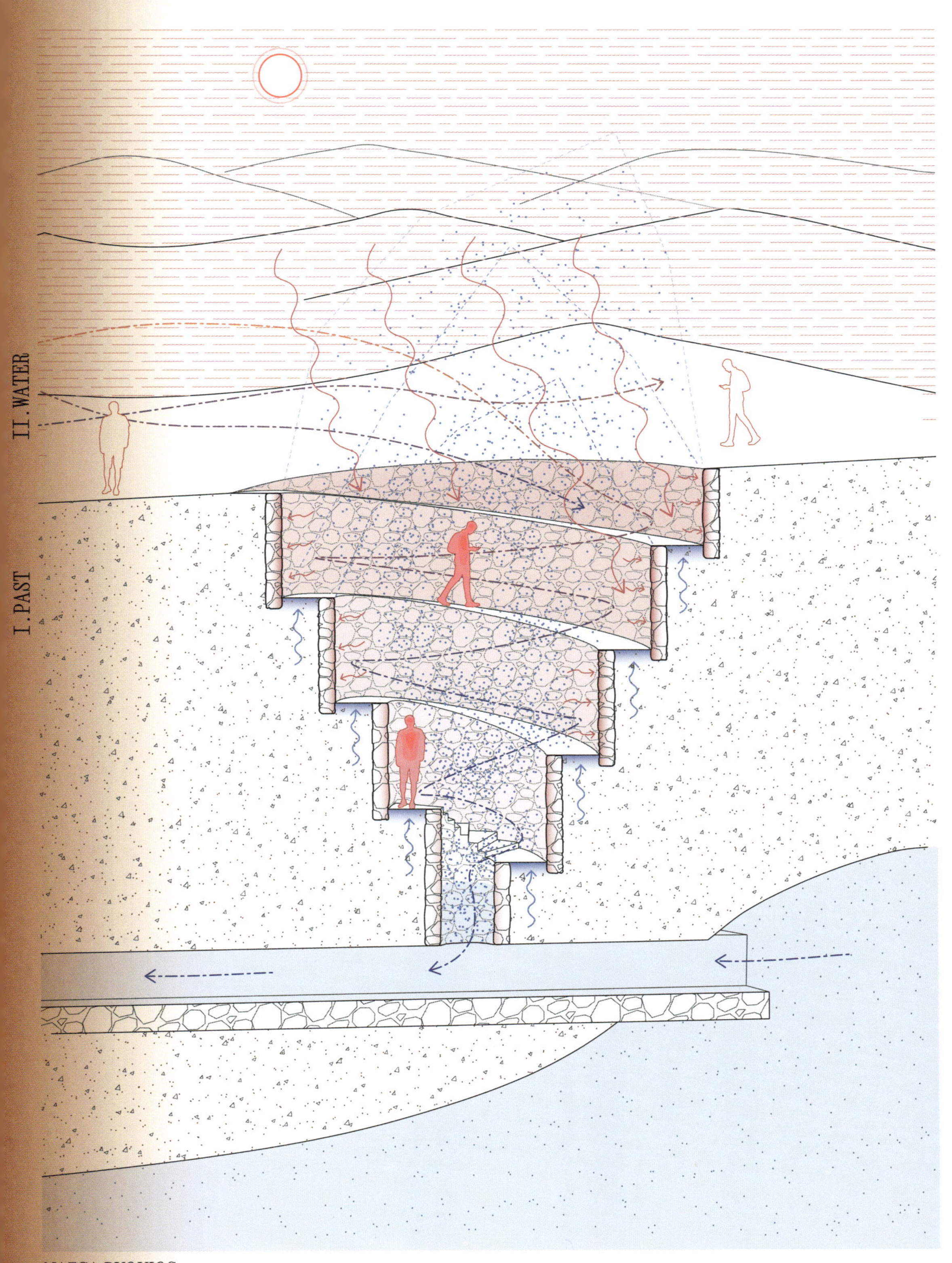

NAZCA PUQUIOS
Milagros Perales

Nazca Desert, Ica, PERU
-14.8282, -74.9432

HISTORICAL PERIOD	200 A.D. - 700 A.D.
MEAN ANNUAL TEMPERATURE	19,9° C
CLIMATE TYPE	HOT DESERT
PROGRAM	Hydraulic infrastructure

PALAFITOS
Judit Mayorca

Madre de Dios, PERU
-12.5933, -69.1897

HISTORICAL PERIOD	PREHISPANIC
MEAN ANNUAL TEMPERATURE	26°C
CLIMATE TYPE	EQUATORIAL
PROGRAM	Housing

HOUSE IN SIDI BOU SAÏD
Amani Naija

Sidi Bou Saïd, TUNISIA
36.8706° N, 10.3419° E

HISTORICAL PERIOD	20TH CENTURY
MEAN ANNUAL TEMPERATURE	18.2°C
CLIMATE TYPE	MEDITERRANEAN
PROGRAM	House

QANAT
Arianna Cannon

Yazd, IRAN
31.8974, 54.3568

HISTORICAL PERIOD	1000 BCE
MEAN ANNUAL TEMPERATURE	18.8°C
CLIMATE TYPE	COLD DESERT
PROGRAM	Water management

UROS HOUSE
Arumi Pala

Titicaca Lake, Puno, PERU
-15.819486, -69.971703

HISTORICAL PERIOD	3000 B.C. - 2000 B.C.
MEAN ANNUAL TEMPERATURE	8.4°C
CLIMATE TYPE	TUNDRA
PROGRAM	Housing

TRULLI OF ALBEROBELLO
Sana Bouchiba

Alberobello, Apulia, ITALY
40.786883, 17.241162

HISTORICAL PERIOD	11TH CENTURY
MEAN ANNUAL TEMPERATURE	15.5°C
CLIMATE TYPE	MEDITERRANEAN
PROGRAM	Housing

HYDRIC MACHINES
Cortés Morado César Fabricio

Xochimilco, Mexico City, MEXICO
19.2572° N, 99.1030° W

HISTORICAL PERIOD	PRE-CONTACT ERA
MEAN ANNUAL TEMPERATURE	16°C
CLIMATE TYPE	SUBTROPICAL HIGHLAND
PROGRAM	Urban Agriculture

RUMAH IBU

Phua Jue Hua Pearl

HISTORICAL PERIOD 19TH CENTURY
MEAN ANNUAL TEMPERATURE 25°C
CLIMATE TYPE EQUATORIAL

MALAYSIA
2°30' N 112°30' E

PROGRAM House

BẾN TRE-MỸ THO HOUSE

Thien-Thu Pham

VIETNAM

102°10'-109°30' 8°30'-23°22'

HISTORICAL PERIOD	N/A
MEAN ANNUAL TEMPERATURE	31°C
CLIMATE TYPE	TROPICAL SAVANNA
PROGRAM	Housing

FOUNTAIN
Lea Reinert

Alhambra, Granada, SPAIN
37.176883 -3.591681

HISTORICAL PERIOD	13TH CENTURY
MEAN ANNUAL TEMPERATURE	17°C
CLIMATE TYPE	MEDITERRANEAN
PROGRAM	Garden

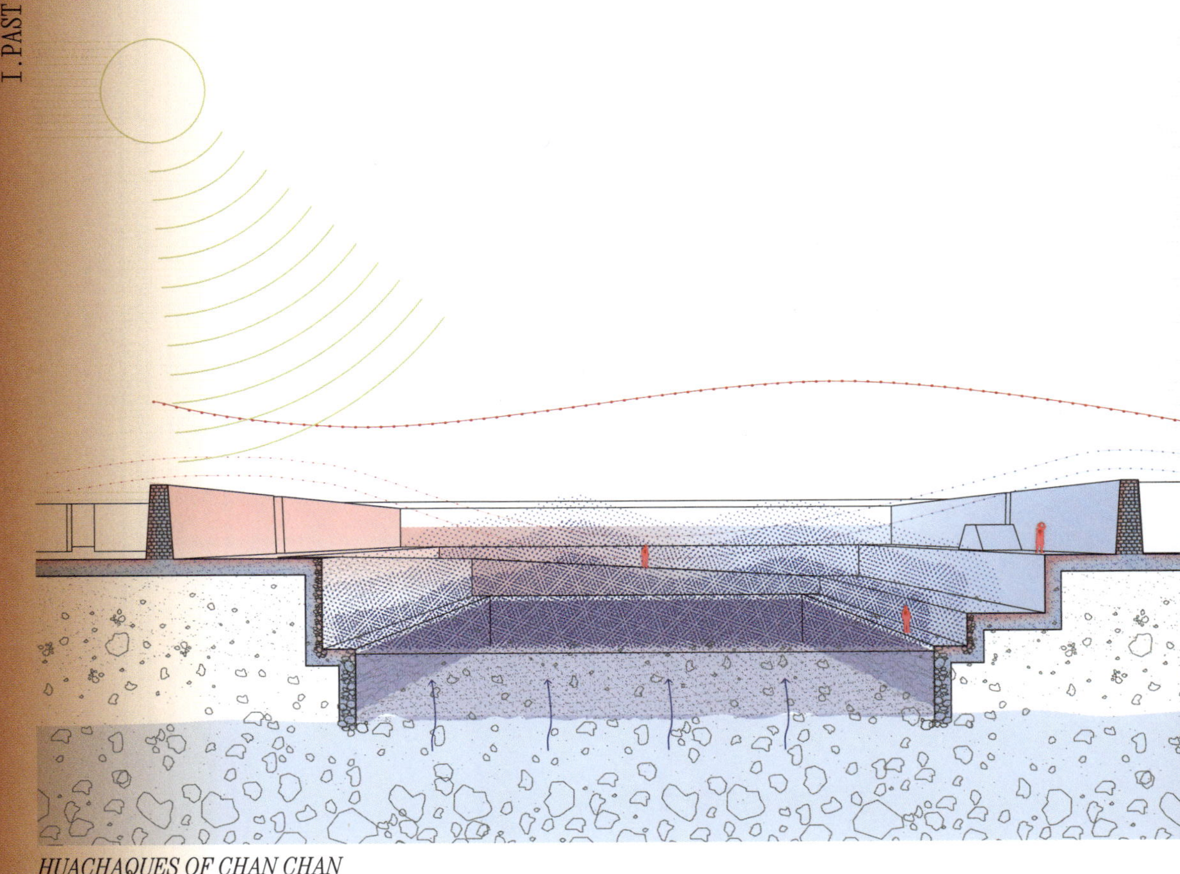

HUACHAQUES OF CHAN CHAN
Mariel Abarca

La Libertad, PERU
-8.111237"S, -79.075161"W

HISTORICAL PERIOD	600 A.D.
MEAN ANNUAL TEMPERATURE	19.5°C
CLIMATE TYPE	HOT DESERT
PROGRAM	Microclimate for agriculture

AMUNAS
Juan Carlos Ylizarbe Rosales

Huarochirí, Lima, PERU
11.7°S, 76.3°W

HISTORICAL PERIOD	PRE-COLUMBIAN PERIOD
MEAN ANNUAL TEMPERATURE	16°C
CLIMATE TYPE	SEMI-ARID HIGHLANDS
PROGRAM	Traditional Water Harvesting System

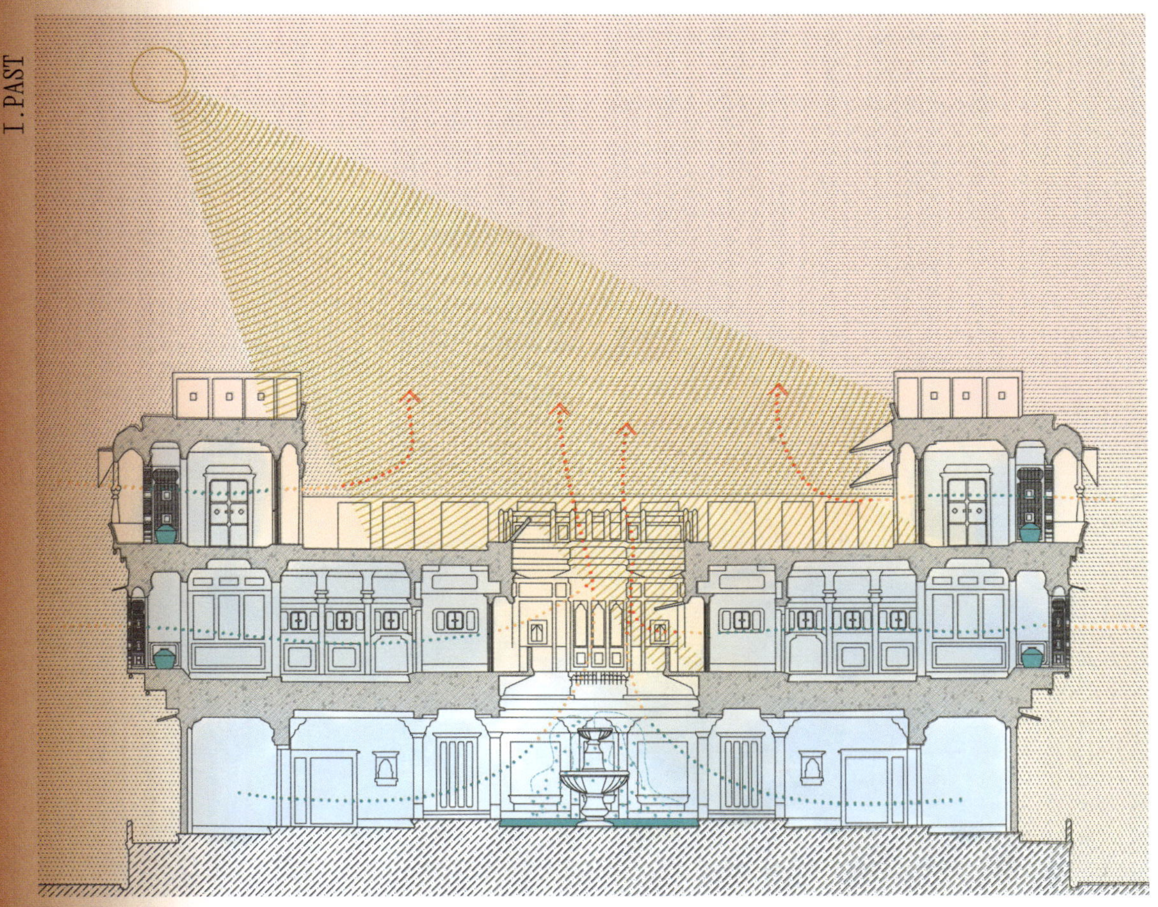

HAVELIS
Léa Vail

HISTORICAL PERIOD	15TH–19TH CENTURY
MEAN ANNUAL TEMPERATURE	26.5°C
CLIMATE TYPE	HOT SEMI-ARID

Rajasthan, INDIA
26.3927986, 72.4922740

PROGRAM Luxury Housing

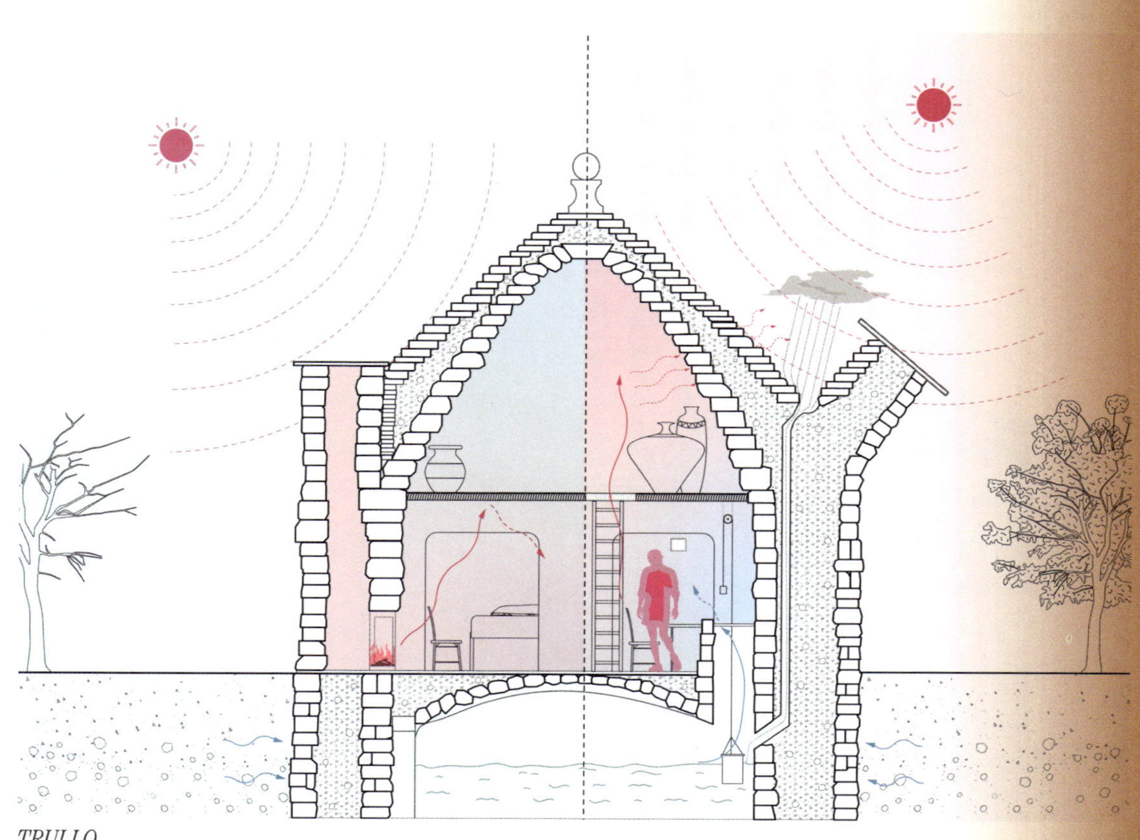

TRULLO
Yemin Yan

Puglia, ITALY
40.7855° N 17.2335° E

HISTORICAL PERIOD 14TH-19TH CENTURY
MEAN ANNUAL TEMPERATURE 18°C
CLIMATE TYPE MEDITERRANEAN

PROGRAM Housing

OMO HADA

Kerk Xin Yi

North Sumatra, INDONESIA

0.614470, 97.770307

HISTORICAL PERIOD	SINCE -2000
MEAN ANNUAL TEMPERATURE	29.5°C
CLIMATE TYPE	EQUATORIAL
PROGRAM	House

TOBACCO BARNS
Liu Heng

Sumatra, INDONESIA
-2.909353, 119.940322

HISTORICAL PERIOD	18TH CENTURY
MEAN ANNUAL TEMPERATURE	26,6°C
CLIMATE TYPE	EQUATORIAL
PROGRAM	Barn

VEGETATED PATIO
Elise Wipff

Seville, SPAIN
37°23'42N, 5°59'22O

HISTORICAL PERIOD	15TH CENTURY
MEAN ANNUAL TEMPERATURE	18,8°C
CLIMATE TYPE	MEDITERRANEAN
PROGRAM	Equipment

TRULLO
Angela Sakis

Puglia, ITALY
40.7868° N, 17.2401° E

HISTORICAL PERIOD	14TH–19TH CENTURY
MEAN ANNUAL TEMPERATURE	16°C
CLIMATE TYPE	MEDITERRANEAN
PROGRAM	HOUSING

WARU WARU
Arumi Pala

Acora, Puno, PERU
-15.977898, -69.751214

HISTORICAL PERIOD 1800 B.C. - 300 A.D.
MEAN ANNUAL TEMPERATURE 8.5°C
CLIMATE TYPE TUNDRA

PROGRAM Microclimate for agriculture

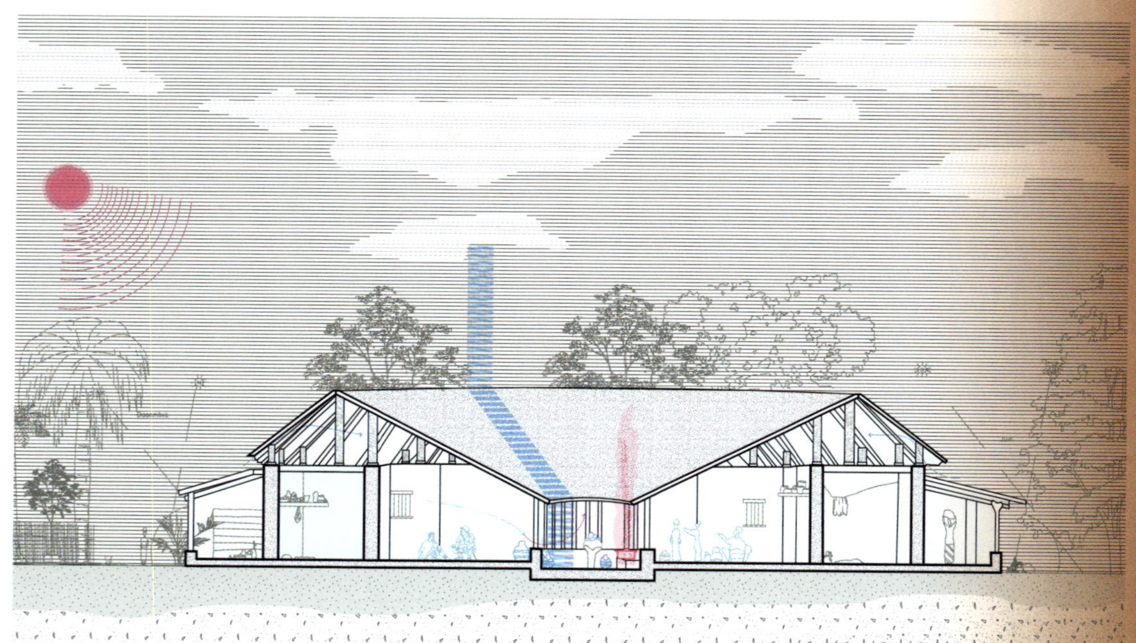

IMPLUVIUM CASE
Sall Mamadou

Casamance, SENEGAL
12.5315, -16.2452

HISTORICAL PERIOD	18TH CENTURY
MEAN ANNUAL TEMPERATURE	26.5°C
CLIMATE TYPE	TROPICAL SAVANNA
PROGRAM	Traditional dwelling

PATIO
Sacha de Amorim

Albaicin, Granada, SPAIN
37°10'42"N, 3°35'42"W

HISTORICAL PERIOD 16TH CENTURY
MEAN ANNUAL TEMPERATURE 20°C
CLIMATE TYPE MEDITERRANEAN

PROGRAM Urban house

RAFRAÎCHIR PAR CONDUCTION

La conduction est utilisée pour se rafraîchir dans l'architecture vernaculaire principalement à travers le déphasage des température diurne/nocturne ou hiver/été par inertie thermique. Le déphasage thermique jour/nuit consiste à calculer l'épaisseur du mur extérieur pour que celui-ci se refroidisse la nuit de l'extérieur vers l'intérieur en plusieurs heures jusqu'à ce que le froid atteigne la surface intérieure du mur le matin. Ainsi, on profitera à l'intérieur des maisons de la froideur nocturne la journée, et inversement, on profitera la nuit de la chaleur diurne qui aura à son tour traversé progressivement le mur durant les heures de la journée. Le déphasage hiver/été produit, quant à lui, une température constante quand on s'enfonce dans les sous-sols, au-dessous de -15 m qui correspond à la température moyenne annuelle de la région. Cela est dû à la fois à l'inertie thermique et à la conduction thermique du sol qui stabilise les variations saisonnières de température en dessous de 5 mètres de profondeur. Un autre dispositif que l'on rencontre est celui du puits canadien (ou géothermie), c'est-à-dire introduire de l'air dans les sous-sols frais pour le faire circuler dans des tuyaux enterrés sur une certaine distance pour le refroidir et le faire ressortir dans la maison comme source fraîche d'air neuf.

1 SUR LE PLAN URBAIN :

Construire des villes sous la terre (Derikuyu en Turquie) ;

Construire des villes dont les maisons se collent sur trois côtés afin de minimiser le contact des façades avec l'air chaud extérieur et que chaque maison constitue l'isolation thermique de l'autre (Médina au Maghreb).

2 AU NIVEAU DES BÂTIMENTS :

Construire les maisons sous la terre (Matmata en Tunisie) ;

Construire une partie de la maison sous la terre pour y habiter la journée (Maison de Bagdad en Irak) ;

Construire des murs dans un matériau moyennement conducteur d'une épaisseur telle que la froideur nocturne parviendra à l'intérieur le matin et qu'inversement la chaleur de la journée réchauffe les intérieurs la nuit (Kasbah du Maroc) ;

Placer le plancher de la pièce à vivre principale au-dessus de la citerne de récupération des eaux de pluie qui la rafraîchira par conduction (Maison à Sidi Bou Saïd en Tunisie) ;

Faire circuler l'air neuf d'abord dans les sous-sols pour qu'il s'y refroidisse avant de le faire rentrer dans la maison (Villa Eolia, Vénétie, Italie).

COOLING BY CONDUCTON

Conduction is used for cooling in vernacular architecture, mainly through day/night or winter/summer temperature phase shifting (thermal inertia). Day/night thermal phase shifting involves calculating the thickness of the exterior wall so that it cools down at night from the outside inwards over several hours, until the cold reaches the interior surface of the wall in the morning. In this way, the coldness of the night can be enjoyed inside the house during the day, and conversely, the warmth of the day can be enjoyed inside the house at night, as it gradually penetrates the wall during the day. The winter/summer phase shift, on the other hand, produces a constant temperature as you go deeper underground, below -5 m, which corresponds to the region's average annual temperature. This is due to both the thermal inertia and thermal conduction of the ground, which stabilizes seasonal temperature variations at below 15 meters. Another common system is the ground-coupled heat exchanger (or geothermal energy), which introduces air into cool basements, circulates it through pipes buried some distance below ground, cools it and brings it back into the house as a source of fresh air.

1 URBAN

Building cities underground (Derikuyu in Turkey);
Build towns where houses are joined together on three sides to minimize contact between facades and the hot outside air, with each house acting as thermal insulation for the other (Medina in the Maghreb).

2 BUILDINGS:

Building houses underground (Matmata, Tunisia);
Build part of the house underground to live in during the day (Baghdad House in Iraq);
Build walls in a moderately conductive material with a thickness such that the cold of the night reaches the interior in the morning and, conversely, the heat of the day warms the interior at night (Kasbah, Morocco);
Place the floor of the main living area above the rainwater collection tank, which will cool it by conduction (Sidi Bou Saïd house in Tunisia);
Circulate new air first in basements to cool down before bringing it into the house (Villa Eolia, Veneto, Italy).

CLIFF DWELLINGS
Karina Thome

Mesa Verde, Colorado, USA
37 10'00 N, 108 28'25 W

HISTORICAL PERIOD	13TH CENTURY
MEAN ANNUAL TEMPERATURE	8°C
CLIMATE TYPE	HUMID CONTINENTAL CLIMATE
PROGRAM	Housing

YPOSKAFA
Anna Benador

Santorini, GREECE
36.393154, 25.461510

HISTORICAL PERIOD	16TH CENTURY
MEAN ANNUAL TEMPERATURE	19°C
CLIMATE TYPE	MEDITERRANEAN CLIMATE
PROGRAM	Seamen's houses

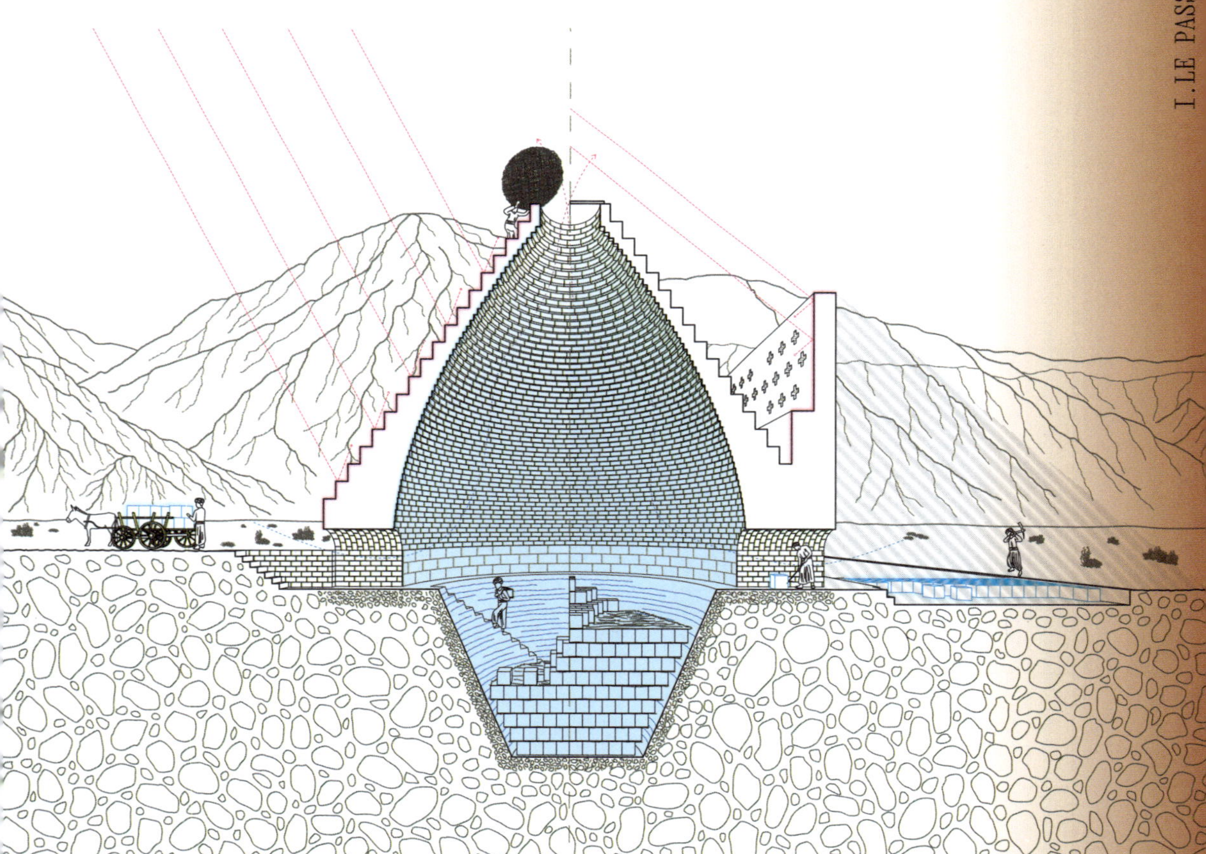

YAKHTCHAL
Virginie Grand

Abarkuh, IRAN
31.132481, 53.280310

HISTORICAL PERIOD	FROM -1000
MEAN ANNUAL TEMPERATURE	19,1°C
CLIMATE TYPE	HOT DESERT CLIMATE
PROGRAM	Natural refrigerator

HOUSE
Floriane Springer

Bagdad, IRAK
33.3152, 44.3661

HISTORICAL PERIOD — 8TH CENTURY – TODAY
MEAN ANNUAL TEMPERATURE — 24,8°C
CLIMATE TYPE — HOT DESERT CLIMATE

PROGRAM — Housing

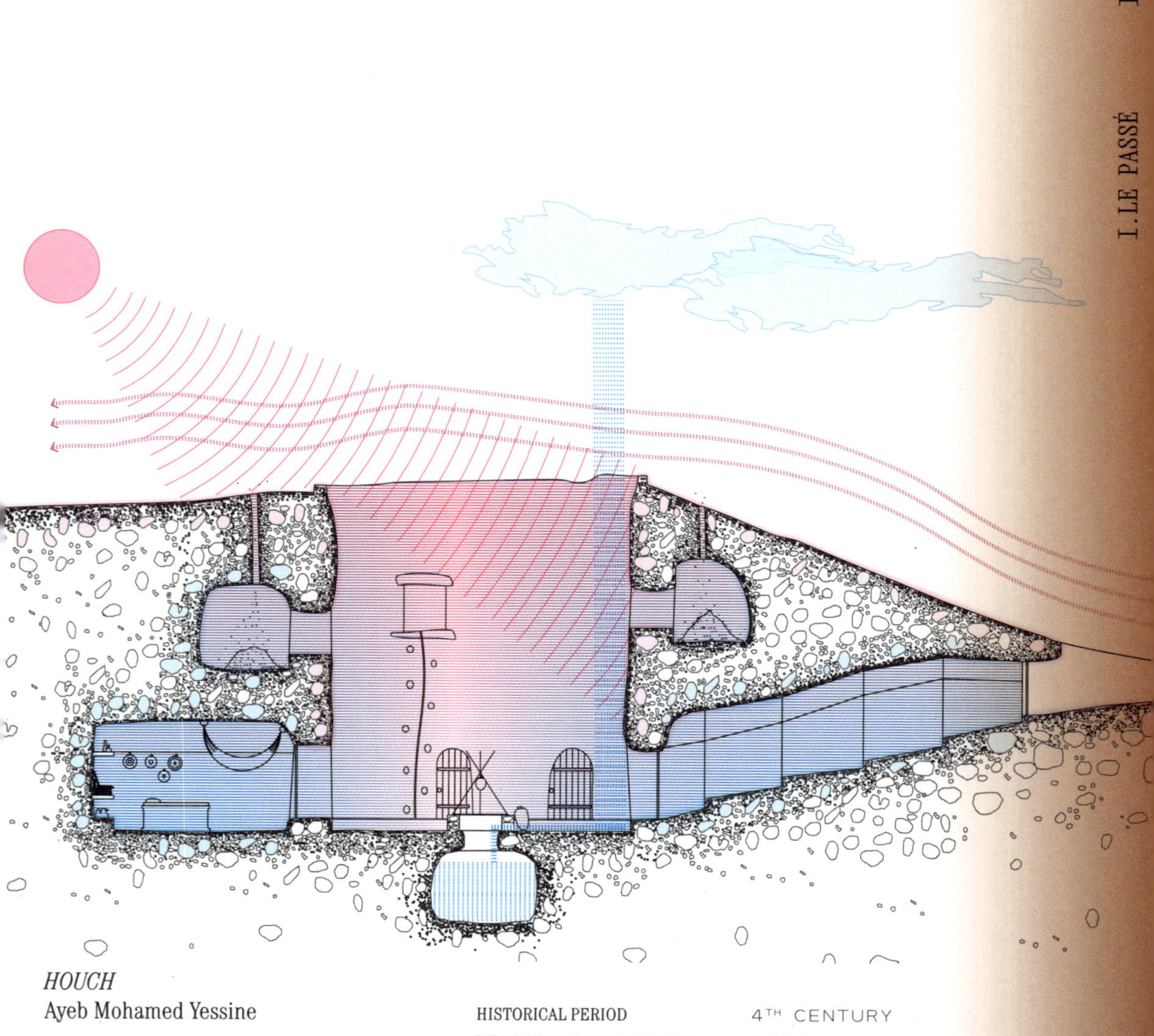

HOUCH
Ayeb Mohamed Yessine

Matmata, TUNISIA
33.566327, 9.999811

HISTORICAL PERIOD	4TH CENTURY
MEAN ANNUAL TEMPERATURE	25°C
CLIMATE TYPE	HOT DESERT CLIMATE
PROGRAM	House

TROGLODYTE HABITAT
Corral Ophélie

Sacromonte cave, Granada, SPAIN
37°10'59.1"N 3°35'03.2"W

HISTORICAL PERIOD	14TH CENTURY
MEAN ANNUAL TEMPERATURE	15°C
CLIMATE TYPE	MEDITERRANEAN CLIMATE
PROGRAM	House

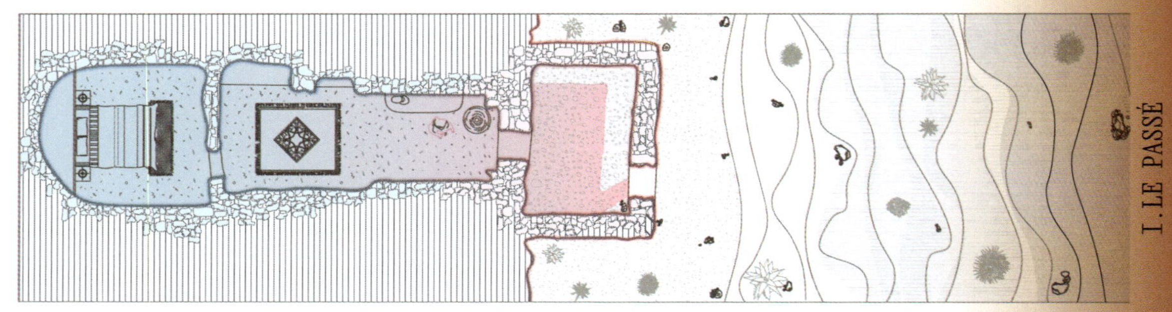

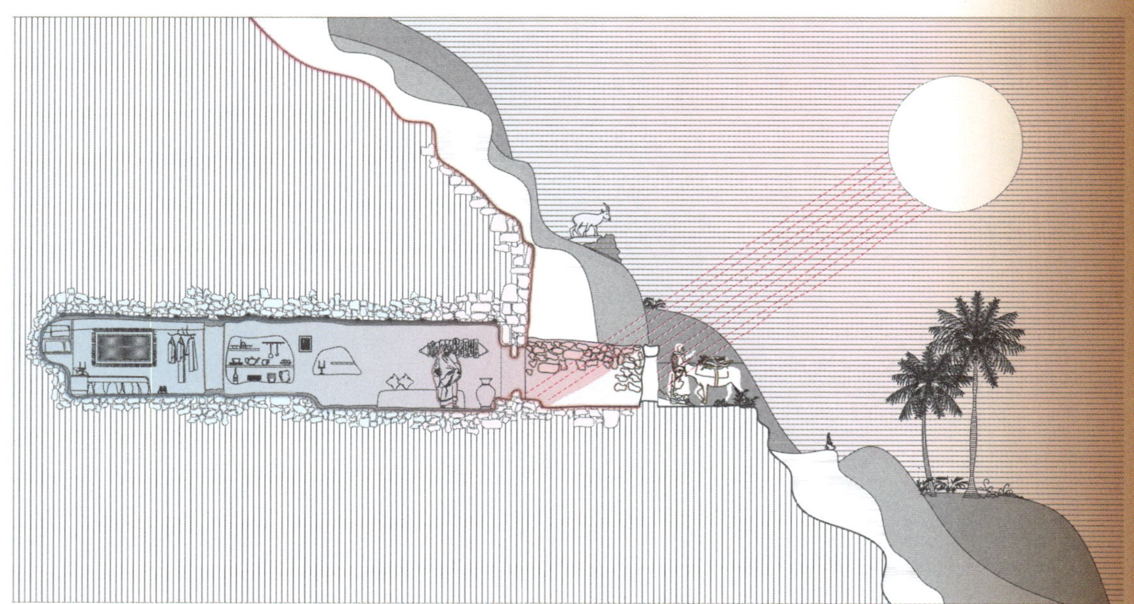

TROGLODYTE HOUSE

Mariem Chouchani & Hosni Aljamal

Chenini, Tataouine, TUNISIA

32.91028°N, 10.26222°E

HISTORICAL PERIOD	16TH CENTURY
MEAN ANNUAL TEMPERATURE	22°C
CLIMATE TYPE	HOT DESERT CLIMATE
PROGRAM	House

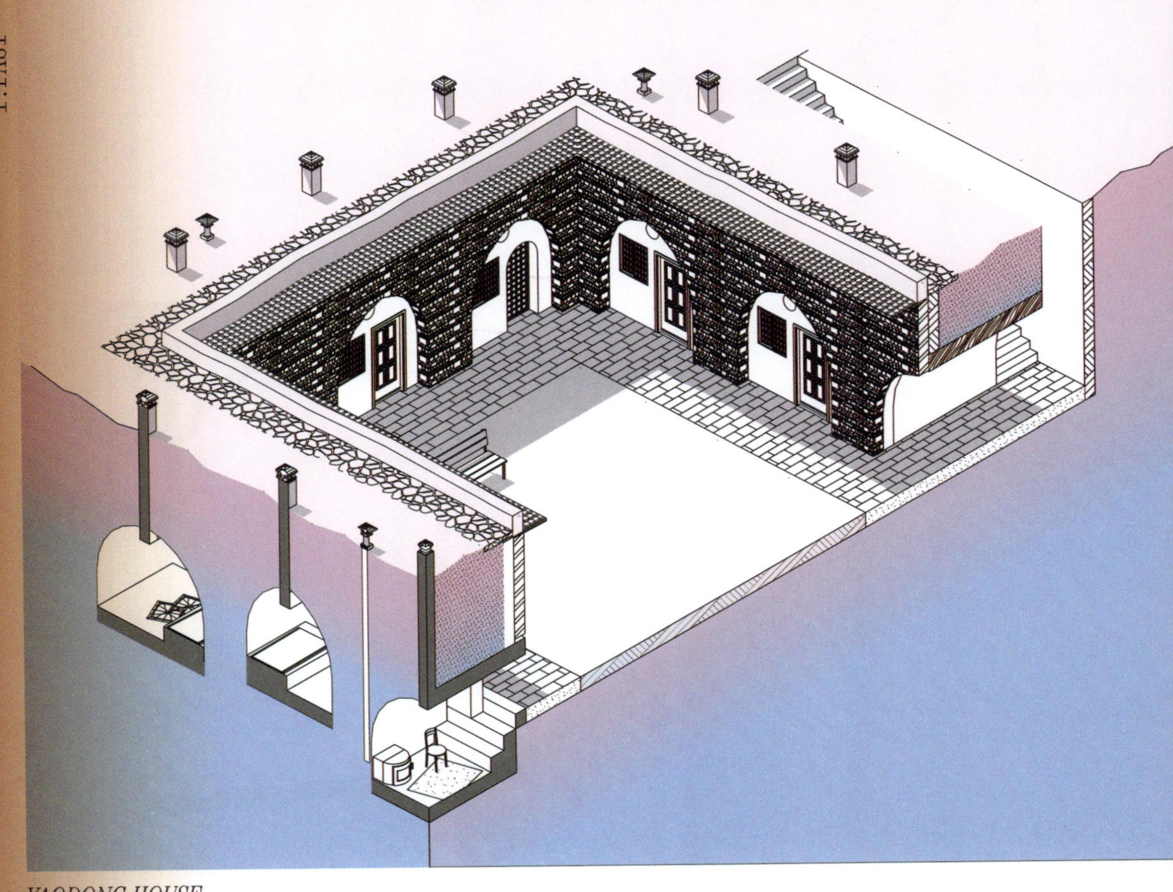

YAODONG HOUSE
Thomas Roger

Yan'an, Shaanxi, CHINA
36°3600N, 109°2900E

HISTORICAL PERIOD	SINCE -2000
MEAN ANNUAL TEMPERATURE	10,5°C
CLIMATE TYPE	COLD SEMI-ARID CLIMATE
PROGRAM	Housing

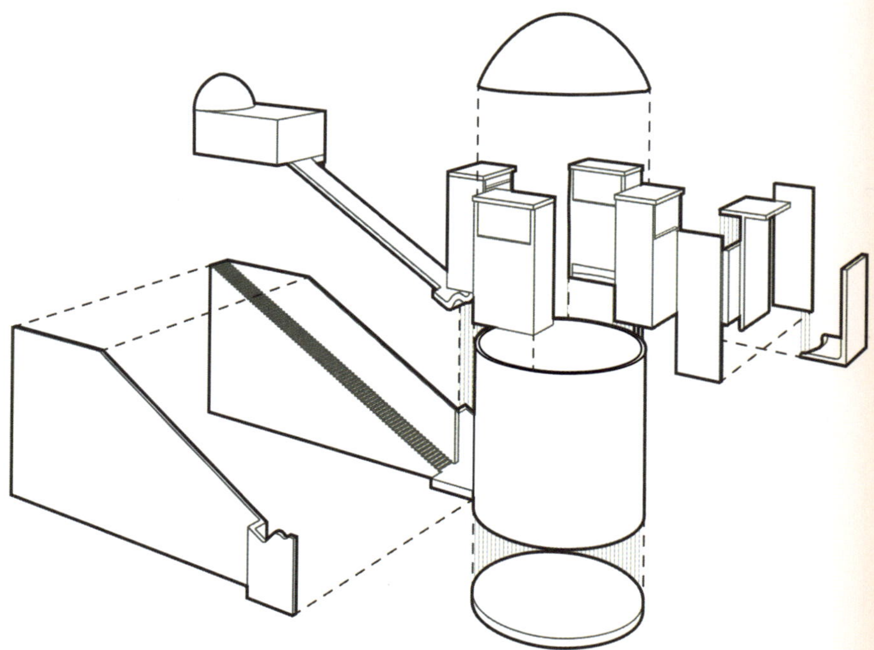

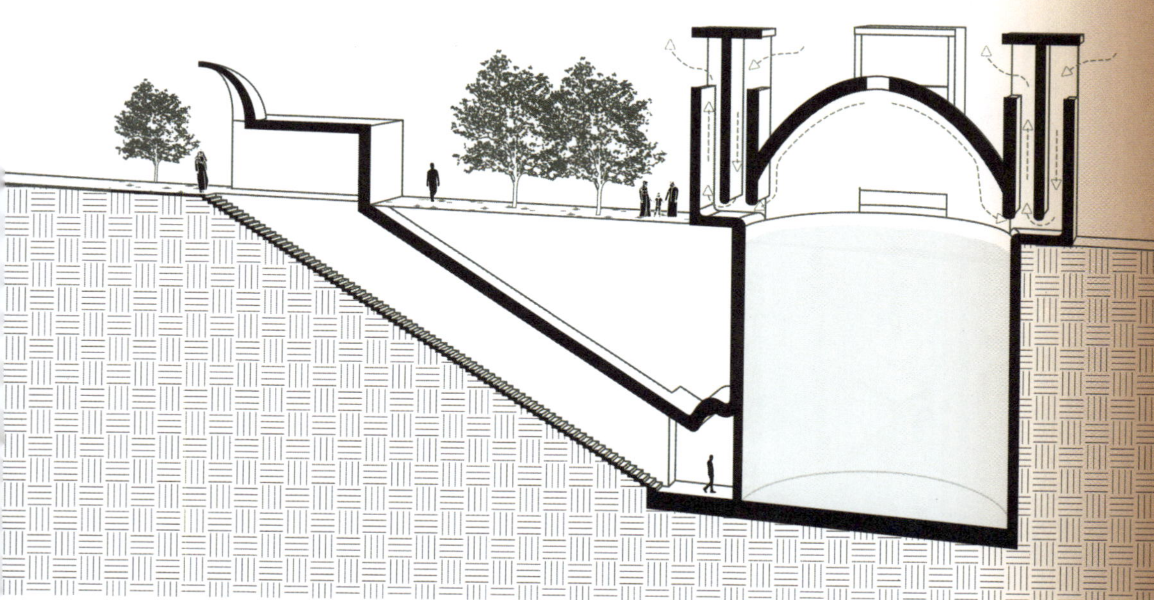

ÃB ANBÃR WITH BAZDGIR
Garrett Whitehead

Yazd, IRAN
31.8974, 54.3568

HISTORICAL PERIOD: 5TH CENTURY
MEAN ANNUAL TEMPERATURE: 18,8°C
CLIMATE TYPE: COLD DESERT CLIMATE

PROGRAM: Water storage

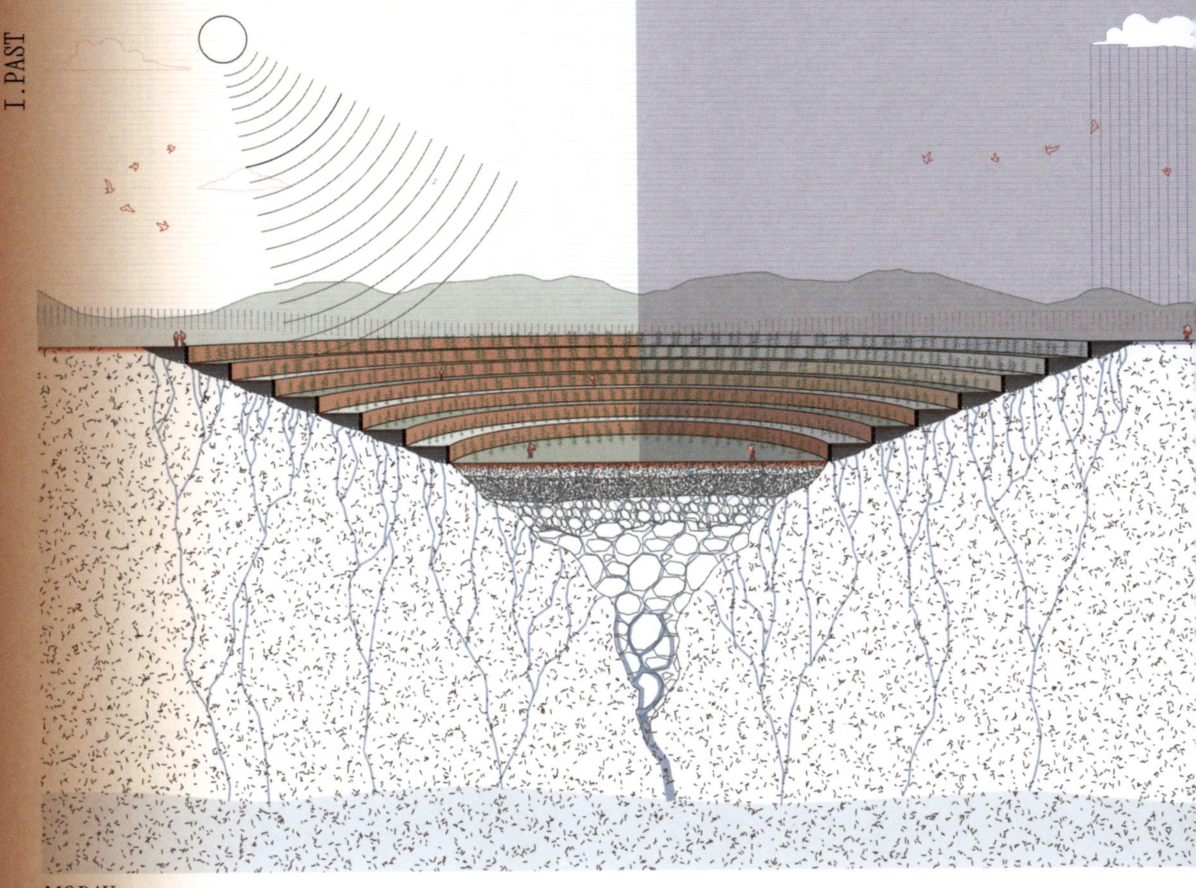

MORAY
Kenneth Rado

Urubamba, Cuzco, PERU
-13.329253, -72.196442

HISTORICAL PERIOD	1200 A.D - 1533 A.D.
MEAN ANNUAL TEMPERATURE	8°C
CLIMATE TYPE	SUBTROPICAL HIGHLAND
PROGRAM	Agricultural research

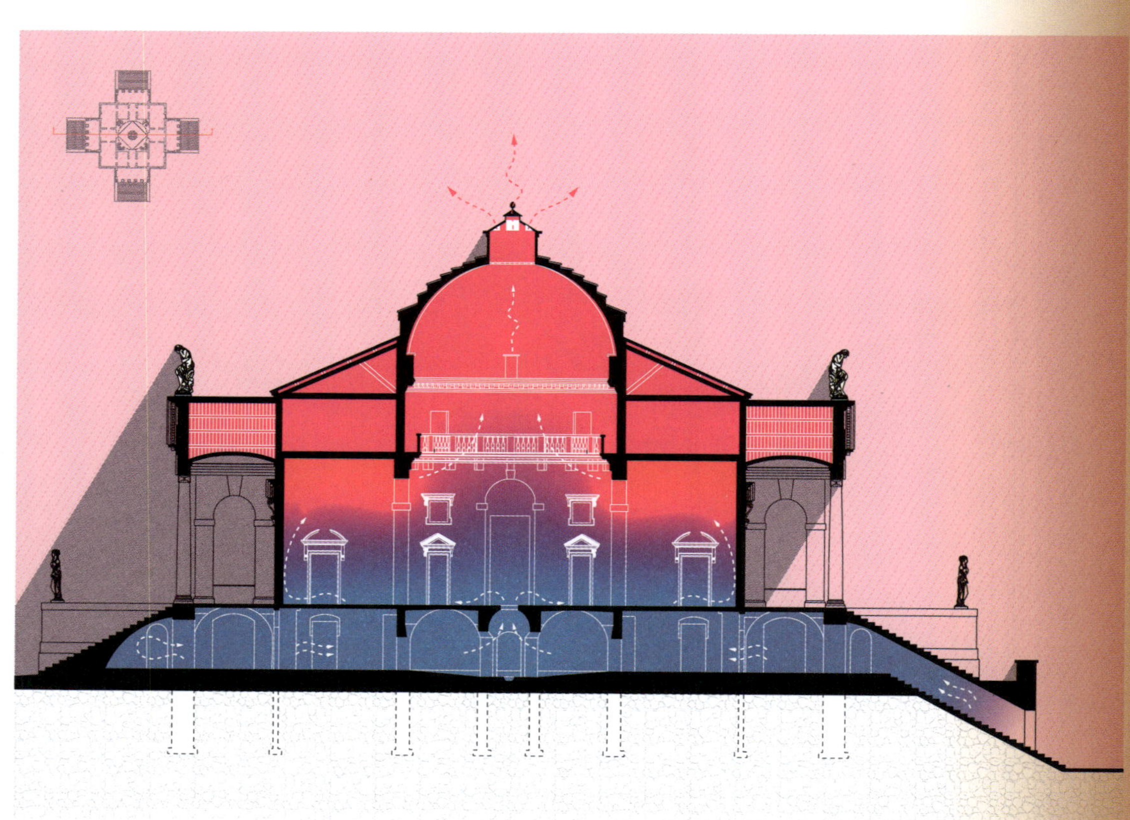

VILLA ROTONDA
Gibran Syed

Vicenza, ITALY
45.5303745, 11.5549465

HISTORICAL PERIOD	16TH CENTURY
MEAN ANNUAL TEMPERATURE	24.1°C
CLIMATE TYPE	MEDITERRANEAN CLIMATE
PROGRAM	Housing

ANDENES
Carolina Gomez

Cuzco, PERU
-13.53195, -71.967463

HISTORICAL PERIOD PRE-INCA PERIOD
MEAN ANNUAL TEMPERATURE 12°C
CLIMATE TYPE SUBTROPICAL HIGHLAND

PROGRAM Agricultural terraces

MOJINETE
Paloma Gonzales

Tacna, PERU
-18.05556, -70.24833

HISTORICAL PERIOD 1400 A.D. - 1950 A.D.
MEAN ANNUAL TEMPERATURE 23,4 °C
CLIMATE TYPE HOT DESERT CLIMATE

PROGRAM Housing

I. PAST III. EARTH

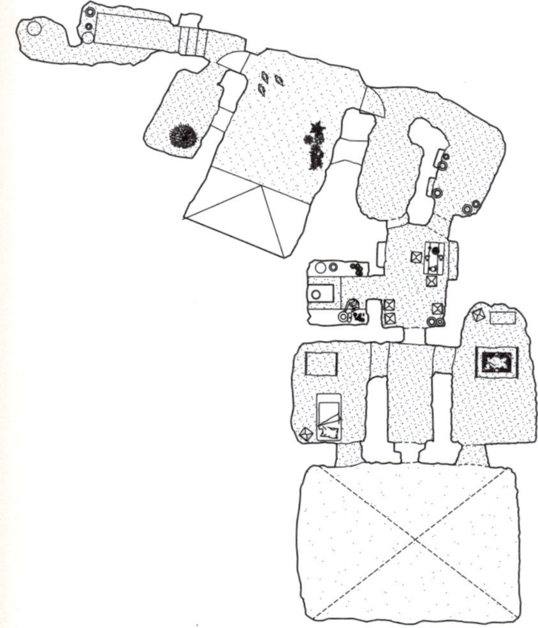

CASAS CUEVAS

Ana Preda

Benimamet, Valencia, SPAIN

39.586476, -0.456367

HISTORICAL PERIOD	20TH CENTURY
MEAN ANNUAL TEMPERATURE	16,5°C
CLIMATE TYPE	COLD SEMI-ARID CLIMATE
PROGRAM	House

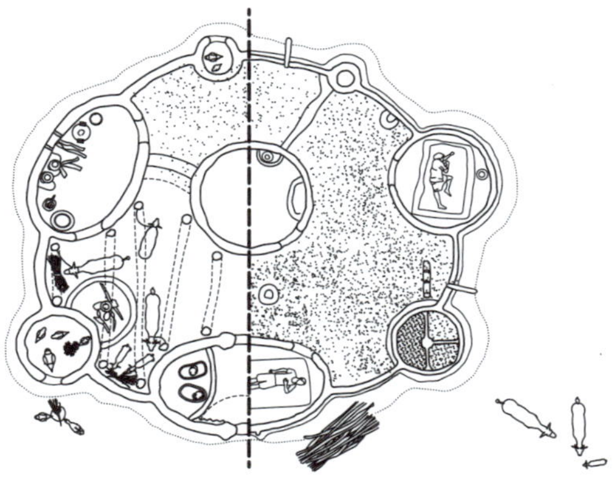

CASES TATA
Jean-Baptiste Bouleux

Ouaké, BENIN
36.393154, 25.461510

HISTORICAL PERIOD	11TH CENTURY
MEAN ANNUAL TEMPERATURE	27,2°C
CLIMATE TYPE	TROPICAL SAVANNA CLIMATE
PROGRAM	Houses

TUNISIAN CAVE DWELLINGS
Evan Machnacki

Matmata, TUNISIA
33.5448, 9.9694

HISTORICAL PERIOD 5TH CENTURY
MEAN ANNUAL TEMPERATURE 20,7°C
CLIMATE TYPE HOT SEMI-ARID CLIMATE

PROGRAM Housing

TOGUNA
Fatima Méderbel

Dogon, MALI
14.42 -3.24

HISTORICAL PERIOD	ANTIQUITY
MEAN ANNUAL TEMPERATURE	29°C
CLIMATE TYPE	HOT DESERT CLIMATE
PROGRAM	Town hall

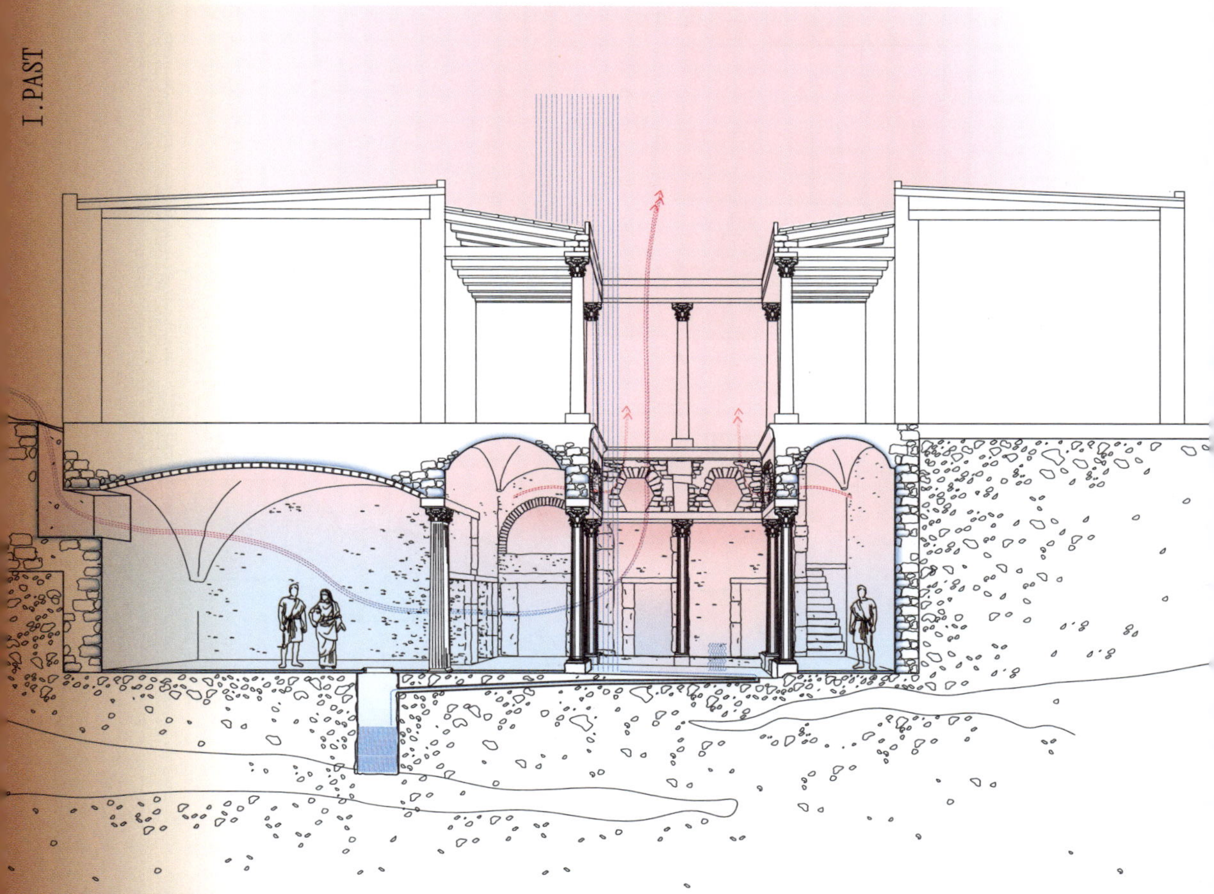

HOUSE OF THE HUNT
Aya Sellami

HISTORICAL PERIOD	3RD - 4TH CENTURY
MEAN ANNUAL TEMPERATURE	19°C
CLIMATE TYPE	MEDITERRANEAN CLIMATE

Bulla Regia, TUNISIA
36.560513, 8.753025

PROGRAM	Private house

SASSI OF MATERA

C. Aala, R. Bianco, D. Dulaj, F. Leone, M. Morgia, L. Pomella, D. Scalia, G. Solis

Matera, Basilicata, ITALY
40°44'49"N- 15°52'55"E

HISTORICAL PERIOD	12TH CENTURY
MEAN ANNUAL TEMPERATURE	15°C
CLIMATE TYPE	MEDITERRANEAN CLIMATE
PROGRAM	Cave Housing

BADGIR
Jack Dittrich

Abarkuh, Yazd Province, IRAN
31.132481, 53.280310

HISTORICAL PERIOD	19TH CENTURY
MEAN ANNUAL TEMPERATURE	19,1°C
CLIMATE TYPE	HOT DESERT CLIMATE
PROGRAM	Wind tower

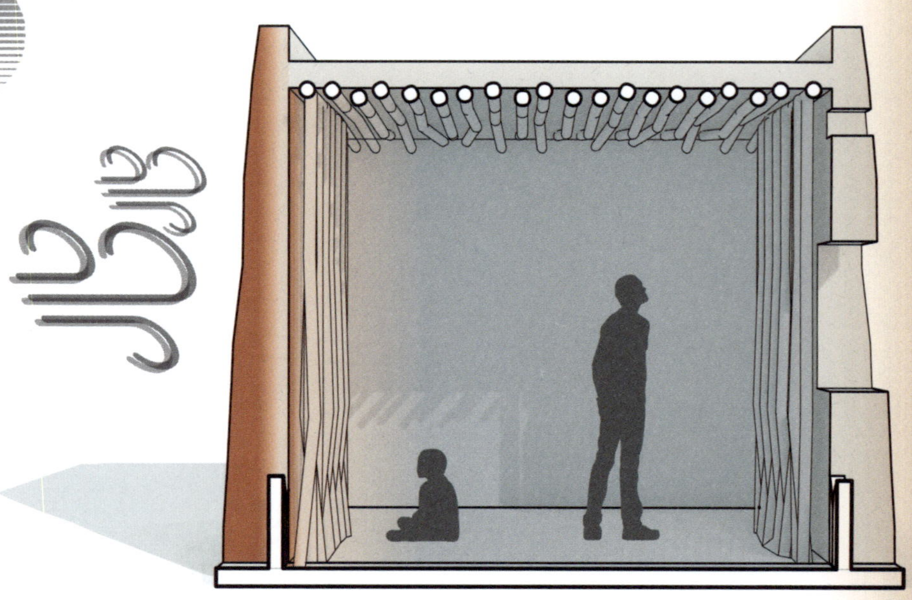

JACALES
Hampton Perez

Chihuahua, MEXICO
28.6353, -106.0889

HISTORICAL PERIOD	15TH CENTURY
MEAN ANNUAL TEMPERATURE	20.4°C
CLIMATE TYPE	HOT SEMI-ARID CLIMATE
PROGRAM	Residential structure

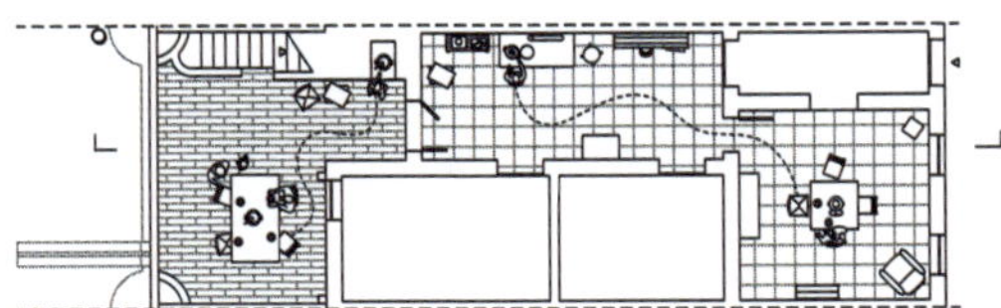

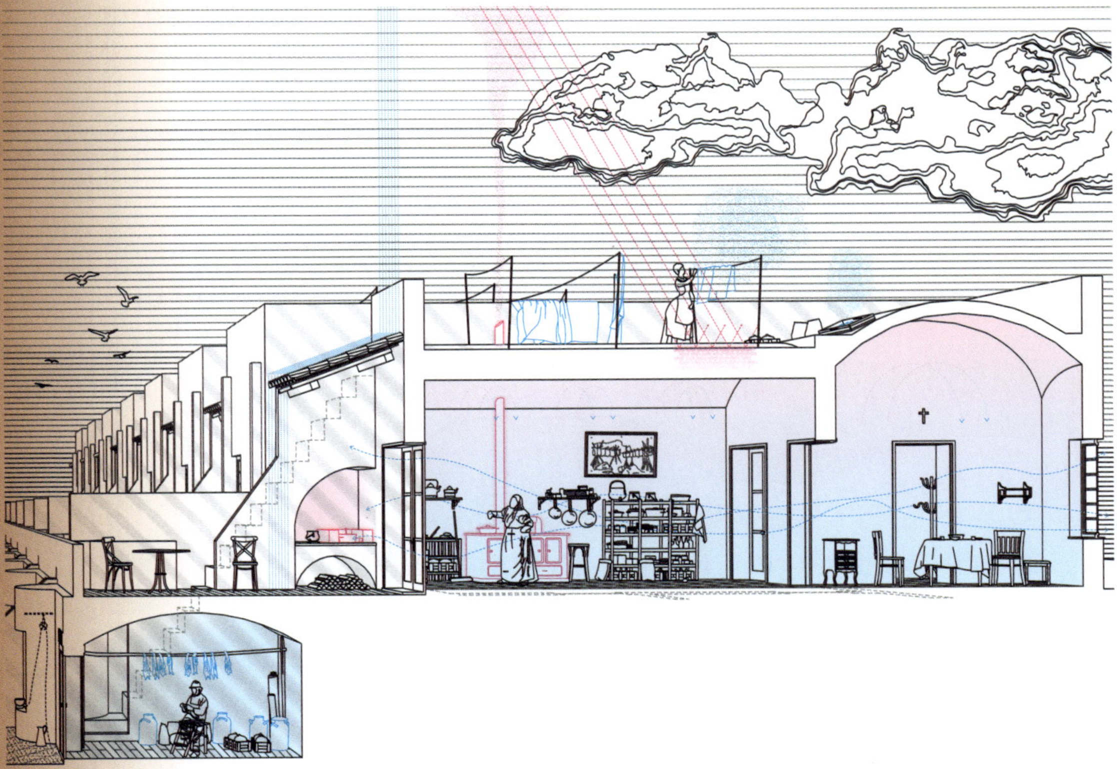

CASA COM AÇOTEIA
Mathieu Brajou

Algarve, PORTUGAL
37.024931, -7.840550

HISTORICAL PERIOD	19TH CENTURY
MEAN ANNUAL TEMPERATURE	17,3°C
CLIMATE TYPE	MEDITERRANEAN CLIMATE
PROGRAM	House

SASSI OF MATERA

C. Aala, R. Bianco,D. Dulaj, F. Leone,
M. Morgia,L. Pomella, D. Scalia, G. Solis

Matera, Basilicata, ITALY
40°39'58''N - 16°36'15'E

HISTORICAL PERIOD 12TH CENTURY
MEAN ANNUAL TEMPERATURE 15°C
CLIMATE TYPE MEDITERRANEAN CLIMATE

PROGRAM Cave Housing

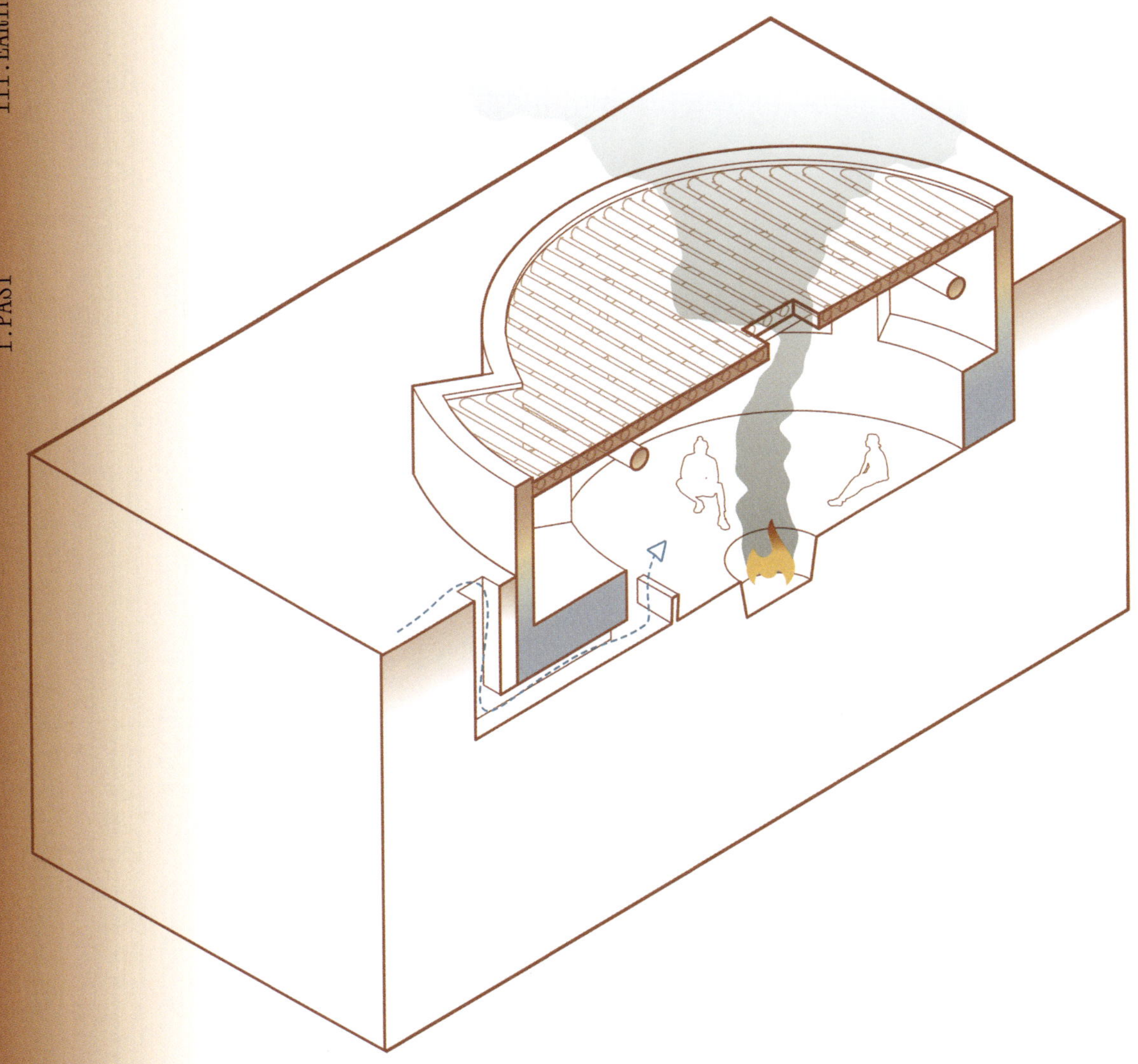

KIVA
Darian Martinez

Chaco Canyon, New Mexico, USA
36.06,-107.97 37.23,-10.46

HISTORICAL PERIOD	9TH - 13TH CENTURY
MEAN ANNUAL TEMPERATURE	13°C
CLIMATE TYPE	COLD SEMI-ARID CLIMATE
PROGRAM	Ceremonial structure

[FR]

RAFRAÎCHIR PAR RADIATION

L'apport de chaleur envers le corps humain ou un bâtiment est pour près de 50 % donné par les rayons du soleil. En coupant cet apport solaire, en se mettant à l'ombre, on réduit la chaleur de l'environnement à celle de la température de l'air uniquement, ce qui permet de ne pas surchauffer au-delà de sa température.

1 SUR LE PLAN URBAIN :

Resserrer la largeur des rues pour éviter en été que les rayons du soleil descendent trop bas, pour préserver le sol de la rue d'un échauffement radiatif et permettre aux fenêtres des immeubles de rester à l'ombre (ancien quartier de Barcelone en Espagne) ;

Accoler les immeubles sur trois côtés pour minimiser l'exposition des façades au soleil et à l'air chaud extérieur (médina du Maghreb) ;

Couvrir les rues de velums, de nattes (Séville en Espagne) ou créer des rues couvertes (Cisternino en Italie) ;

Créer des encorbellements ou des balcons pour mettre à l'ombre la rue et les fenêtres des étages inférieurs (Istanbul, Turquie) ;

Créer des arcades, des galeries sous les bâtiments au rez-de-chaussée des rues pour permettre de se déplacer à pied protégé du soleil (Ampudia en Espagne) ;

Orienter les bâtiments entre le sud-est et nord-ouest pour éviter les orientations plein sud et plein ouest qui sont celles de midi et de l'après-midi où le soleil est le plus chaud (Tunisie) ;

Construire la ville à l'abri du soleil, à l'ombre d'une montagne (Mesa Verde, Colorado, aux É.-U.).

2 POUR CE QUI EST DES BÂTIMENTS :

Se fermer sur l'extérieur et ouvrir des ouvertures seulement sur un patio ombragé au cœur de la maison (Riad à Marrakech au Maroc) ;

Créer des porches, des loggias, des balcons, au-devant du soleil pour empêcher le soleil d'atteindre l'intérieur des maisons et créer des pièces extérieures à l'abri du soleil, mais profitant du vent (Pedraza en Espagne) ;

Créer des avant-toits, des brise-soleil au-dessus des fenêtres pour couper le rayonnement direct (Maysan, Afghanistan) ou de longues avancées de toitures au-delà des façades et protégeant les fenêtres ;

Tamiser la quantité de lumière par des persiennes (Fossacesia en Italie) ou des moucharabiehs (Bayt el-Kritiliyya en Égypte) afin de bloquer les rayonnements directs du soleil tout en laissant passer la lumière indirecte du soleil et l'air ;

Créer de larges toitures allant très en avant des façades pour mettre à l'ombre l'ensemble des lieux d'habitation ;

Couvrir les toitures d'une couleur claire ou blanche pour faire rebondir les rayons du soleil et empêcher qu'ils se transforment en chaleur dans le toit et réchauffent à la fois l'étage d'habitation situé au-dessous et l'environnement extérieur. (Naoussa, Grèce) ;

Créer une multitude de reliefs en façade par des jeux de briques ou autres plus ou moins en retrait pour créer une multitude de mini-ombrages sur le mur permettant d'éviter une surchauffe massive et uniforme de ce dernier sous le soleil (Tozeur en Tunisie).

COOLING BY RADIATION

Almost 50% of the heat supplied to the human body or a building comes from the sun's rays. By shutting off the sun's rays and moving into the shade, we reduce the heat of the environment to that of the air temperature alone, which means we don't overheat beyond the air temperature.

1 URBAN:

Tighten street widths to prevent the sun's rays from falling too low in summer, to protect the street surface from radiative heating and allow building windows to remain in the shade (old district of Barcelona, Spain);
Buildings adjoin each other on three sides to minimize exposure of facades to the sun and hot outside air (Maghreb medina);
Coveringstreets with velums or mats (Seville, Spain) or creating covered streets (Cisternino, Italy);
Create corbels or balconies to shade the street and lower-storey windows (Istanbul, Turkey);
Create arcades and galleries under buildings on the ground floor of streets to allow people to walk around protected from the sun (Ampudia in Spain);
Orient buildings between south-east and north-west to avoid full south and full west orientations, which are at midday and in the afternoon when the sun is hottest (Tunisia);
Build the city out of the sun, in the shade of a mountain (Mesa Verde, Colorado, U.S.A.).

2 BUILDINGS:

Closing off from the outside and opening only onto a shaded patio at the heart of the house (riad in Marrakech, Morocco);
Create porches, loggias and balconies in front of the sun to prevent the sun from reaching the interior of houses and create outdoor rooms that are sheltered from the sun but benefit from the wind (Pedraza in Spain);
Create eaves, brise-soleil above windows to cut direct radiation (Maysan, Afghanistan) or long roof overhangs beyond facades to protect windows;
Screen light with louvers (Fossacesia in Italy) or moucharabiehs (Bayt el-Kritiliyya in Egypt) to block direct sunlight while allowing indirect sunlight and air to pass through;
Create large roofs extending far forward of the facades to shade all living areas;
Cover roofs in a light or white color to bounce the sun's rays and prevent them from turning into heat in the roof, warming both the living space below and the outside environment. (Naoussa, Greece);
Create a multitude of reliefs on the facade, using bricks or other materials that are set back to varying degrees, to create a multitude of mini-hollows on the wall to avoid massive, uniform overheating under the sun (Tozeur, Tunisia).

I. LE PASSÉ IV. FEU

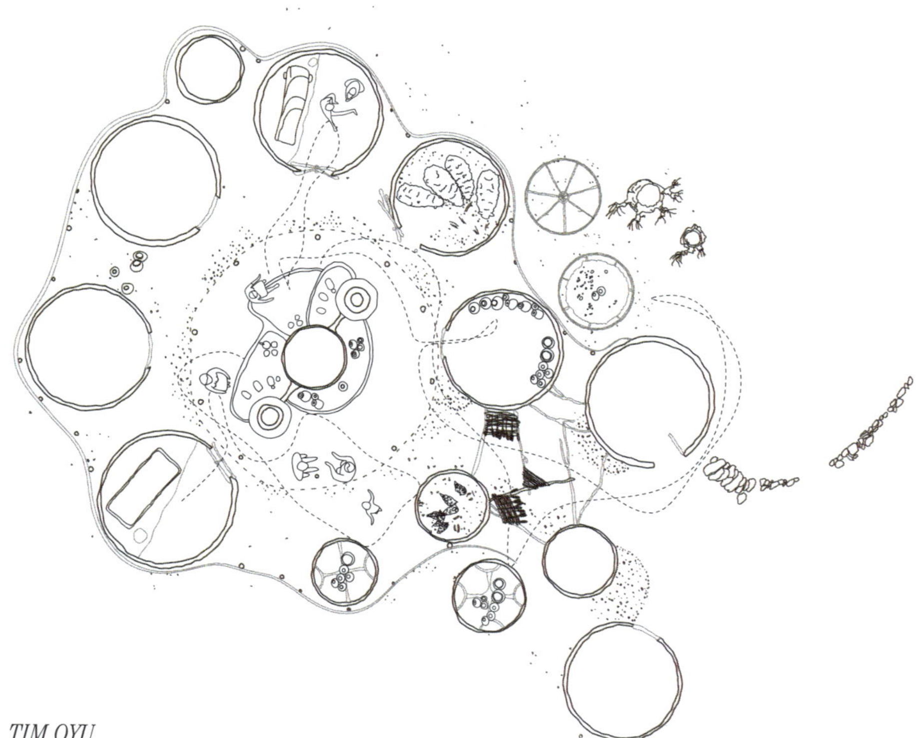

TIM OYU
Lisa Girard

Tinguelin Mountain, CAMEROON
9.442288, 13.491564

HISTORICAL PERIOD	-1600
MEAN ANNUAL TEMPERATURE	21.8°C
CLIMATE TYPE	TROPICAL SAVANNA
PROGRAM	Domestic Structure

TÒLÉK
Loïse Boulnoix

Pouss, CAMEROON
10.846089, 15.057291

HISTORICAL PERIOD	1000
MEAN ANNUAL TEMPERATURE	28.7°C
CLIMATE TYPE	HOT SEMI-ARID
PROGRAM	Domestic Structure

ALICANTINA WOODEN ROLLER BLINDS

Mária Bogárová

Seveille, SPAIN
37°22'58"N, -5°58'23"W

HISTORICAL PERIOD	18TH-19TH CENTURY
MEAN ANNUAL TEMPERATURE	18.1°C
CLIMATE TYPE	MEDITERRANEAN
PROGRAM	Housing

VELUM
Marine Fenoll

Granada, SPAIN
37.1825° N, 3.5920° W

HISTORICAL PERIOD	21ST CENTURY
MEAN ANNUAL TEMPERATURE	15°C
CLIMATE TYPE	MEDITERRANEAN
PROGRAM	Housing

VEGETATED PERGOLA
Solène Larivé

Granada, SPAIN
37°1'39"N, 03°35'24"W

HISTORICAL PERIOD 19TH CENTURY
MEAN ANNUAL TEMPERATURE 15°C
CLIMATE TYPE MEDITERRANEAN

PROGRAM Pergola

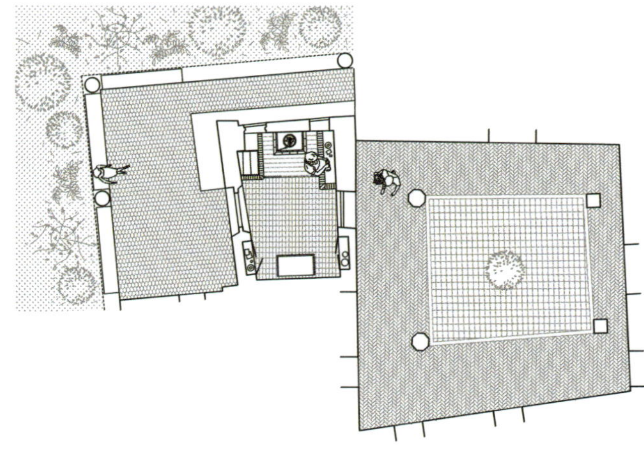

HOUSE IN TOLEDO

Cindy Isoz

Toledo, SPAIN

39.855604, -4.029167

HISTORICAL PERIOD	16TH CENTURY
MEAN ANNUAL TEMPERATURE	15.5°C
CLIMATE TYPE	COLD SEMI-ARID
PROGRAM	Housing

TOLDOS
Emma Petit

HISTORICAL PERIOD	SINCE ANTIQUITY
MEAN ANNUAL TEMPERATURE	15°C
CLIMATE TYPE	MEDITERRANEAN

Calle Francos, Seville, SPAIN
37°23'16.3"N 5°59'33.8"W

PROGRAM	Pergola

BLIND IN ESPARTO
Paul Morineau

Seville, SPAIN
37°23'41N, 5°59'21O

HISTORICAL PERIOD	SINCE ANTIQUITY
MEAN ANNUAL TEMPERATURE	18.6°C
CLIMATE TYPE	MEDITERRANEAN
PROGRAM	Housing

KSAR

Mariem Chelbi , Mohamed Benothmen and Oumaima Meliane

Tatouine, TUNISIA

32.854792 , 10.470926

HISTORICAL PERIOD	19TH CENTURY
MEAN ANNUAL TEMPERATURE	20°C
CLIMATE TYPE	HOT DESERT
PROGRAM	Granary

GALLERY
Cetin Yanar

Seville, SPAIN
37° 23' 12N , 5° 59' 35O

HISTORICAL PERIOD	19TH CENTURY
MEAN ANNUAL TEMPERATURE	17°C
CLIMATE TYPE	MEDITERRANEAN
PROGRAM	Housing

PUTUCO
Juan Carlos Ylizarbe Rosales

Anedean Region, PERU
14.0°S, 71.0°W

HISTORICAL PERIOD	PRE-COLUMBIAN PERIOD
MEAN ANNUAL TEMPERATURE	10°C
CLIMATE TYPE	ALPINE TUNDRA
PROGRAM	Traditional Andean Shelter

INCA KANCHA
Daniel Mateo Rodríguez

Lima, PERU
-13.2589, -72.2633

HISTORICAL PERIOD	-500 TO 1400
MEAN ANNUAL TEMPERATURE	16°C
CLIMATE TYPE	TUNDRA
PROGRAM	Housing

BLACK AND WHITE BUNGALOW
Teo Rui Zhi Rachel

Goodwood Hill, SINGAPORE
1°18'49.5"N 103°50'06.4"E

HISTORICAL PERIOD	20TH CENTURY
MEAN ANNUAL TEMPERATURE	27°C
CLIMATE TYPE	TROPICAL
PROGRAM	Housing

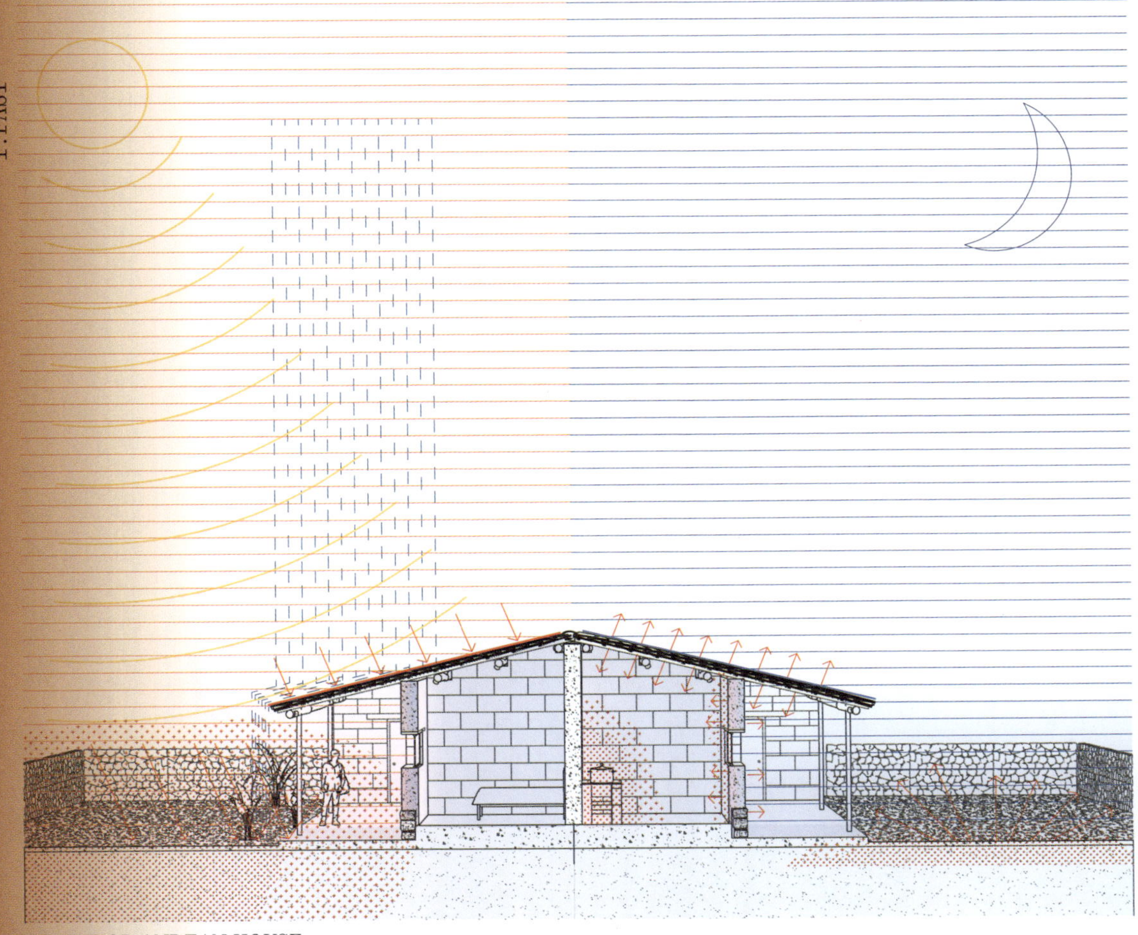

CORRIDOR ANDEAN HOUSE
Francisco Reynaga

Andahuaylas, Apurimac, PERU
13.654658, -73.357515

HISTORICAL PERIOD	COLONIAL-PRESENT
MEAN ANNUAL TEMPERATURE	9.3°C
CLIMATE TYPE	SUBTROPICAL HIGHLAND
PROGRAM	Corridor

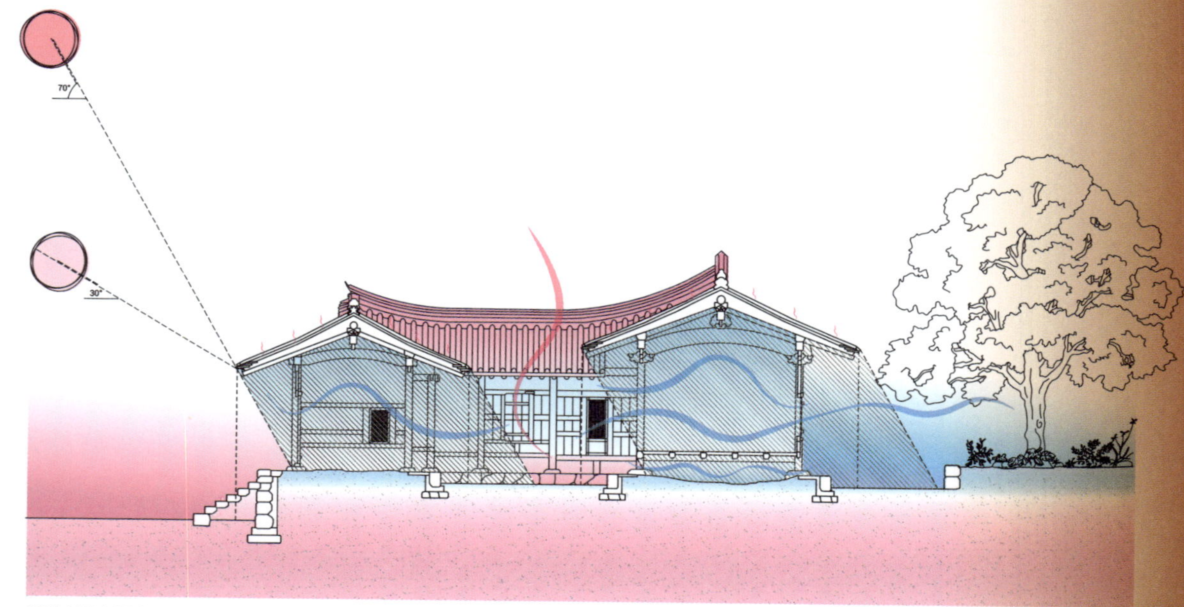

GWANGAJEONG
Chaewoon Ha

Gyeongju, SOUTH KOREA
35°59'58"N, 129°15'7.66"E

HISTORICAL PERIOD	16TH CENTURY
MEAN ANNUAL TEMPERATURE	14.8°C
CLIMATE TYPE	HUMID SUBTROPICAL
PROGRAM	Housing

LA PETATERA
Valeria Romero, Dhamar Sánchez, Mariana Velazco

Colima, MÉXICO
19°15'53"N 103°44'12"O

HISTORICAL PERIOD	19TH CENTURY
MEAN ANNUAL TEMPERATURE	24°C
CLIMATE TYPE	TROPICAL SAVANNA
PROGRAM	Bullring

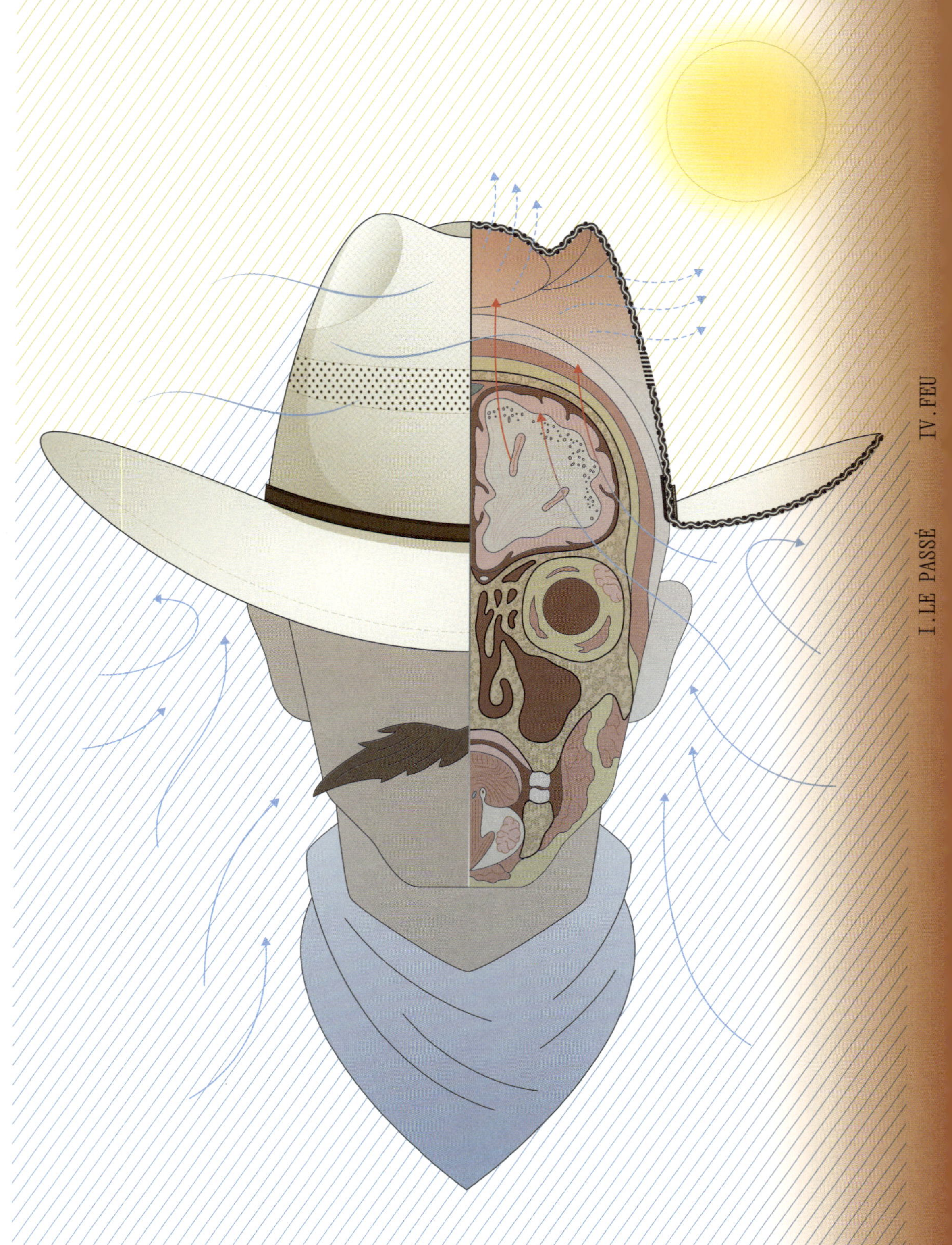

COWBOY HAT
Winnie Lin

Fort Worth, TEXAS
35°59'58"N, 129°15'7.66"E

HISTORICAL PERIOD 1865
MEAN ANNUAL TEMPERATURE 21°C
CLIMATE TYPE HUMID SUBTROPICAL

PROGRAM Hat

TRADITIONAL CLOTHES
Markie Mathews

MORROCCO
32°00'N 5°00'W

HISTORICAL PERIOD	N/A
MEAN ANNUAL TEMPERATURE	18°C
CLIMATE TYPE	MEDITERRANEAN
PROGRAM	Clothing

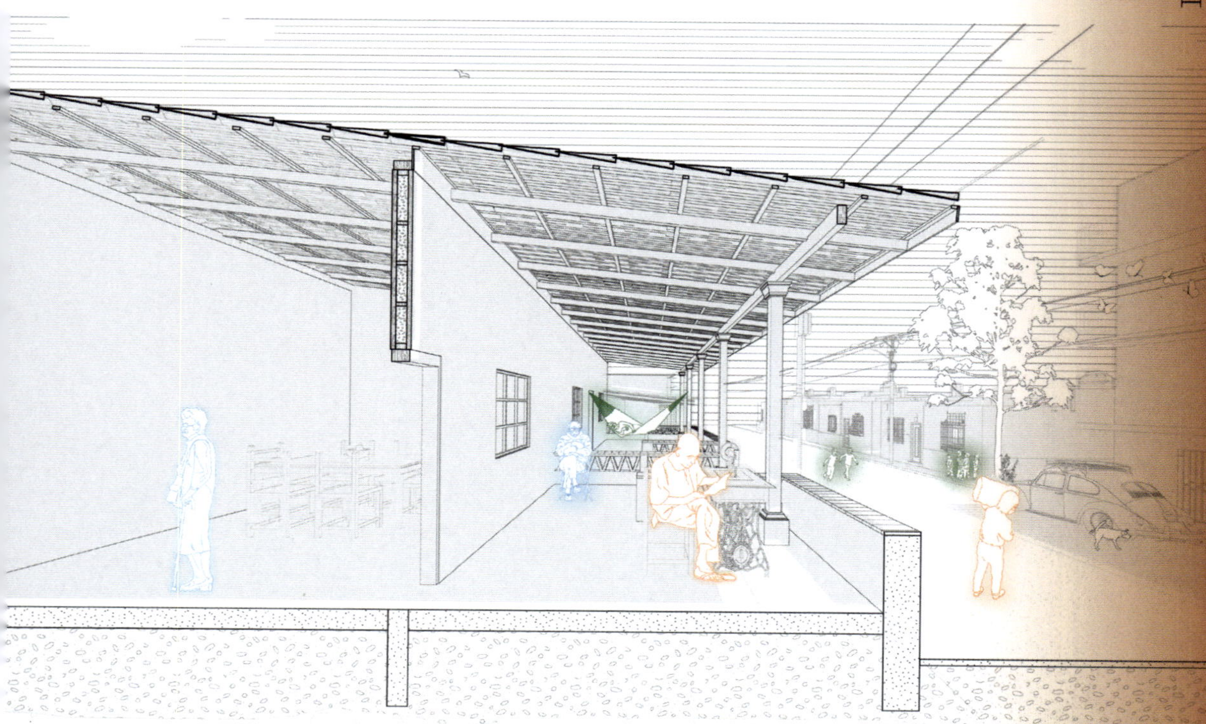

MEXICAN PORTICO

A. Rivera, J. Pablo, A. Hernández, Daniel, P. Navarrete Jesús Israel, Q. Ángeles Andrés

MEXICO
16.841892, -99.910605

HISTORICAL PERIOD	SINCE 16TH CENTURY
MEAN ANNUAL TEMPERATURE	19.5°C
CLIMATE TYPE	TEMPERATE ALTITUDE
PROGRAM	Urban Terrasse

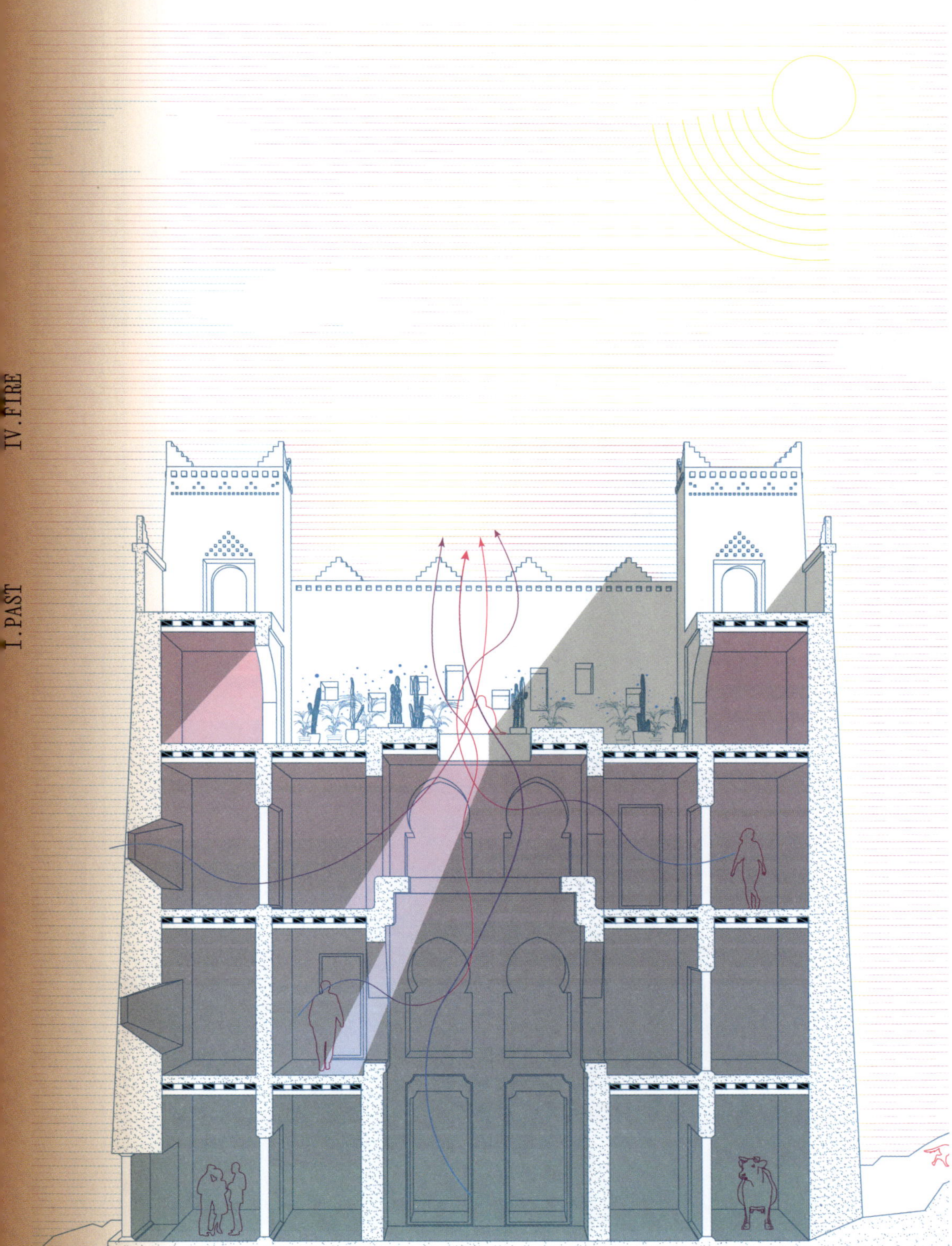

KASBAH AMRIDIL
Nolwenn Robert

HISTORICAL PERIOD 19TH CENTURY
MEAN ANNUAL TEMPERATURE 19.5°C
CLIMATE TYPE COLD SEMI-ARID

Skoura, MORROCCO
31.02469, -6.34525

PROGRAM Kasbah (Citadel)

TARABIN CLOTHING
Libbie Lee Ansell

Sinai Desert, EGYPT
29.5000° N, 34.0000° E

HISTORICAL PERIOD	14TH CENTURY
MEAN ANNUAL TEMPERATURE	22°C
CLIMATE TYPE	HOT DESERT
PROGRAM	Clothing

ELEPHANT HOUSE
Letizia Milone

Arba Minch, ETHIOPIA
6.1°N, 37.5°E

HISTORICAL PERIOD UNTIL TODAY
MEAN ANNUAL TEMPERATURE 18°C
CLIMATE TYPE SUBTROPICAL HIGHLAND

PROGRAM Housing

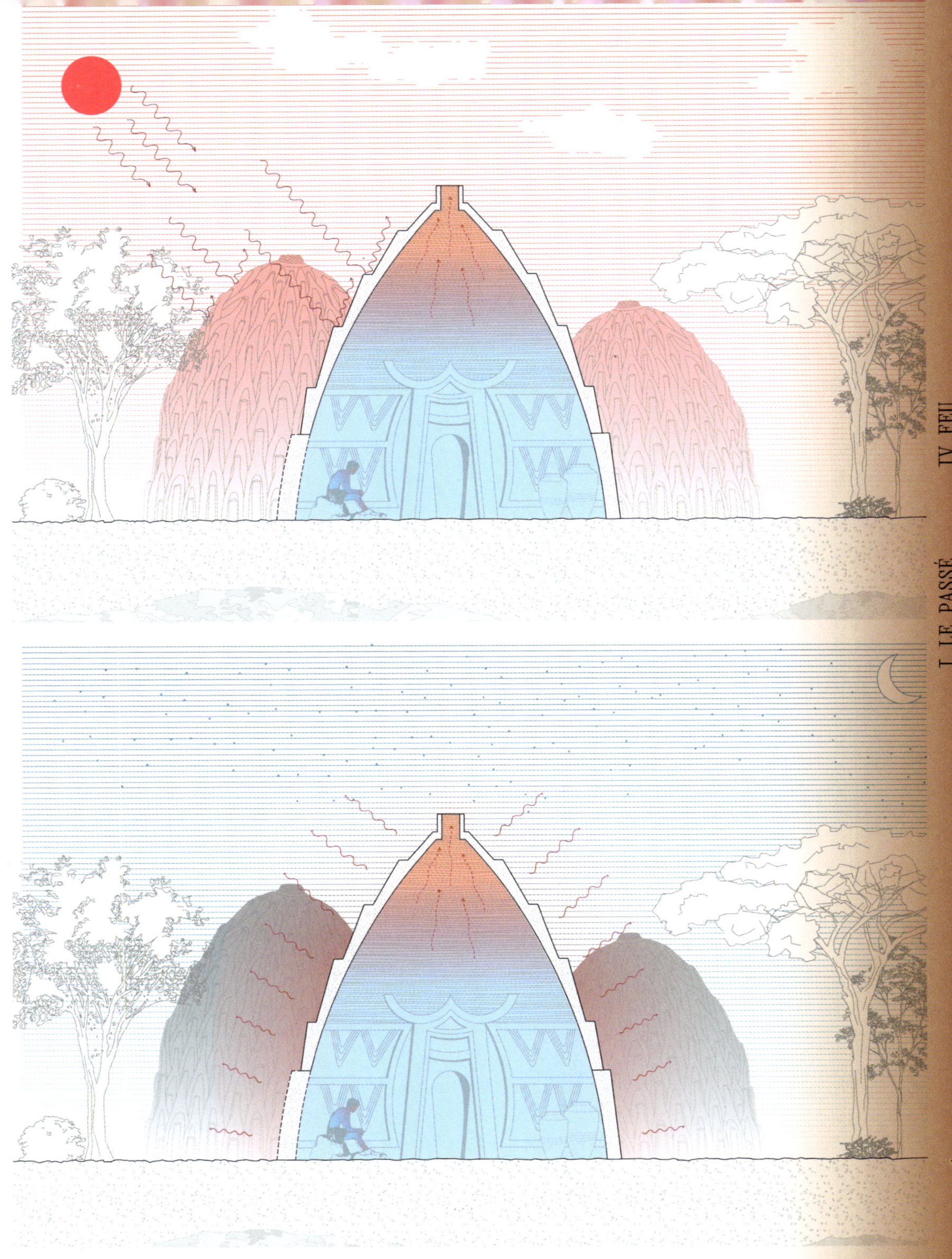

OBUS

Zepeda Aranda Ana Karina

CAMEROON

-6.5°N, 12.5°E

HISTORICAL PERIOD	15TH CENTURY
MEAN ANNUAL TEMPERATURE	29°C
CLIMATE TYPE	TROPICAL SAVANNA
PROGRAM	Housing

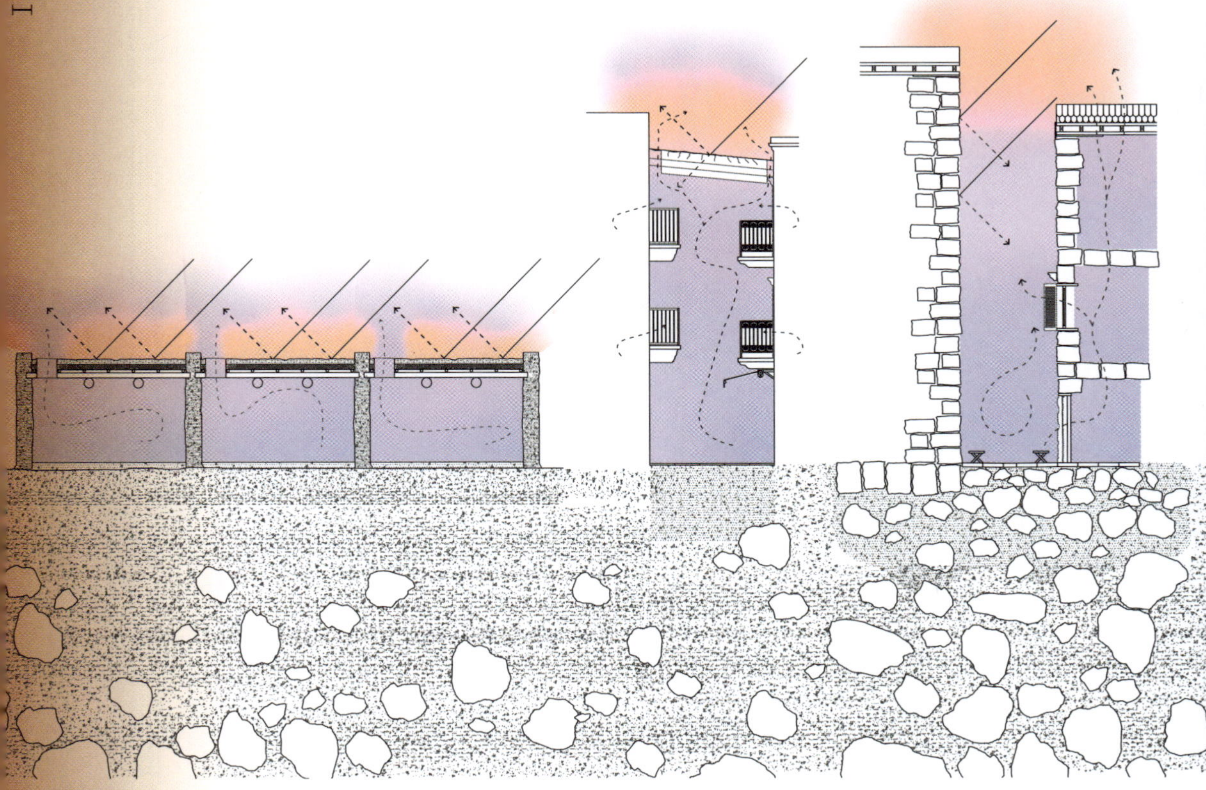

STREET
Matija Pogorilic

HISTORICAL PERIOD 19TH CENTURY
MEAN ANNUAL TEMPERATURE 18°C
CLIMATE TYPE MEDITERRANEAN

Seville, SPAIN
6.1°N, 37.5°E

PROGRAM Narrow Street

SHELTER
Markie Mathews

Ajdir Plateau, MOROCCO
41.8986°N 12.4768°E

HISTORICAL PERIOD N/A CURRENT
MEAN ANNUAL TEMPERATURE 18°C
CLIMATE TYPE MEDITERRANEAN

PROGRAM Housing

BORAS MALOCA
Andreas Cardenas

Peruvian Amazon, PERU
1.7984° S 74.70° W

HISTORICAL PERIOD	PRECOLUMBIAN ERA
MEAN ANNUAL TEMPERATURE	30°C
CLIMATE TYPE	EQUATORIAL
PROGRAM	Housing

CASA MUSGUM
Abdourahamane Bah

Cameroon, Tchad, SOUTH TOGO

HISTORICAL PERIOD	19TH CENTURY
MEAN ANNUAL TEMPERATURE	18°C
CLIMATE TYPE	HUMID AND TROPICAL
PROGRAM	Housing

PERSIANA

C. Aala, R. Bianco,D. Dulaj, F. Leone,
M. Morgia,L. Pomella, D. Scalia, G. Solis

Piazza Venezia, Rome, ITALY
41°53'45"N 12°28'38"E

HISTORICAL PERIOD	1677
MEAN ANNUAL TEMPERATURE	16°C
CLIMATE TYPE	MEDITERRANEAN
PROGRAM	Historic Palace

[FR] Les dessins et analyses climatiques du chapitre « LE PASSÉ » ont été réalisé spécialement pour la 3e biennale d'architecture et de paysage d'Île-de-France par les étudiants des universités suivantes :

[EN] The drawings and climatic analyses in the "PAST" chapter were produced especially for the 3rd Biennale d'Architecture et de Paysage d'Île-de-France by students from the following universities:

COLUMBIA UNIVERSITY, GRADUATE SCHOOL OF ARCHITECTURE, PLANNING, AND PRESERVATION (GSAPP), USA
ENSEIGNANTS [TEACHERS] : Philippe Rahm, Mariami Maghlakelidze
ÉTUDIANTS [STUDENTS] : Aiko Alvarez-Gibson, Sharel Liu, Metha Lajja, Matija Pogorilic, Yemin Yan

Bagasi, A. Abdulhameed, Calautit, J. Kaiser, and Karban, A. Saeed, *Evaluation of the Integration of the Traditional Architectural Element Mashrabiya into the Ventilation Strategy for Buildings in Hot Climates.*

Bagasi, A., and Calautit, J. K., *Experimental Field Study of the Integration of Passive and Evaporative Cooling Techniques with Mashrabiya in Hot Climates.*

Casa tradizionale trullo, Puglia, Italia, *Il rapporto uomo natura nel campo architettonico-ingegneristico.* [Online]. Available: http://liceotorricelli.it/TorricelliWeb/premiati2010_file/Uomonatura/pagine%20w.

Data, C., *Climate: North Sumatra.* [Online]. Available: https://en.climate-data.org/asia/indonesia/north-sumatra-1204/.

Elleh, N., *African Architecture: Evolution and Transformation*, New York: McGraw-Hill, 1997.

Febrino, J., *Arsitektur-tradisional-batak-toba*, Oct. 21, 2014. [Online]. Available: https://www.slideshare.net/slideshow/30043338-arsitekturtradisionalbataktoba-40530225/40530225.

Germana, M. Luisa, Alatawneh, B., and Reffat, R. M., *Technological and Behavioral Aspects of Perforated Building Envelopes in the Mediterranean Region.*

Montanaro, P., *IL TRULLO: UN ESEMPIO DI ARCHITETTURA BIOCLIMATICA*, *Rivista di Economia, Agricoltura, Cultura e Documentazione*, no. 5, Jul. 1989. [Online]. Available: https://digilander.libero.it/locomind/trullo/trullo.htm. [Accessed: Jan. 17, 2025].

Mounir El Semary, Y., Attalla, H., and Gawad, I., *Modern Mashrabiyas with High-Tech Daylight Responsive Systems*, in *The Academic Research Community Publication*, IEREK Press, Oct. 2017.

Napitupulu, N., Aritonang, E., and Silitonga, S., *The Study About The Comparation Between Batak Toba Traditional House in Huta Raja Samosir and Lumban Binanga Toba Samosir*, May 2022. [Online]. Available: https://www.researchgate.net/publication/341382690_The_Study_About_The_Comparation_Between_Batak_Toba_Traditional_House_in_Huta_Raja_Samosir_and_Lumban_Binanga_Toba_Samosir.

Parmar, D. P. M. Samirsinh P., *Passive Cooling Techniques in Medieval*, 2023.

Potenza, R., *L'architettura dei trulli*, *Alberobello.com.* [Online]. Available: https://alberobello.com/it/visitare-alberobello/trulli. [Accessed: Jan. 17, 2025].

Rahm, P., *Climatic Architecture*, Actar, Barcelona, 2023.

Reinnamah, D. G., *Huta Siallagan: Rumah Bolon (1)*, Jan. 13, 2018, updated Dec. 17, 2019. [Online]. Available: https://dailyvoyagers.com/blog/2018/01/13/huta-siallagan-rumah-bolon-1/.

Schiano-Phan, R., *The Development of Passive Downdraught Evaporative Cooling Systems Using Porous Ceramic Evaporators and Their Application in Residential Buildings.*

Tirta, R., *Analisa Rumah Adat Sumatera Utara*, Nov. 03, 2016. [Online]. Available: https://radentirta18.blogspot.com/2016/11/analisa-rumah-adat-sumatera-utara.html.

Yusran, Y. A., and Dirgantara, D., *Visual and Spatial Changes of the Batak Bolon House as the Adaptation of Its People's Lives in Gurgur Aek Raja Village of Toba Samosir Regency*, May 2021. [Online]. Available: https://www.researchgate.net/publication/352236987_Visual_and_spatial_changes_of_the_Batak_Bolon_House_as_the_adaptation_of_its_people's_lives_in_Gurgur_Aek_Raja_village_of_Toba_Samosir_Regency.

CORNELL UNIVERSITY, COLLEGE OF ARCHITECTURE, ART, AND PLANNING (AAP), USA
ENSEIGNANTS [TEACHERS] : José Ibarra
ÉTUDIANTS [STUDENTS] : Anusha Dasgupta, Tony Liu, Shu Chen Xu

Memmott, P., and Memmott, P., *Gunyah Goondie + Wurley: The Aboriginal Architecture of Australia*, 1st ed., St. Lucia: University of Queensland Press, 2007.

Mitsuo, K., *Rani-ki-Vav: The Queen's Stepwell in Patan*, [Online]. Available: http://www.kamit.jp/02_unesco/22_patan/pat_eng.htm.

Rajagopalan, M., *Stepwells of Ahmedabad: Typology and Architectural Adaptations*, *Architexturez South Asia*, [Online]. Available: https://architexturez.net/doc/az-cf-188335.

Reemtsma, H. J. Z., Chowdhury, A. S., and Raji, S. O., *The Socio-Hydrological Significance of Stepwells in India: Rani ki Vav as a Case Study*, *Water*, vol. 14, no. 17, p. 2665, Aug. 2022. [Online]. Available: https://www.mdpi.com/2073-4441/14/17/2665.

Roy, S., and Qureshi, M. A., *A Study on the Architectural and Cultural Significance of Rani Ki Vav*, *International Journal of Recent Advances in Multidisciplinary Research*, vol. 5, no. 5, pp. 3944–3948, May 2018. [Online]. Available: https://www.ijramr.com/sites/default/files/issues-pdf/3173.pdf.

Thomson, D. F., *The Seasonal Factor in Human Culture Illustrated from the Life of a Contemporary Nomadic Group*, *Proceedings of the Prehistoric Society*, vol. 5, no. 2, pp. 209–221, Dec. 1939. DOI: 10.1017/S0079497X00020545.

ÉCOLE NATIONALE D'ARCHITECTURE ET D'URBANISME DE TUNIS (ENAU), TUNISIE
ENSEIGNANTS [TEACHERS] : Narjes Abdelghani, Alia Bel Haj Hamouda, Alia Ben Ayed, Imen Landoulsi, Olfa Meziou
ÉTUDIANTS [STUDENTS] : Aya Sellami, Amani Naija, Feriel Mesbah, Yosr Ammar, Mariem Chouchani, Hosni Aljamal, Mariem Chelbi, Mohamed Benothmen, Oumaima Meliane, Ayeb Mohamed Yessine, Zitoun Imen, Raya Najet Rebai, Issra Messaoudi, Lina Kallel, Mohamed Benothmen, Oumaïma Beji, Mohamed Yessine Ayeb

Adam, J.-P., *La construction romaine*, 3e éd., Paris: Éditions A. et J. Picard, 1995, 367 p.

Azzouz, A., and Massey, D., *Maisons de Sidi Bou Said.*

Ben Rajah, F., *Ksar Ouled Mehdi : un Gîte au royaume du passé*, *Mémoire de fin d'études*, ENAU, 2022.

Ben Younes, R., *Unité de production textile entre artisanat et industrie à Houmt-Souk Djerba*, *Mémoire d'Architecture*, ENAU, Janvier 2023, pp. 7-8, pp. 13-23.

Djerbi, A., *L'Architecture de l'île de Djerba: Principes du langage de l'architecture vernaculaire*, *R.M.R*, 2011, p. 207.

Gros, P., *L'architecture romaine. 2. Maisons, palais, villas et tombeaux*, Paris: Éditions A. et J. Picard, 2001, *Les Manuels d'Art et d'Archéologie Antiques*, 526 p.

Kioua, R., and Rekik, R., *Architectural Specificities of Southern Tunisia: Inventory and Recommendations*, Nouha Éditions, 2000, pp. 235–23.

Louis, A., *Southern Tunisia: Ksar and Hilltop Villages*, Paris, France: Éditions du Centre National de la Recherche Scientifique, 1975, p. 370.

Mrabet, A., *L'art de bâtir au Jerid.*

Revault, J., *Palais et demeures de Tunis XVIe et XVIIe siècle.*

Sghaier, M., *Le village berbère de Chenini (Sud-est tunisien): richesse d'un patrimoine fragilisé*, 2015.

Yvon, T., *Bulla Regia*, *Encyclopédie berbère*, pp. 1647-1653.

ÉCOLE NATIONALE SUPÉRIEURE D'ARCHITECTURE DE VERSAILLES (ÉNSAV), FRANCE
ENSEIGNANTS [TEACHERS] : Emeric Lambert, Hugo Haenni
ÉTUDIANTS [STUDENTS] : Blanc Cyrielle, Bogárová Mária, Corral Ophélie, de Amorim Sacha, Fenoll Marine, Jinbo Camille, Larivé Solène, Mariot Vincent, Petit Emma, Reinert Lea, Wipff Elise, Yanar Cetin
ENSEIGNANT [TEACHER] : Philippe Rahm
ÉTUDIANTS [STUDENTS] : Bah Abdourahamane, Bouamoucha Djihane, Bouchiba Sana, Bui To Uyen, Campion Lola, Foreau Justine, Genet Guillaume, Ha Chaewoon, Kawamoto Masako, Marque Annabelle; Méderbel Fatima, Pham Thien-Thu, Robert Nolwenn, Roger Thomas, Sall Mamadou, Servais Juliane, Springer Floriane, Syed Khalil Gibran, Vail Léa

A contresens, *Planificateur de voyage en Afrique*, [Online]. Available: https://planificateur.a-contresens.net/afrique/mali/mopti-region/dogon/6874968.html.

Association Culturelle Musgum (ACM).

Authentik Vietnam, *Vieille Ville de Hôi An*, [Online]. Available: https://authentikvietnam.com/vieille-ville-hoi-an.

Beguin, J.-P., et al., *L'Habitat au Cameroun*, Éditions de l'Union Française, Paris, 1952.

Bhat, P. K., and Rajan, A., *Traditional Architecture of Kutch: Bhungas and their Climatic Adaptation*, *Journal of Vernacular Architecture*, 2017.

Bonnemaison, J., *Traditional Architecture in Africa: The Impluvium Hut and the Vernacular Architecture of the Diolas*, Paris: Karthala Editions, 1993.

Chauhan, M., *Sustainable Architecture in the Desert: The Legacy of Bhungas*, *The Journal of Architecture and Sustainability*, 2016.

Climate-Data.org, *Données climatiques par région*, [Online]. Available: https://fr.climate-data.org/.

Didillon, A., *Habiter le désert : les maisons mozabites*, 1977, p. 254.

Dupuy, P., *Les jardins d'Al-Andalus*, in *Les jardins de l'Islam*, Toulouse, France: Presses universitaires du Midi, 2017, pp. 97–112.

Fernandez, D., *Séville*, Paris: Stock, 1992.

Fertala, S., *Les dispositifs de l'architecture vernaculaire : Impact des chebek et galerie sur le confort thermique des maisons de M'Zab (Cas de ksar Ghardaïa)*, *Mémoire de Master*, Université Saad Dahlab Blida, Institut d'Architecture et d'Urbanisme, 2016.

Guidoni, E., *Architecture primitive*, France: Berger Levrault, 1980, 385 p.

GPS Coordinates, *Map of geographical locations*, [Online]. Available: https://www.coordonnees-gps.fr/carte/pays/ML.

Huynh, T. B. C., *Patrimoine architectural, urbain, aménagement et tourisme : Ville Hôi An – Viêt Nam*, *Ph.D. dissertation*, Université Toulouse le Mirail - Toulouse II, 2011. [Online]. Available: https://tel.archives-ouvertes.fr/tel-00717654.

Jariwala, S., *Bhungas of Kutch: A Study on Traditional Settlement Patterns and Building Technology*, Ahmedabad: Architectural Press, 2009.

Jørgensen, H., *YAKČĀL*, *Encyclopædia Iranica*, online edition, 2012. Available: http://www.iranicaonline.org/articles/yakcal.

Kapadia, H., *The Vernacular Architecture of India: From Kutch to the Deccan*, New Delhi: Oxford University Press, 2011.

Lapra, P., *Une cour dans l'ancien palais de Jennina*, *Peinture à l'huile sur toile*, Paul Morineau, Emma Petit.

Maison-Monde, *La hutte nipa : Maison traditionnelle des Philippines*, [Online]. Available: https://maison-monde.com/hutte-nipa-maison-traditionnelle-philippines/.

Memmott, P., and Memmott, P., *Gunyah Goondie + Wurley: The Aboriginal Architecture of Australia*, 1st ed., St. Lucia: University of Queensland Press, 2007.

Moreno, H., *Casa Erzini*, *La Medina de Tetuan : Guia de Arquitectura*, p. 126, Oct. 2024.

Nexus Network Journal, *Geometry and Proportions of the Traditional Trulli of Alberobello*, Citalia.

PARC Architectes, *Coupes Atmosphériques*, 2023. [Online]. Available: https://www.parc-architectes.eu/fr.

Pern, S., Bryan, A., and Lebourg, D., *Les Danseurs Masqués de l'Ouest Africain*, France Loisirs, 1987, 168 p.

Ravéreau, A., *La Casbah d'Alger : et le site créa la ville*, 2006, p. 220.

Ravéreau, A., *Le M'Zab, une leçon d'architecture*, 1981, p. 282.

Rossi, F., Barbera, G., Chieco, C., Georgiadis, T., and Motisi, A., *The 'jardinu' of Pantelleria as a paradigm of resource-efficient horticulture in the built-up environment*, 2017. [Online]. Available: https://iris.unipa.it/retrieve/handle/10447/328397/640749/actaHort_1215_2018.pdf.

Rudofsky, B., *Architecture Without Architects: A Short Introduction to Non-Pedigreed Architecture*, The Museum of Modern Art, New York, 1964.

Rudofsky, P., *Architecture without Architects*, Paris: Éditions du Chêne, 1980.

Saeli, M., and Campisi, T., *The dammuso: constructive characters of the traditional stone buildings of the isle of Pantelleria (Sicily)*, Jan. 2019. [Online]. Available: https://iris.unipa.it/handle/10447/359960.

Schittitch, C., *Vernacular Architecture: Atlas for Living Throughout the World*, 2019, p. 382.

Talenti, S., and Teodosio, A., *At the Roots of Sustainability: Mediterranean Vernacular Architecture*, Sep. 2022.

The Trulli of Alberobello, *UNESCO World Heritage Centre*, [Online]. Available: https://whc.unesco.org/fr/list/948/.

Toguna, *Construction et signification*, [Online]. Available: https://it.wikipedia.org/wiki/Toguna.

Trulli Puglia - Boutique.

UNESCO World Heritage Centre, *Hôi An Ancient Town*, [Online]. Available: https://whc.unesco.org/fr/list/948/.

ValenciaBonita, *¿Sabías que en Benimàmet hubo varios núcleos de casas-cueva como las de Paterna?*, *Valenciabonita*, Sep. 29, 2020. [Online]. Available: https://www.valenciabonita.es/2020/09/29/cuevas-de-benimamet/.

ÉCOLE POLYTECHNIQUE FÉDÉRALE DE LAUSANNE (EPFL), SUISSE
ENSEIGNANTS [TEACHERS] : Sophie Delhay
ASSISTANTS : Capucine Legrand, Romain Curnier, Harry Waknine
ÉTUDIANTS [STUDENTS] : Anna Benador, Virginie Grand, Loïse Boulnoix, Lisa Girard, Lili Rouveure, Jean-Baptiste Bouleux, Ana Preda, Yousra Hajoubi, Cindy Iso, Zofia Beyger, Mathieu Brajou, Valentina Takatc

Agbodjinou, K., *Téléuk: Regard sur l'habitat ancien Musgum*, *L'Africaine d'Architecture*. Accessed: Sep. 29, 2024.

Hosseini, B., and Namazian, A., *An overview of Iranian ice repositories, an example of traditional indigenous architecture*, *METU Journal of the Faculty of Architecture*, vol. 29, no. 2, pp. 223-234, 2012. Available: https://jfa.arch.metu.edu.tr/uploads/docs/sayilar/sayi-29-2/223-234.pdf.

Institut d'Histoire, de Géographie et d'Économie Urbaines (Paris), *La Vie urbaine*, *Institut d'histoire, de géographie et d'économie urbaine de la ville de Paris*, pp. 95-144, Apr.-Jun. 1956.

Jorgensen, H., *Ice Houses of Iran: Where, How, Why*, Mazda Publishers, 2012. Available: https://issuu.com/fidel_funk/docs/ice_houses_of_iran_final1.

Karakaśtanis, S., GhaffarianHoseini, A., and GhaffarianHoseini, N., *A review of the effectiveness of green roof technology in mitigating Urban Heat Island effect*, *Energy Procedia*, vol. 30, pp. 775-782, 2012.

Laffranchi, A., *Tata Somba, entre tradition et modernité*, Institut Français du Bénin, Paris, 2001, 29 p.

Leite Viana, D., and Malekabbasi, A. M., *Lessons from Yazd's Nature-Friendly Architecture to Contemporary Nature-Based Solutions*, presented at the *IASTE 2018 Conference*, May 2018. [Online]. Available: https://www.researchgate.net/publication/325315061_Lessons_from_Yazd's_nature-friendly_architecture_to_contemporary_nature-based_solutions.

López, L. J., *The collection of environmental data in the analysis of the hygrothermal and air quality behavior of a cave house in Almería = La toma de datos medioambientales en el análisis del comportamiento higrotérmico y de calidad del aire de una casa cueva en Almería*, *Building & Management*, vol. 5, no. 3, pp. 9–9, Oct. 2021. DOI: https://doi.org/10.20868/bma.2021.3.4710.

Martínez Antón, A., *Estudio de las Casas-Cuevas de la Romana*, *Trabajo Final de Máster*, Universitat Politècnica de València, Mar. 2013.

May, J., *Handmade Houses & Other Buildings: The World of Vernacular Architecture*, Londres: Thames & Hudson, mars 2010, 192 p.

Melati Dekoninck, L., *The living site: Embodied collective knowledge in Batak Indonesia*, Available: https://creativecommons.org/licenses/by/4.0, 2024.

Memmott, P., and Memmott, P., *Gunyah Goondie + Wurley: The Aboriginal Architecture of Australia*, 1st ed., St. Lucia: University of Queensland Press, 2007.

Mercier, M., *Tradition, changement, histoire: Les "Somba" du Dahomey septentrional*, Paris: Éditions Anthropos, 1968, 538 p.

Ministerio de Cultura y Deporte, *Museografías: Investigación al Detalle*, *Portal de Museo Greco*, [Online]. Available: https://www.cultura.gob.es/mgreco/investigacion/aldetalle/museografias.html. [Consulté le 5 octobre 2024].

Mitsuo, K., *Rani-ki-Vav: The Queen's Stepwell in Patan*, [Online]. Available: http://www.kamit.jp/02_unesco/22_patan/pat_eng.htm.

Oktafarel, K. M., Arifin, M. D. N. A., Ekomadyo, A. S., and Susanto, V., *Coffee Culture and Heritage: Demystifying the Heritage Value of Coffee Shops inside Historical Buildings in Jakarta and Bandung*, *Local Wisdom Scientific Online Journal*, 2021.

Porretta, P., Pallottino, E., and Colafranceschi, E., *Minnan and Hakka Tulou: Functional, Typological and Construction Features of the Rammed Earth Dwelling of Fujian (China)*, Jan. 2022. DOI: 10.1080/15583058.2021.2001116.

Pragowo, E. L., *Exploring Warung Jadoel: Temanggung's 200-Year-Old Culinary Haven*, *Java Private Tour online blog*, Available: https://javaprivatetour.com/exploring-warung-jadoel-temanggungs-200-year-old-culinary-haven.

Rajagopalan, M., *Stepwells of Ahmedabad: Typology and Architectural Adaptations*, *Architexturez South Asia*, [Online]. Available: https://architexturez.net/doc/az-cf-188335.

Reemtsma, H. J. Z., Chowdhury, A. S., and Raji, S. O., *The Socio-Hydrological Significance of Stepwells in India: Rani ki Vav as a Case Study*, *Water*, vol. 14, no. 17, p. 2665, Aug. 2022. [Online]. Available: https://www.mdpi.com/2073-4441/14/17/2665.

Roy, S., and Qureshi, M. A., *A Study on the Architectural and Cultural Significance of Rani Ki Vav*, *International Journal of Recent Advances in Multidisciplinary Research*, vol. 5, no. 5, pp. 3944–3948, May 2018. [Online]. Available: https://www.ijramr.com/sites/default/files/issues-pdf/3173.pdf.

Sandoval, F. J., *Las casa-cueva de Aguilar de Campos. Origen y razón constructiva*, Jan. 2003.

Sayigh, A., *Sustainable Vernacular Architecture: How the Past Can Enrich the Future*, Cham: Springer International Publishing, 2019.

Seignobos, C., and Jamin, F., *La case obus : histoire et reconstitution*, France: Éditions Parenthèses - Patrimoine sans frontières, 2003.

Stasinopoulos, T. N., *The Four Elements of Santorini Architecture: Lessons in Vernacular Sustainability*, *PLEA 2006 - The 23rd Conference on Passive and Low Energy Architecture*, Geneva, Sep. 6-8, 2006.

Thomson, D. F., *The Seasonal Factor in Human Culture Illustrated from the Life of a Contemporary Nomadic Group*, *Proceedings of the Prehistoric Society*, vol. 5, no. 2, pp. 209–221, Dec. 1939. DOI: 10.1017/S0079497X00020545.

Valencia Bonita, *¿Sabías que en Benimàmet hubo varios núcleos de casas-cueva como las de Paterna?*, *Valenciabonita*, Sep. 29, 2020. Available: https://www.valenciabonita.es/2020/09/29/cuevas-de-benimamet/.

YouTube, KOMPASTV, *Wisata Kuliner Legendaris Temanggung, Warung Jadoel: Berusia 200 Tahun dan Buka 24 Jam Tiap Hari*, [Online]. Available: https://www.youtube.com/watch?v=AITzKnKUIBI.

HAUTE ÉCOLE D'ART ET DE DESIGN DE GENÈVE (HEAD), SUISSE
ENSEIGNANTS [TEACHERS] : Philippe Rahm, Valentin Calame
ÉTUDIANTS [STUDENTS] : Cloé Eischen, Emma Canton, Hugo Maia Schmitt, Letizia Milone, Martino De Grandis, Roeder David, Zepeda Aranda Ana Karina

Abdelkader, R., and Park, J. H., *Sustainable Building Façades: Modern Usages of the Traditional Mashrabiya*, *Open House International*, 2018.

Al-Shareef, B. M., *Natural Light Control in Hadjazi Architecture: An Investigation of the Rowshan Performance by Computer Simulation*, University of Liverpool, 1996.

Al-Shareef, F. M., *Natural Light Control in Hadjazi Architecture: An Investigation of the Rowshan Performance by Computer Simulation*, University of Liverpool, 1996.

Bagasi, A. A., Calautit, J. K., and Karban, A. S., *Evaluation of the Integration of Mashrabiya into the Ventilation Strategy for Buildings in Hot Climates*, *Energies*, vol. 14, no. 530, 2021. DOI: 10.3390/en14030530.

Bahadori, F. M., *The Traditional Technology Trap 2: More Lessons from the Windcatchers of Yazd*, presented at *Academia.edu*, 2009.

Batak Indonesia. [Online]. Available: https://creativecommons.org/licenses/by/4.0.

Bille, M., and Sørensen, T. F., *The Architecture of the Bedouin Tent: Adaptations to Extreme Climates*, *Journal of Vernacular Architecture*, vol. 29, no. 2, 2014.

Boniface, M., *Desert Architecture: A Study of Bedouin Habitats*, University Press, 1994.

Dorze Tribe, *A Visual Journey Through Daily Life*, *North of Known*, 2023. [Online]. Available: northofknown.com.

Dorze People Ethiopia, *A Visit in Southern Ethiopia*, *Travellers Archive*, 2023. [Online]. Available: travellersarchive.de.

Elleh, N., *African Architecture: Evolution and Transformation*, New York: McGraw-Hill, 1997.

Enwezor, O., and Basualdo, C., *Contemporary African Art Since 1980*, Munich: Prestel Publishing, 2004.

Fathy, H., *Natural Energy and Vernacular Architecture: Principles and Examples with Reference to Hot Arid Climates*, The University of Chicago Press, 1986.

Fletcher, R., *Islamic Architecture: Form, Function, and Meaning*, New York: Oxford University Press, 1992.

Gössling, C. E., *Traditional Moroccan Dwellings and Environmental Adaptation*, *Journal of North African Studies*, vol. 17, no. 2, pp. 145–160, 2012.

Heynen, H., *Architecture and Climate: An Environmental History of Design and Architecture*, Routledge, 1999.

Karakatsanis, S., GhaffarianHoseini, A., and GhaffarianHoseini, N., *A Review of the Effectiveness of Green Roof Technology in Mitigating Urban Heat Island Effect*, *Energy Procedia*, vol. 30, pp. 775-782, 2012.

Kellen, M., *Traditional Building and Construction in the Middle East: Bedouin Architecture and Design Principles*, Routledge, 2010.

Köppen, M., *The Climate Classification*, in *The Climates of the Earth*, Springer, Berlin, 1936. Available: https://link.springer.com.

Makdisi, M., *The Bedouin Tents of the Arabian Peninsula: A Study in the Adaptation to Arid Environments*, Cambridge University Press, 2008.

Maleki, M., *Wind Catcher: Passive and Low Energy Cooling in Iranian Architecture*, *Semantic Scholar*, 2012.

Montanaro, P., *IL TRULLO: UN ESEMPIO DI ARCHITETTURA BIOCLIMATICA*, *Rivista di Economia, Agricoltura, Cultura e Documentazione*, no. 5, Jul. 1989. [Online]. Available: https://digilander.libero.it/locomind/trullo/trullo.htm.

Nouvel, J., *Arab World Institute Architectural Project Report*, Paris, 1987.

Parmar, D. P. M. Samirsinh P., *Passive Cooling Techniques in Medieval*, 2023.

Potenza, R., *L'architettura dei trulli*, *Alberobello.com*. [Online]. Available: https://alberobello.com/it/visitare-alberobello/trulli.

Rahm, P., *Climatic Architecture*, 2023.

Riera, J., *Camerún (Rumbo a...)*, Barcelona: Ediciones Turísticas, 2000.

Sabry, H., Sherif, A., and Gadelhak, M., *Balancing the Daylighting and Energy Performance of Solar Screens in Residential Desert Buildings*, *Solar Energy*, vol. 103, pp. 364–377, 2014.

Sutton, S., *The Rocking Chair - Bienenstock Furniture Library*, *Bienenstock Furniture Library*, Jan. 26, 2021. [Online]. Available: https://www.furniturelibrary.com/the-rocking-chair/.

The Rocking Chair, *Wikipedia Contributors*, Nov. 22, 2024. [Online]. Available: https://en.wikipedia.org/wiki/Rocking_chair.

Troutman Chair Company, *The History of Rocking Chairs*, Oct. 22, 2021. [Online]. Available: https://troutmanchairs.com/the-history-of-rocking-chairs/.

NATIONAL UNIVERSITY OF SINGAPORE, DEPARTMENT OF ARCHITECTURE (NUS), SINGAPOUR
ENSEIGNANTS [TEACHERS] : Erik L'Heureux
ÉTUDIANTS [STUDENTS] : Cindy Koo Xin Yu, Daryl Lim Mingze, Fu Jie, Jillian M. Lee, Kerk Xin Yi, Lin Zichun, Liu Heng, Phua Jue Hua Pearl, Sabrina Mahbub, Teo Rui Zhi Rachel, Wu Shuhui, Yingxi Zhou

Batak Karo Traditional Villages, [Online]. Available: https://www.roamindonesia.com/sumatra/sumatra-attractions/batak-karo-traditional-villages/.

Citraningrum, A., and Herawati, D., *Lesson from Vernacular Tobacco Barn: A Passive Design Strategy for Energy-Independent Building*, *Proceedings of the International Conference of Heritage & Culture in Integrated Rural-Urban Context (HUNIAN 2019)*, 2020. DOI: 10.2991/aer.k.200729.013.

Climate Change Knowledge Portal, *World Bank Climate Change Knowledge Portal*, 2021. [Online]. Available: https://climateknowledgeportal.worldbank.org/country/malaysia/climate-data-historical.

Cultural Heritage Sites - Southern Nias, [Online]. Available: https://museum-nias.org/en/cultural-sites-south/.

Ferng, J., Chang, J. H., L'Heureux, E., and Ryan, D. J., *Climatic Design and Its Others: "Southern" Perspectives in the Age of the Anthropocene*, *Journal of Architectural Education*, vol. 74, no. 2, pp. 250-262.

Grover, M., *Tropical Architecture: Critical Regionalism in the Tropics*, Routledge, 2010.

Kusno, A., *Thomas Karsten's Design for Johar Market in Semarang (1906–1939)*, in *Architectural Encounters with Essence and Form in Modern China*, Singapore: Springer, 2023, pp. 123–140.

L'Heureux, E., *A Simple Shop House*, *Equator*, 2013. [Online]. Available: https://equator.work/project/a-simple-shop-house/?template=pencil-office.

L'Heureux, E., *Hot Air: Monoliths, Deep Veils, and the Urban Equator*, RMIT University, 2022.

L'Heureux, E., *Steamy: The Equatorial City and The Architecture of Atmosphere*, Singapore: NUS, 2015. [Online]. Available: https://issuu.com/ofeqiq/docs/steamy_alt.

L'Heureux, E., and Wang, Z., *Hot & Wet 1900-1975: 10 Canonical Buildings*, Singapore: NUS, 2012. [Online]. Available: https://issuu.com/ofeqiq/docs/10_canonical_buildings.

Lim, J., *Black and White: The Singapore House 1898-1941*, Talisman Publishing, 2009.

Meteorological Service Singapore, *Singapore Climate 2023: The Year in Numbers*, 2023. [Online]. Available: https://www.weather.gov.sg/wp-content/uploads/2024/01/The_Year_in_Numbers_2023.pdf.

Prasetyo, P., and Sihombing, R., *The Influence of Tropical Climate on Vernacular Architecture: A Case Study of Semarang, Indonesia*, *International Journal of Architecture and Urban Planning*, vol. 7, no. 2, pp. 45-60, 2020.

Roslan, Q., Ibrahim, S. H., Affandi, R., Mohd Nawi, M. N., and Baharun, A., *A Literature Review on the Improvement Strategies of Passive Design for the Roofing System of the Modern House in a Hot and Humid Climate Region*, *Frontiers of Architectural Research*, vol. 5, no. 1, pp. 126–133, Mar. 2016. DOI: https://doi.org/10.1016/j.foar.2015.10.002.

Roesler, S., *Tobacco Barns by Sascha Roesler*, *Transfer*. [Online]. Available: https://www.transfer-arch.com/materiality/tobacco-barns/.

Singapore Shophouses, *Roots.gov.sg*. [Online]. Available: https://www.roots.gov.sg/stories-landing/stories/singapore-shophouses/story.

Soehadi, M., *Vernacular Architecture of Indonesia*, Indonesian Architecture Press, 2018.

Sumbanese Traditional Houses in Indonesia: An Insight into Vernacular Architecture, [Online]. Available: https://archeyes.com/sumbanese-traditional-houses-in-indonesia-vernacular-architecture/.

Tjahjono, G., *Indonesian Heritage - Architecture*, Archipelago Press, 1998.

Tomok and Simanindo: The Traditional Batak Villages in Lake Toba, [Online]. Available: https://www.indonesia.travel/gb/en/news/tomok-and-simanindo-the-traditional-batak-villages-in-lake-toba.html.

Tongkonan – Toraja Traditional House, [Online]. Available: https://toraja.info/en/attractions/tradition-and-culture/tongkonan-toraja-traditional-house/.

Wan, J., *Tropical Urbanism in Southeast Asia: Colonial Bungalows and Climate Adaptation*, 2016.

Wang, H., and Jia, B., *Urban Morphology of Commercial Port Cities and Shophouses in Southeast Asia*, *Procedia Engineering*, vol. 142, pp. 190–197, 2016. DOI: 10.1016/j.proeng.2016.02.031.

WeatherSpark, *Climate and Average Weather Year Round in Malacca*, *Weather Spark*. [Online]. Available: https://weatherspark.com/y/114179/Average-Weather-in-Malacca-Malaysia-Year-Round.

PONTIFICIA UNIVERSIDAD CATÓLICA DEL PERÚ (PUCP), PÉROU
ENSEIGNANTS [TEACHERS] : Augusto Román
ÉTUDIANTS [STUDENTS] : Alberto Lazo Cuba, Andrea Cardenas, Arumi Pala, Carolina Gomez, Daniel Mateo Rodríguez, Francisco Reynaga, Judit Mayorca, Juan Carlos Ylizarbe, Rosales Kenneth Rado, Mariel Abarca, Milagros Perales, Paloma Gonzales

Alarcón, M., *Estudio del Sillar y su Importancia en la Arquitectura del Centro Histórico de Arequipa para la Promoción Turística de la Ciudad, 2012*, Universidad Católica de Santa María, 2001. [Online]. Available: https://repositorio.ucsm.edu.pe/items/a9c1f7bf-db34-47d5-be14-fa5eb21d94a9.

Alva, F., *La Arquitectura Moche del Perú, Análisis, Interpretación y Relación con la Arquitectura Peruana*, Escuela Técnica de Arquitectura de Barcelona, Universidad Politécnica de Cataluña, 2022.

Apuntes de Arquitectura Digital, *Los waru warus del altiplano: Tecnología ancestral*, 2015. [Online]. Available: https://apuntesdearquitecturadigital.blogspot.com/2015/02/los-waru-warus-del-altiplano-tecnologia.html.

Burga, J., *Arquitectura vernácula Peruana, un análisis tipológico*, Lima, 2010.

Burga Bartra, J., *Arquitectura vernácula peruana*, Lima, Perú: Universidad Nacional de Ingeniería, Fondo Editorial, 1997.

Cárdenas Panduro, A., *Impacto de las amunas en la seguridad hídrica de Lima*, 2020.

Castro, A., Olivera, D., and Humalies, A., *Estudio sobre los Huachaques como ingeniería hidráulica del antiguo Perú*, 2020. [Online]. Available: https://www.researchgate.net/publication/343252165_Estudio_sobre_los_Huachaques_como_ingenieria_hidraulica_del_antiguo_Peru.

de la Torre Barúa, J. G., and Blancas, A. N. I., *Encuentros y desencuentros percibidos entre comuneros y docentes en torno a la innovación en las amunas de San Andrés de Tupicocha, Huarochirí, Perú*, *Collectivus, Revista de Ciencias Sociales*, vol. 10, no. 1, pp. 81-110, 2023.

Felipa, A., *Comparación del sistema constructivo de Putucos con otros sistemas constructivos en tierra = Comparison of the Construction System of Putucos with Other Construction Systems in Earth*, *Anales de Edificación*, vol. 3, no. 2, pp. 1-8, 2017.

Flores, V., *Arquitectura y Arqueología*, Universidad de Chiclayo, 1987.

Gonzales, V., *Terraces and Sustainable Development*, Catholic University of Santa María, 2000.

Hidráulica Inca, *Los waru warus del altiplano Puno*, 2021. [Online]. Available: https://www.youtube.com/watch?v=ClO6eQ79XpE&ab_channel=HidraulicaInca.

Kaulicke, P., and Vidal, E. (Eds.), *Investigaciones arqueológicas en Moray*, Pontificia Universidad Católica del Perú, Fondo Editorial, 2001.

Magnone, H., *Techo mojinete, un recurso de la arquitectura peruana ancestral*, *La Voz*, 2024. [Online]. Available: https://www.lavoz.com.ar/diseno/techo-mojinete-un-recurso-de-la-arquitectura-peruana-ancestral/.

Marrussi, F., *Arquitectura Vernacular Amazónica: La maloca, vivienda colectiva de los boras*, Lima, 2004.

NGEN Español, *Las casas flotantes de los Uros se conservan en el lago Titicaca hoy*, 2025. [Online]. Available: https://www.ngenespanol.com/el-mundo/las-casas-flotantes-de-los-uros-se-conservan-en-el-lago-titikaka-hoy/.

Pérez, G., *The Elements of Form in Moqueguana Domestic Architecture*, *Revista de Arquitectura UNIFE*, pp. 51-72. [Online]. Available: https://www.unife.edu.pe/facultad/arquitectura/1/07_PEREZ.pdf.

Ponce-Vega, L. A., *Puquios, Qanats y Manantiales: Gestión del Agua en el Perú Antiguo*, *Agricultura, Sociedad y Desarrollo*, vol. 12, no. 3, pp. 279–296, 2015.

Protzen, J.-P., *Arquitectura y construcción incas en Ollantaytambo*, Fondo Editorial de la Pontificia Universidad Católica del Perú, 1993.

Rojas, A., *Arquitectura con sillar: Conoce el material que le da el nombre de Ciudad Blanca a Arequipa*, *Universidad Continental*, 2015. [Online]. Available: https://blogs.ucontinental.edu.pe/arquitectura-con-sillar-conoce-el-material-que-le-da-el-nombre-de-ciudad-blanca-a-arequipa/contiblogger/.

Schreiber, K. J., and Lancho Rojas, J., *The Puquios of Nasca*, *Latin American Antiquity*, vol. 6, no. 3, pp. 229–254, 1995. DOI: https://doi.org/10.2307/971674.

Tectónica, *Las islas flotantes de los Uros*, 2021. [Online]. Available: https://tectonica.archi/articles/las-islas-flotantes-de-los-uros/.

Torres, A., *Contribución del conocimiento y tecnologías tradicionales a la adaptación al cambio climático en las montañas de América Latina*, *Apuntes de InvestigAcción*, vol. 2, p. 6, 2014. [Online]. Available: https://keneamazon.net/Documents/Publications/Virtual-Library/Ecosistemas/243.pdf.

Torre Barúa, J. G. de la, and Blancas, A. N. I., *Encuentros y desencuentros percibidos entre comuneros y docentes en torno a la innovación en las amunas de San Andrés de Tupicocha, Huarochirí, Perú*, *Collectivus, Revista de Ciencias Sociales*, vol. 10, no. 1, pp. 81-110, 2023.

Watson, J., *Lo-TEK: Design by Radical Indigenism*, Taschen, 2021.

Watson, J., *Totora Reed Floating Island of the Uros, Peru*, in *Lo-TEK: Design by Radical Indigenism*, Taschen, 2021. [Online]. Available: https://fliphtml5.com/jzqae/ofrz/basic.

Willems, S., et al., *Hydraulic Engineering in the Musqaypuquio Terraces, Cusco*, *Andean Engineering Review*, vol. 5, no. 2, pp. 45-60, 2021.

Wright, K. R., Gibaja Oviedo, A. M., and McEwan, G. F., *Moray: Inca Engineering Mystery*, American Society of Civil Engineers, 2011.

SAPIENZA UNIVERSITÀ DI ROMA, DIPARTIMENTO DI PIANIFICAZIONE, DESIGN, TECNOLOGIA DELL'ARCHITETTURA (PDTA), ITALIE
ENSEIGNANTS [TEACHERS] : Alessandra Battisti, Angelo Figliola
ÉTUDIANTS [STUDENTS] : Cherry Aala, Rosa Bianco, Denisa Dulaj, Flavia Leone, Mattia Morgia, Laura Pomella, Daniele Scalia, Giusy Solis, Pan Ziyi

Agnello, G., *Vademecum del Giardino Pantesco*, pp. 20-25, May 2021.

Aranda Navarro, F., *La arquitectura del material único: Arquitectura subterránea excavada en Levante, España*, *Informes de la Construcción*, vol. 40, no. 397, pp. 91–97, Oct. 1988. DOI: https://doi.org/10.3989/ic.1988.v40.i397.1552.

Barbera, G., Chieco, C., Georgiadis, T., Motisi, A., and Rossi, F., *The 'jardinu' of Pantelleria as a paradigm of resource-efficient horticulture in the built-up environment*, *Acta Horticulturae*, pp. 351–356, Oct. 2018. DOI: 10.17660/ActaHortic.2018.1215.65.

Belakehal, A., Tabet Aoul, K., and Bennadji, A., *Sunlighting and Daylighting Strategies in the Traditional Urban Spaces and Buildings of the Hot Arid Regions*, *Renewable Energy*, vol. 29, no. 5, pp. 687–702, Apr. 2004. DOI: https://doi.org/10.1016/j.renene.2003.09.001.

Bellón, T., *Les coves de Paterna*, [Online]. Available: https://www.paterna.es/images/certamenes/lv-jocs-florals/les-coves-de-paterna-toni-bellon.pdf.

Cardinale, N., Rospi, G., and Stazi, A., *Energy and Microclimatic Performance of Restored Hypogeous Buildings in South Italy: The 'Sassi' District of Matera*, *Building and Environment*, vol. 45, no. 1, pp. 94-106, Jan. 2010. DOI: https://doi.org/10.1016/j.buildenv.2009.05.017.

Cardinale, N., Rospi, G., Stefanizzi, P., and Augenti, V., *Thermal Properties of the Vernacular Buildings Envelopes: The Case of the 'Sassi di Matera' and 'Trulli di Alberobello'*, *International Journal of Energy and Environment*, vol. 2, Jan. 2011.

Georgiadis, G., Barbera, G., Carotenuto, F., Lenzi, J., Motisi, A., and Rossi, F., *How a Traditional Agricultural Protection Structure Acts in Conditioning the Internal Microclimate: A Statistical Analytical Approach to Giardino Pantesco (Pantelleria Island - Italy)*, pp. 41–58, Jan. 2014.

Laureano, P., *Giardini di pietra: I sassi di Matera e la civiltà mediterranea*, Torino: Bollati Boringhieri, 1993.

Mantellini, S., *The Implications of Water Storage for Human Settlement in Mediterranean Waterless Islands: The Example of Pantelleria*, *Environmental Archaeology*, vol. 20, p. 150612094143007, Jun. 2015. DOI: 10.1179/1749631415Y.0000000005.

Martínez, A. A., *Casas cueva de la comarca del Vinalopó medio (Alicante)*, doctoral thesis, Univ. Politec. Valencia, 2021. [Online]. Available: http://hdl.handle.net/10251/171457.

Milonas, I., *Daylighting in Historic Bathhouses: The Case of Ottoman Hamams*, *Metu Journal of the Faculty of Architecture*, vol. 30, no. 1, Jun. 2013. DOI: https://doi.org/10.4305/metu.jfa.2013.1.3.

Negro, E., Cardinale, N., and Rospi, G., *Thermo-hygrometric and Comfort Analysis of a Vernacular Multi-room Settlement in the Sassi of Matera, Tecnica Italiana - Italian Journal of Engineering Science*, vol. 61+1, no. 2, pp. 55–63, Dec. 2018. DOI: https://doi.org/10.18280/ti-ijes.620202.
Phillips, A., *Landscape as a Meeting Ground: Category V Protected Landscapes/Seascapes and World Heritage Cultural Landscapes*, in *The Protected Landscape Approach: Linking Nature, Culture and Community*, J. Brown, N. Mitchell, and M. Beresford, Eds., IUCN: Cambridge, UK, 2005, pp. 19–35.
Schreiber, K. J., and Lancho Rojas, J., *The Puquios of Nasca, Latin American Antiquity*, vol. 6, no. 3, pp. 229–254, 1995. DOI: https://doi.org/10.2307/971674.
Serra, R., and Coch, H., *Sole e ombra: la luce è oscura*.
Tucci, T. P., *Altare di Roma*.
Versus, *Heritage for Tomorrow: Vernacular Knowledge for Sustainable Architecture*, Florence, Italy: Firenze University Press, 2014.
Zero, *Generali Valore Cultura c/o Palazzo Bonaparte*, Roma.

TEXAS TECH UNIVERSITY, HUCKABEE COLLEGE OF ARCHITECTURE (TTU), ÉTATS-UNIS
ENSEIGNANTS [TEACHERS] : Sina Mostafavi, Asma Mehan
ÉTUDIANTS [STUDENTS] : Corinne Tendorf, Darian Martinez, Evan Machnacki, Garrett Whitehead, Hampton Perez, Jack Dittrich

Alexander, E. S., *The Aztec Architectural Heritage: Traditions and Transformations*, University of Arizona.
Ardalan, N., and Bakhtiar, L., *The Sense of Unity: The Sufi Tradition in Persian Architecture*, University of Chicago Press, 1973.
Bellón, T., *Les coves de Paterna*, *Journal of Mediterranean Architecture*.
Camps, G., *Berber Culture Across History*, Algiers: CRAPE, 1984.
De Planhol, M., *Water and Human Settlements in the Iranian Plateau*, University of Texas Press, 1981.
Ferguson, J., *Ventilation in Kivas: Airflow and Thermal Considerations*, *Journal of Southwestern Studies*.
Foruzanmehr, A., *Windcatchers in Yazd: Architectural Heritage and Climate Adaptation*, *Journal of Environmental Studies*.
Goblot, H., *Qanats: A Unique Traditional Water Management System in Iran*, Pergamon Press, 1979.
Lekson, S., *The Architecture of Chaco Canyon, New Mexico*, University of Utah Press, 2007.
McGuire, A., *The Evolution of Jacal Architecture in Northern Mexico*, *Journal of the Southwest*.
Noble, D., *Houses and Kivas of Chaco Canyon*, University of New Mexico Press, 1984.
Rabbat, N., *The Art and Architecture of Islamic Cairo*, American University in Cairo Press, 2008.
Prochaska, S. J., *Traditional Tunisian Architecture: Cave Dwellings of Matmata*, *Journal of African Studies*.
Safran, A., *The Mashrabiya and Its Role in Traditional Middle Eastern Architecture*, *International Journal of Middle Eastern Architecture*, vol. 3, no. 2, pp. 57–68, 2010.
Saidi, A., *Climate-Adaptive Berber Cave Architecture*, *Mediterranean Archaeology and Architectural Studies*.
Wulff, A., *The Persian Qanat System*, *Irrigation Science*, vol. 11, no. 1, pp. 1–12, 1990.

THE OHIO STATE UNIVERSITY (OSU), USA
ENSEIGNANTS [TEACHERS] : Sana Frini, Philippe Rahm, Alex Oetzel
ÉTUDIANTS [STUDENTS] : Kristin Leuzinger, Markie Mathews, Daevon McDowell, Angela Sakis

Abdulkareem, H. A., *Thermal Comfort Through the Microclimates of the Courtyard: A Critical Review of the Middle-Eastern Courtyard House as a Climatic Response*, *Procedia - Social and Behavioral Sciences*, vol. 216, pp. 662-674, 2016. [Online]. Available: https://www.sciencedirect.com/science/article/pii/S1877042815062345. [Accessed: Jan. 25, 2025].
Ancient Remedies for Humidity Control, *Opus-Dry*. Accessed: Jan. 14, 2025. [Online]. Available: https://www.opus-dry.com/humidity/ancient-remedies/.
Bb Home / H&P Architects, *ArchDaily*. Accessed: Sep. 15, 2024. [Online]. Available: https://www.archdaily.com/431271/bb-home-h-and-p-architects.
C. C. 4JW, *Assignment 4: The Pantheon's Passive Systems*, *CC4JW*, Nov. 10, 2011. [Online]. Available: https://cc4jw.wordpress.com/2011/11/10/assignment-4-the-pantheons-passive-systems/. [Accessed: Jan. 25, 2025].
Editors, A. R., *Blooming Bamboo Home in Vietnam by H&P Architects*, *The Architectural Review*. Accessed: Sep. 15, 2024. [Online]. Available: https://www.architectural-review.com/awards/ar-house/blooming-bamboo-home-in-vietnam-by-hp-architects.
Ghaffarianhoseini, A., Berardi, U., and Ghaffarianhoseini, A., *Thermal Performance Characteristics of Unshaded Courtyards in Hot and Humid Climates*, *Building and Environment*, vol. 87, pp. 154-168, 2015. [Online]. Available: https://www.elsevier.com/locate/buildenv. [Accessed: Jan. 25, 2025].
Howarth, D., *Blooming Bamboo Home by H&P Architects*, *Dezeen*. Accessed: Sep. 15, 2024. [Online]. Available: https://www.dezeen.com/2013/09/25/blooming-bamboo-house-by-h-and-p-architects/.
Hunt, A. G., *Chapter 1: Introduction to Architecture and Landscape*, *Exploring Architecture and Landscape*, The Ohio State University, 2025. [Online]. Available: https://ohiostate.pressbooks.pub/exploringarchitectureandlandscape/chapter/chapter-1/. [Accessed: Jan. 25, 2025].
Manderscheid, A., *The Black Tent in Its Easternmost Distribution: The Case of the Tibetan Plateau*, *Mountain Research and Development*, vol. 21, no. 2, pp. 154-160, May 21, 2001. DOI: https://doi.org/10.1659/0276-4741(2001)021[0154:TBTIIE]2.0.CO;2.
Marrakech Riads: A Brief History of Moroccan Riads, *Marrakech Riads*. [Online]. Available: https://marrakech-riads.com/en/a-brief-history-of-moroccan-riads/. [Accessed: Jan. 25, 2025].
McGuire, A., *The Evolution of Jacal Architecture in Northern Mexico*, *Journal of the Southwest*.
Nomadic_4x28ub, *Unveiling the Mystery: Why Bedouins' Black Robes Rule the Desert*, *Nomadic Native Tribes*, Mar. 4, 2024. [Online]. Available: https://nomadic.nativetribe.info/unveiling-the-mystery-why-bedouins-black-robes-rule-the-desert/.
Safran, A., *The Mashrabiya and Its Role in Traditional Middle Eastern Architecture*, *International Journal of Middle Eastern Architecture*, vol. 3, no. 2, pp. 57–68, 2010.
Saidi, A., *Climate-Adaptive Berber Cave Architecture*, *Mediterranean Archaeology and Architectural Studies*.
Tổ ấm nở hoa, *HPA*. Accessed: Sep. 15, 2024. [Online]. Available: https://hpa.vn/en/project/to-am-no-hoa/.
The Trulli of Alberobello, *UNESCO World Heritage Centre*. Accessed: Jan. 14, 2025. [Online]. Available: https://whc.unesco.org/en/list/787/.
Younan, Y. N., Isaa, S. M., Mostafa, H. E., and Shebl, M. A., *Domes Through Time: A Comparative Analysis of Architectural Evolution and Environmental Performance*, *Engineering Research Journal*, vol. 46, no. 1, pp. 1-15, 2023. [Online]. Available: https://erjm.journals.ekb.eg. [Accessed: Jan. 25, 2025].

THE UNIVERSITY OF TEXAS AT AUSTIN, SCHOOL OF ARCHITECTURE (UT AUSTIN), ÉTATS-UNIS
ENSEIGNANTS [TEACHERS] : Nerea Feliz, Clay Odom
ÉTUDIANTS [STUDENTS] : Valentina Claros, Winnie Lin, Libbie Lee Ansell, Karina Thome

Bedouins of Egypt: Traditions and Culture, Sharm Club.
Deloria, E., *The Indian Tipi: Its History, Construction, and Use*, University of South Dakota Press, 1955.
Grinnell, G. B., *The Cheyenne Indians: Their History and Ways of Life*, vol. 1, Yale University Press, 1923.
HaB International Ltd, 2 Section Head Anatomical Model.
Hidden Architecture, Cliff Palace - Mesa Verde.
Kiedrowski, R., Bedouin Woman in Traditional Dress, Sinai, Egypt.
Stetson, Griffin 100X Straw Cowboy Hat.
The Pueblo II Period: A.D. 900 to 1150, Peoples of Mesa Verde.

UNIVERSIDAD NACIONAL AUTÓNOMA DE MÉXICO (UNAM), MEXIQUE
ENSEIGNANTS [TEACHERS] : Daou Ornelas, Daniel Tudela, Rivadenerya Elena
ÉTUDIANTS [STUDENTS] : César Fabricio, Cortés Morado, Paulina Neri Rosario
ENSEIGNANTS [TEACHERS] : Gabriela Carrillo Valadez, Loreta Castro Reguera
ASSISTANTS : Gustavo Iturbe, Martín Gutiérrez, William Brinkman
ÉTUDIANTS [STUDENTS] : Daniel Aguilar Hernández, Juan Pablo Angarita Rivera, Jesús Israel Pérez Navarrete, Andres Quiroz Angeles, Valeria Romero, Dhamar Sánchez, Mariana Velazco

A. Barabas et al., *Patrimonio cultural de Oaxaca: investigaciones recientes*, Instituto Nacional de Antropología e Historia, 2020.

L. F. Guerrero Baca, *Arquitectura en tierra: Hacia la recuperación de una cultura constructiva*, *Apuntes: Revista de estudios sobre patrimonio cultural-Journal of Cultural Heritage Studies*, vol. 20, no. 2, pp. 182-201, 2007.

A. González Pozo et al., *Las chinampas: Patrimonio mundial de la Ciudad de México*, Instituto de Biología, Ciudad de México, 2006.

J. Franco, *La Petatera en México: Una plaza de toros temporal de madera, cuerdas y petates*, *ArchDaily*, Feb. 10, 2014. [Online]. Available: https://www.archdaily.mx/mx/02-334456/la-petatera-en-mexico-una-plaza-de-toros-temporal-de-madera-cuerdas-y-petates. Accessed: Feb. 2025.

C. M. Valdés, *La gente del mezquite*, in *Los nómadas del noreste en la colonia*, México, Centro de Investigaciones y Estudios Superiores en Antropología Social, 1995.

Circular Water Stories, *Chinampas: Agriculture and settlement patterns*, [Online]. Available: https://circularwaterstories.org/analysis/chinampas-agriculture-and-settlement-patterns/.

Exploring Alternatives, *Chinampa*, [Online]. Available: https://exploringalternatives.eu/chinampa/.

M. Mendoza Correa, *Las chinampas del humedal de Xochimilco: Sistemas de biorremediación para la sostenibilidad*, Master's thesis, Universidad Autónoma de México, Ciudad de México, 2019. [Online]. Available: https://posgrado.colef.mx/wp-content/uploads/2019/02/TESIS-Mendoza-Correa-Ximena-Aide.pdf.

Aztec Explorers, *Travelling in time: Exploring the chinampas of Tláhuac, Mexico City*, 2018. [Online]. Available: https://aztecexplorers.com/2018/07/26/travelling-in-time-exploring-the-chinampas-of-tlahuac-mexico-city/.

R. Mi Tierra, *La Artesanía MÁS GRANDE del mundo está en #Colima #México | La Petatera* [Video], YouTube, May 20, 2021. [Online]. Available: https://www.youtube.com/watch?v=BH-mr6zmSD8.

M. Rodríguez and E. Figueroa, *La Petatera, arquitectura popular efímera colimense*, in *Plaza de Toros La Petatera*, M. Elizondo and A. Cabrera, Eds. Colima, Mexico: Universidad de Colima, 2018, pp. 29-49. [Online]. Available: https://issuu.com/fcth/docs/plaza-de-toros-la-petatera_470/31.

L. Zambrano, R. Rojas, and C. Barros (Prologue), *Xochimilco en el siglo XXI*, Instituto de Biología, Ciudad de México, 2015.

M. Yampolsky, *La casa que canta: arquitectura popular mexicana*, Secretaría de Educación Pública, 1982.

II.

II.

LE PRÉSENT

PRESENT

RÉGIONALISME EN TRANSITION

Au XXe siècle, le style et la théorie architecturaux ont oscillé régulièrement entre universalisme et régionalisme avec un basculement majeur de tendance au milieu du siècle. Avant 1950, l'entrée des techniques nouvelles, principalement le béton armé, l'acier, le bitume, le chauffage central et l'air conditionné, donnés par l'usage massif des énergies fossiles introduites au XIXe siècle, ont déterritorialisé la discipline architecturale, en rompant le lien originel du bâtiment avec son contexte géographique et climatique, ayant comme conséquence un nivellement radical les différences d'expression architecturale à travers la planète au profit d'un même « style international ». Après les années 50, la prise de conscience des dangers de la technique moderne à la suite des désastres de la bombe atomique ou des catastrophes écologiques issues de pollutions industrielles, a porté les voix critiques contre le progrès technique et l'universalisme et réactivé les études en architecture pour les savoir-faire préindustriels en termes de constructions en matériaux locaux ou de dispositifs passifs pour avoir plus chaud ou plus froid dans les maisons.

Ce que l'on identifiait encore en termes de « style régional » au XIXe siècle, c'est-à-dire des caractéristiques de formes, de modes de construction, de matières propres à une région, était en réalité déterminé principalement par les particularités locales d'un climat et d'un sol. On construisait en terre crue, en terre cuite ou en pierre là où la végétation était rare ; en bois, en feuillage et en paille là où la végétation était opulente. On élevait des toitures pentues là où il pleuvait beaucoup afin d'évacuer rapidement l'eau de ces toits mal étanchéifiés. On construisait des toitures peu pentues ou plates là où les pluies étaient rares. Dans les régions froides, on confinait les intérieurs, on réduisait la hauteur des pièces pour garder la chaleur sur soi. On compactait la forme pour réduire la surface d'échanges thermiques des façades avec l'extérieur ; on élevait des cheminées ; on se fermait au nord pour se protéger des vents froids ; on réduisait le nombre et la taille des fenêtres qu'on ouvrait vers le soleil uniquement. Tandis que dans les régions chaudes, on s'ouvrait largement vers l'extérieur par des patios, des colonnades, des loggias, des galeries, de larges et hautes ouvertures tout en se protégeant de la chaleur du soleil par de larges toitures, des volets, des persiennes, des stores ou des moucharabiehs. On générait des courants d'air pour rafraîchir la maison en créant des ouvertures de part et d'autre du bâtiment ainsi qu'en toiture avec des tours à vent ou des oculi, par exemple, et on élevait les plafonds pour que la chaleur puisse naturellement monter et s'échapper par les impostes et autres lanternons pour garder les intérieurs un peu plus frais. Toutes ces variétés de climats, de géographies à travers la planète, avec leurs différences matérielles, par exemple selon le type de pierre disponible localement — calcaire blanc, jaune ou gris, ardoises, pierre volcanique ou granitique — ; selon le type de terre (rouge, jaune, brune), ou de végétation (bambou, chêne, sapin), confiaient à chaque région du monde une identité spécifique propre que l'on aura vite fait de qualifier de culturelle.

Que s'est-il passé au XXe siècle ? L'historiographie de la fin de ce siècle a beaucoup fait, avec raison selon son époque, pour expliquer la disparition des styles régionaux en analysant des raisons superstructurelles politiques, financières, culturelles ou mercantiles, à travers notamment les effets du capitalisme ou de l'impérialisme, mais elle a manqué d'une analyse infrastructurelle qui se révèle particulièrement importante aujourd'hui dans le contexte de la crise climatique. D'un point de vue matériel, on peut comprendre la disparition des styles régionaux par l'arrivée de nouveaux matériaux de construction et des nouvelles techniques de chauffage et de rafraîchissement bon marché et performantes grâce à l'usage des énergies fossiles. La première révolution concerne la construction. En effet, la cuisson à haute température donnée par le charbon a permis de faire fondre aisément le calcaire (pour obtenir du ciment et le béton), les minerais de fer (pour produire de l'acier), dont la simplicité et la rapidité de fabrication et de mise en œuvre ont remplacé progressivement à travers le monde entier les matériaux traditionnels (pierre, bois, terre, etc.) et fait disparaître les arts ancestraux de bâtir et les savoir-faire locaux. Le bitume, issu de pétrole, a donné au XXe siècle un matériau réellement étanche qui ne nécessitait plus de faire des toits en pente pour mettre à l'abri de la pluie les immeubles et a popularisé les toits plats dans n'importe quelle région du monde, pluvieuse ou non, en laissant tomber la paille ou des ardoises qui n'avaient jamais très bien rempli leur rôle. Finalement le train, les cargos et les camions, propulsés au charbon puis au pétrole au XXe siècle, ont permis d'acheminer à bon marché et rapidement ces nouveaux matériaux partout dans le monde, alors qu'autrefois on devait se satisfaire des matériaux trouvés sur place ou dans le proche voisinage que l'on chargeait à dos de mulet. Avec l'arrivée du béton, de l'acier et du bitume au début du XXe siècle, l'apparence et les formes des bâtiments se sont mises à se ressembler en n'importe quel point du globe.

La deuxième révolution consiste en l'invention du chauffage central durant la seconde partie du XIXe siècle et de l'air conditionné au XXe siècle. Le chauffage central d'abord, d'une efficacité prodigieuse, avec son unique chaudière au charbon, au gaz ou au fioul, a permis d'alimenter en eau brûlante de multiples radiateurs dans les maisons et de finalement renoncer aux épais murs protecteurs d'autrefois pour permettre de vitrer complètement les maisons dans les régions froides, chose impensable avec un chauffage au bois. Quant à l'air conditionné, il a permis de se passer des moucharabiehs, des patios, des oculi, des tours à vent et de hauts plafonds en produisant artificiellement de l'air froid dans les régions chaudes. Ici encore, cette révolution du confort donnée par les énergies fossiles a fait disparaître largement les spécificités régionales, aboutissant à des gratte-ciels aux formes similaires de Singapore à New York, propageant un universalisme des formes et des matières caractéristiques du XXe siècle.

Les quelques contre-balancement vers le régionalisme durant le XXe siècle ont eu plusieurs causes. D'abord celles véritablement idéalistes et esthétiques portées par des positions réactionnaires, contre-révolutionnaires, traditionalistes et conservatrices face au raz de marée moderne. Ce fut le cas au début du siècle où une grande majorité des architectes s'opposèrent d'abord aux conséquences esthétiques et culturelles des énergies fossiles à l'exemple d'Heinrich Tessenow ou Paul Schmitthenner. Dans les années 80, portés par la méfiance légitime envers le progrès moderne après la bombe atomique, le post-modernisme de Charles Jencks ou le régionalisme critique de Kenneth Frampton firent revenir l'architecture régionale, mais seulement comme signe, comme langage culturel, comme images le plus souvent dénuées de réalité matérielle ou d'usage, masquant derrière de faux frontons et des toitures en pentes, des constructions en réalité faites de béton, de bitume et de chauffage au fioul. On peut également mentionner la contre-culture des années 60 qui, en s'opposant à l'industrialisation du monde et au capitalisme, réhabilita l'architecture traditionnelle ne dépendant pas du système moderne de production. Moins idéaliste, le retour au régionalisme a eu comme autre cause les crises matérielles. Durant la Seconde Guerre mondiale, par exemple, les architectes modernes suisses en pénurie, sans plus d'accès à l'acier et au bitume issus du pétrole, revinrent vers le bois comme matériaux de construction et les toits en pentes pour évacuer la pluie. Au même moment, Le Corbusier proposa en 1942 ses maisons Murondins, « construites sur place, par les usagers mêmes, avec des matériaux non ouvrés trouvés sur place : de la terre, du sable, des bois de forêt, des branches, des fagots, des mottes de gazon… [1]» De la même manière, la crise pétrolière de 1973 provoqua également un retour durant quelques années au régionalisme parce que les architectes, poussés à réduire la consommation d'énergie des chaudières et de l'air conditionné, tout autant que celle nécessaire à produire le béton ou l'acier, ont réactivé par souci d'économie des solutions vernaculaires par l'emploi de matériaux locaux ou pour tirer profit de l'énergie solaire immédiate pour se chauffer à moindre coût en se plongeant dans les études de Victor Olgiay[2] sur l'architecture bioclimatique ou de Bernard Rudofsky[3] sur l'architecture vernaculaire. Ces épisodes de quelques années, où l'on reprit en compte le contexte géographique et climatique immédiat, régressèrent en même temps que rebaissait le prix de l'énergie pour faire revenir rapidement un style international où domine le béton et l'air conditionné.

RÉGIONALISME / UNIVERSALISME

La tendance actuelle est de nouveau à un retour au régionalisme, non pas pour des raisons idéologiques, mais pour des raisons bien matérielles, celle du réchauffement climatique qui oblige les architectes à réduire les émissions de CO_2 responsables de l'effet de serre en diminuant la consommation d'énergie des bâtiments, en même temps qu'ils doivent apporter maintenant des solutions pour résister aux effets de plus en plus sensibles du réchauffement climatique : augmentation des épisodes caniculaires et des températures, pluies diluviennes, inondations, sécheresses, retrait-gonflement des argiles, incendie… Ce régionalisme, à la différence de celui du XXe siècle, est un régionalisme en transition : car ce n'est plus l'identité éternelle d'une région géographique qu'il s'agit de suivre, mais celle d'une migration générale en cours des climats, un glissement progressif climatique de l'équateur vers les pôles dans une planète qui se réchauffe globalement et qui voit le climat de l'Europe du Sud ou du nord de l'Afrique monter progressivement en Europe du Nord, à la vitesse d'un peu plus de 1 mètre par heure. La nouvelle identité régionale de Paris sera celle de Séville ou de Tunis, et c'est à ce nouveau climat qu'il faut s'adapter dès à présent, et non plus à celui d'il y a quelques années qui s'en est allé plus au nord.

La crise climatique actuelle ravive donc de nouveau un mouvement vers le régionalisme, mais un régionalisme en transition, et les solutions

1 LE CORBUSIER, Les Constructions "Murondins", Éditions Étienne Chiron, Paris, Clermont-Ferrand, 1942

2 VICTOR OLGYAY, Design with Climate, Architectural regionalism, Princeton University Press, USA, 1963

3 BERNARD RUDOFSKY, Architecture Without Architects, MoMA, New York, USA, 1964.

vernaculaires d'autrefois, c'est-à-dire moins dépendantes des énergies fossiles et donc réduisant les émissions de CO_2 que ce soit pour se rafraîchir, se chauffer ou pour construire, ne sont plus à trouver dans la région d'origine, mais dans celles toujours plus au sud dont les anciens climats sont aujourd'hui remontés plus au nord. D'une certaine façon, les racines identitaires et culturelles de l'architecture française ont migré également, et c'est vers l'Afrique du Nord ou le sud de l'Europe qu'elles sont aujourd'hui situées, là où le climat était déjà à +4 °C et connaissait la sécheresse en été, mais aussi vers d'autres régions subtropicales qui expérimentaient déjà les épisodes de fortes pluies et d'inondations. C'est là, dans ces autres régions planétaires plus au sud que les architectes exerçant en France aujourd'hui doivent chercher et trouver les modèles de l'architecture d'aujourd'hui.

Le regain d'intérêt contemporain pour le régionalisme s'est déroulé en plusieurs mouvements. Le premier, à partir des premiers rapports du GIEC, entre 1990 et 2020, a concerné principalement la réduction de l'énergie consommée pour se chauffer qui était responsable au départ des ¾ des émissions de CO_2 dans le secteur du bâtiment. Cela est passé en Europe par une meilleure isolation des bâtiments (et des surfaces vitrées avec l'introduction du double ou triple vitrage) qui n'est finalement qu'une réapparition des tapisseries qui ornaient autrefois les intérieurs pour en isoler thermiquement les murs et qu'on avait enlevées au XXe siècle grâce à la puissance des radiateurs. Face à l'ampleur du problème du réchauffement climatique, il a fallu s'attaquer aussi à l'énergie grise, c'est-à-dire l'énergie embarquée, l'empreinte carbone des matériaux de construction qui constitue désormais 50 % des émissions de CO_2 à la suite des efforts faits pour réduire celles issues du chauffage. Ainsi depuis 2020, le béton armé, responsable d'environ 8 % d'émissions globales de CO_2 est devenu le matériau à proscrire au profit de matériaux de construction plus ou moins neutre en carbone comme le bois, la pierre ou la terre crue, transformant radicalement l'apparence de l'architecture contemporaine en rappelant d'anciens savoir-faire comme la stéréotomie et réactualisant d'anciennes images d'architecture préindustrielle. Puis, dernier mouvement, plus récemment encore, pour réduire plus encore les émissions de CO_2 provenant du secteur du bâtiment, il a fallu s'attaquer à la construction elle-même, ne plus démolir ni construire, mais réhabiliter, transformer les bâtiments existants, pour éviter de dépenser de l'énergie dans la construction de nouvelles structures porteuses, et recycler, réutiliser, réemployer des matériaux ou des produits du bâtiment existant (cloisons, portes, lavabos, etc.). Contrairement aux mesures idéalistes de protection du patrimoine des années d'après-guerre, telle la Charte de Venise de 1964, ce sont bien des raisons matérielles qui protègent maintenant les bâtiments existants de la démolition.

Le dernier mouvement que nous proposons d'identifier aujourd'hui est celui de l'adaptation des bâtiments et des villes existants et de la transformation stylistique des nouvelles constructions pour résister à la hausse de température moyenne en France de +4 °C d'ici à 2100. Ce à quoi nous allons assister en tant qu'habitant, et prendre part en tant qu'architecte est à une modification culturelle du paysage urbain qui va se « méditerranéiser », se tropicaliser jusque dans les Hauts-de-France afin de supporter cette chaleur qui vient. Dans ce mouvement, notre intérêt est de se tourner vers le sud, de porter notre regard sur les régions où le climat était déjà plus chaud, et d'apprendre de cette architecture du sud comment faire, comment construire pour résister à la chaleur qui sera celle de la France de demain. Notre intérêt est aujourd'hui de découvrir les techniques, les formes, l'art de bâtir des climats chauds pour comprendre comment contrer cette chaleur, comment construire des maisons fraîches quand il fait si chaud dehors. Notre regard veut se porter à la fois sur les solutions du passé, vernaculaires ou pas d'avant les énergies fossiles, car nous ne pourrons pas dépendre uniquement de l'air conditionné, d'une énergie qui risque de ne plus être si bon marché et abondante comme elle l'a été au XXe siècle, autant que sur l'architecture contemporaine d'une nouvelle génération d'architectes inscrits dans le nouveau régime climatique du XXIe siècle.

[EN] REGIONALISM IN TRANSITION

In the XXth century, architectural style and theory oscillated regularly between universalism and regionalism, with a major shift in trend in the middle of the century. Before 1950, the entry of new techniques, mainly reinforced concrete, steel, bitumen, central heating and air conditioning, given by the massive use of fossil fuels introduced in the XIXe century, deterritorialized the architectural discipline, breaking the building's original link with its geographical and climatic context, resulting in a radical levelling out of differences in architectural expression across the planet in favor of a single 'international style'. After the '50s, awareness of the dangers of modern technology following the disasters of the atomic bomb or ecological catastrophes resulting from industrial pollution, led to critical voices being raised against technical progress and universalism, and reactivated studies in architecture for pre-industrial know-how in terms of building with local materials or passive devices to keep houses warmer or cooler.

What was still identified in terms of 'regional style' in the XIXth century, i.e. characteristics of form, construction methods and materials specific to a region, was determined mainly by the local particularities of climate and soil. Where vegetation was scarce was built in unbaked earth, terracotta or stone; where vegetation was abundant, in wood, foliage and straw. Sloping roofs were built where rainfall was heavy, to quickly drain water from poorly waterproofed roofs. Where rainfall was scarce, flat roofs were built. In cold regions, interiors were confined and room heights reduced to keep the heat in. Shapes were compacted to reduce the surface area of heat exchange between facades and the exterior; chimneys were erected; buildings were closed off to the north to protect against cold winds; and windows were reduced in number and size, opening only to the sun. In warmer regions, on the other hand, they opened wide to the outside, with patios, colonnades, loggias, galleries and wide, high openings, while protecting themselves from the heat of the sun with wide roofs, shutters, blinds or moucharabiehs. Air currents were generated to cool the house by creating openings on both sides of the building and on the roof with wind towers or oculi, for example and ceilings were raised so that heat could naturally rise and escape through transoms and other lanterns to keep interiors a little cooler. This variety of climates and geographies across the planet, with their material differences, for example according to the stone available locally–white, yellow or grey limestone, slate, volcanic or granite stone–; according to the soil (red, yellow, brown), or vegetation (bamboo, oak, fir), gave each region of the world an identity of its own, which we are quick to describe as cultural.

What happened in the XXth century? The historiography of the end of this century has done much, rightly according to its time, to explain the disappearance of regional styles by analyzing superstructural political, financial, cultural or mercantile reasons, notably through the effects of capitalism or imperialism, but it has lacked an infrastructural analysis that proves particularly important today in the context of the climate crisis. From a material point of view, the disappearance of regional styles can be explained by the arrival of new building materials and new heating and cooling techniques cheap and efficient thanks to the use of fossil fuels. The first revolution concerns construction. High-temperature coal firing has made it easy to melt limestone (to produce cement and concrete) and iron ore (to produce steel), whose simplicity and speed of manufacture and implementation have gradually replaced traditional materials (stone, wood, earth, etc.) throughout the world, wiping out ancestral building arts and local know-how. In the XXth century, bitumen, derived from petroleum, provided a truly watertight material that no longer required sloping roofs to protect buildings from the rain, and popularized flat roofs in every region of the world, rainy or not, dropping straw or slates that had never fulfilled their role very well. Eventually, trains, freighters and trucks, powered by coal then oil in the XXth century, made it possible to transport these new materials cheaply and quickly all over the world, whereas in the past we had to make do with materials found on site or in the immediate vicinity, which we loaded on the back of a mule. With the arrival of concrete, steel and bitumen at the beginning of the XX $^{(th)}$ century, the appearance and form of buildings began to resemble each other in every corner of the globe.

The second revolution occurred with the invention of central heating in the second half of the XIXth century and air conditioning in the XXth century. The prodigiously efficient central heating system, with its single coal, gas or oil-fired boiler, made it possible to supply scorching water to multiple radiators in homes, and finally to dispense with the thick protective walls of yesteryear, allowing homes in colder regions to be fully glazed, something unthinkable with wood-fired heating. As for air-conditioning, it made it possible to dispense with moucharabiehs, patios, oculi, wind towers and high ceilings by artificially producing cold air in warmer regions. Here again, the comfort revolution brought about by fossil fuels has largely eliminated regional specificities, resulting in skyscrapers with similar shapes from Singapore to New York, propagating a universalism of forms and materials characteristic of the XXth century.

The few counterbalances towards regionalism during the XXth century had several causes. Firstly, the genuinely idealistic and aesthetic positions taken by reactionary, counter-revolutionary, tradition alist and conservative architects in the face of the modern tidal wave. This was the case at the turn of the century, when the vast majority of architects, such as Heinrich Tessenow and Paul Schmitthenner, were initially opposed to the aesthetic and cultural consequences of fossil fuels. In the '80s, driven by a legitimate mistrust of modern progress after the atomic bomb, Charles Jencks' post-modernism and Kenneth Frampton's critical regionalism brought regional architecture back, but only as a sign, as a cultural language, as images most often devoid of material reality or use, masking behind false pediments and sloping roofs, buildings made of concrete, bitumen and oil heating. We might also mention the counter-culture of the '60s, which, in opposing the industrialization of the world and capitalism, rehabilitated traditional architecture not dependent on the modern production system. Less idealistic, the return to regionalism was also driven by material crises. During the Second World War, for example, modern Swiss architects, with no access to steel and bitumen from oil, returned to wood as a building material and sloped roofs to evacuate rain. At the same time, in 1942, Le Corbusier proposed his Murondins houses, 'built on site, by the users themselves, with unworked materials found on the spot: earth, sand, forest wood, branches, faggots, sods...[1]' In the same way, the 1973 oil crisis also triggered a return to regionalism for a few years, as architects, driven to reduce the energy consumption of boilers and air conditioning, and that required to produce concrete or steel, have reactivated vernacular solutions by using local materials or by taking advantage of immediate solar energy to heat their homes at lower cost, by immersing themselves in the studies of Victor Olgiay[2] on bioclimatic architecture or Bernard Rudofsky[3] on vernacular architecture. These episodes, which lasted a few years and took account of the immediate geographical and climatic context, regressed as the price of energy fell, rapidly bringing back an international style dominated by concrete and air-conditioning.

REGIONALISM / UNIVERSALISM

The current trend is towards a return to regionalism, not for ideological reasons, but for very material ones: global warming, which is forcing architects to reduce the CO_2 emissions responsible for the greenhouse effect by cutting building energy consumption, while at the same time providing solutions to withstand the increasingly significant effects of global warming: increased heat waves and temperatures, torrential rains, floods, droughts, clay shrinkage and swelling, wildfire... This regionalism, unlike that of the XXth century, is a regionalism in transition: for it is no longer the eternal identity of a geographical region that we are following, but that of an ongoing general migration of climates, a gradual climatic shift from the equator to the poles in a planet that is warming globally, and which is seeing the climate of southern Europe or northern Africa gradually rise in northern Europe, at a speed of just over of 1 meter per hour. The new regional identity of Paris will be that of Seville or Tunis, and it is to this new climate that we must now adapt, rather than the one of a few years ago, which has moved further north.

The crisis current climate is therefore reviving once again a movement towards regionalism, but a regionalism in transition, and the vernacular solutions of yesteryear, i.e. less dependent on fossil fuels and therefore reducing CO_2 emissions whether for cooling, heating or building, are no longer to be found in the region of origin, but in those further south whose ancient climates have now moved further north. In a way, the identity and cultural roots of french architecture have also migrated, and it's to North Africa or the south of Europe that they are now, where the climate was already +4 °C and experienced drought in summer, but also to other subtropical regions which were experiencing already episodes of heavy rain and flooding. It is here, in these other, more southerly regions of the planet, that architects practicing in France today must seek and find the models for today's architecture.

The contemporary revival of interest in regionalism has unfolded in several movements. The first, starting with the first IPCC reports between 1990 and 2020, focused mainly on reducing energy consumption for heating, which was initially responsible for ¾

1 LE CORBUSIER, Les Constructions "Murondins", Éditions Étienne Chiron, Paris, Clermont-Ferrand, 1942
2 VICTOR OLGYAY, Design with Climate, Architectural regionalism, Princeton University Press, USA, 1963
3 BERNARD RUDOFSKY, Architecture Without Architects, MoMA, New York, USA, 1964

of CO_2 emissions in the building sector. In Europe, this has been achieved through better insulation of buildings (and glass surfaces, with the introduction of double or triple glazing), which is no more than a reappearance of the tapestries that once adorned interiors to thermally insulate the walls, and which had been removed in the XXe century thanks to the power of radiators. Faced with the enormity of the global warming problem, we also had to tackle grey energy, i.e. the embedded energy, the carbon footprint of building materials, which now accounts for 50% of CO_2 emissions, following efforts to reduce heating emissions. Thus, since 2020, reinforced concrete, responsible for around 8% of global CO_2 emissions, has become the material to proscribe in favor of carbon-neutral building materials such as wood, stone or raw earth, radically transforming the appearance of contemporary architecture by recalling old skills such as stereotomy and updating old images of pre-industrial architecture. Then, more recently, to further reduce CO_2 emissions from the building sector, it was necessary to attack construction itself, no longer demolishing or building, but rehabilitating and transforming buildings, to avoid spending energy on building new load-bearing structures, and to recycle, reuse and reemploy building materials and products (partitions, doors, washbasins, etc.). Contrary to the idealistic heritage protection measures of the post-war years, such as the 1964 Venice Charter, buildings are now protected from demolition for material reasons.

The final movement we propose to identify today is the adaptation of buildings and towns, and the stylistic transformation of new constructions to withstand the +4 °C rise in average temperature in France by 2100. What we'll be witnessing as residents, and taking part in as architects, is a cultural modification of the urban landscape, which will become 'mediterraneized', tropicalized even in the Hauts-de-France region, to withstand this coming heat. In this movement, our interest is to turn south, to look at regions where the climate was already warmer, and to learn from this southern architecture how to build to withstand the heat that will be France's in the future. Our interest today is in discovering the techniques, forms and art of building in hot climates, to understand how to counteract this heat, how to build cool houses when it's so hot outside. We're looking both at the solutions of the past, whether vernacular or pre-fossil fuel—because we can't depend solely on air conditioning, on an energy that may no longer be as cheap and abundant as it was in the XXth century—and at the contemporary architecture of a new generation of architects in tune with the new climatic regime of the XXIst century.

[FR] APC
(Architectural Pioneering Consultants)

LE JEU DE L'AIR
Hôpital de district, Burtinle, Puntland, Somalie

2020–2023

SOMALIE

8.408416
48.483723

Tanzanie / Suisse

SECS-ARIDES ET SEMI-ARIDES

PHOTO:
Lucas Sager

ELEVATION SOUTH 0 1 5 10m

[EN] APC
(Architectural Pioneering Consultants)

AIR PLAY
District hospital
Burtinle, Puntland

2020–2023

SOMALIA

8.408416
48.483723

Tanzania / Switzerland

DRY-ARID AND SEMI-ARID

Photos:
Lucas Sager

[FR] Dans les pratiques spatiales en Afrique de l'Est tropicale, l'air est l'élément à prendre en compte. Les températures constamment chaudes au cours des saisons et de la journée ne nous permettent pas d'utiliser l'inertie de la *Terre* pour nous rafraîchir. Le *feu*, sous la forme du Soleil, est une présence que nous cherchons à éviter. Mais *l'air*, capable de fournir un plaisir et un soulagement thermiques, devient un acteur à part entière, un acteur central de nos projets.

Les deux cas présentés – termitière et bâtiment hospitalier – utilisent le flux d'air pour réguler le confort et la qualité de l'air. Bien que la dynamique thermique fonctionne différemment dans les deux cas, tous deux utilisent des espaces réels pour l'acheminement de l'air. Lorsque nous inversons le jeu de la perception figure-fond du plein et du vide, nous voyons une séquence de volumes réels; des hiérarchies d'espaces primaires et secondaires, mais pas de conduits ou de connecteurs auxiliaires. Les espaces eux-mêmes manifestent le flux, ils deviennent la gaine habitable, interconnectée partout – faisant partie d'un réseau spatial respirant, reliant toujours l'intérieur à son contexte.

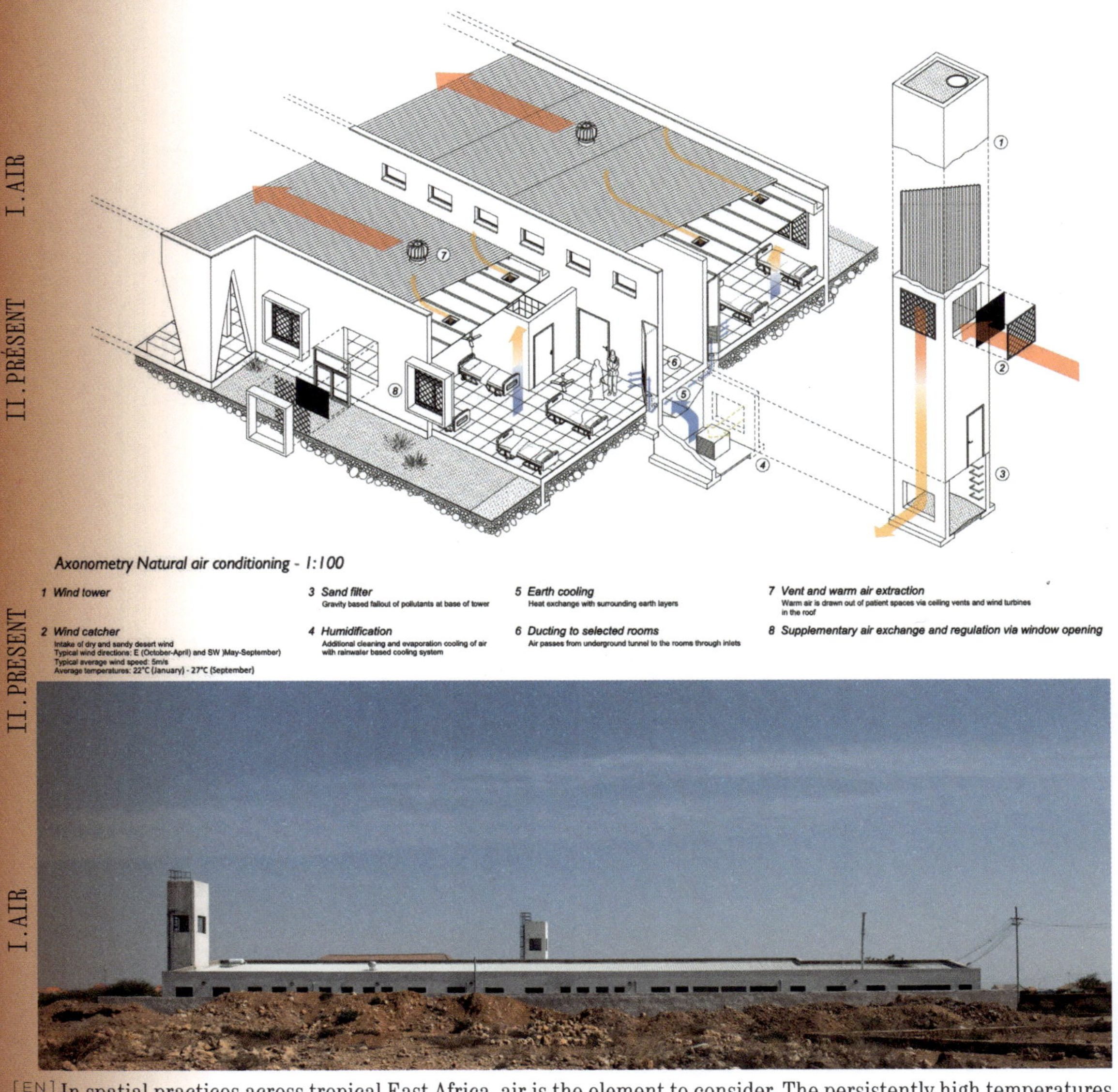

[EN] In spatial practices across tropical East Africa, air is the element to consider. The persistently high temperatures throughout seasons and daytime prevent us from harnessing *Earth's* thermal inertia for cooling. *Fire*, in the form of the sun is a presence we seek to avoid. But *Air*, capable of providing thermal pleasure and relief, imerges as a key actor, an essential informant of our designs. Both cases shown – termite mound and hospital building – use airflow to regulate comfort and air quality. And although the thermal dynamics in the two cases function differently, both use actual spaces for air conveyance. When we invert the figure-ground-play of mass and void, we see a sequence of actual volumes; hierarchies of primary and secondary spaces, but no ducts or auxiliary connectors. The spaces themselves manifest the flow, they become the inhabitable shaft, interconnected throughout – part of a breathing spatial network, always linking the interior with its context.

[FR] ROMAN BAUER ARQUITECTOS

À LIMA, L'AIR EST UNE MASSE ÉPAISSE, HUMIDE ET LUMINEUSE
Barranco

2022

PÉROU

-12.1492
-77.0217 12°

Lima, Pérou

DÉSERT CHAUD ET SEC

Photos :
JAG studio, Juan Solano

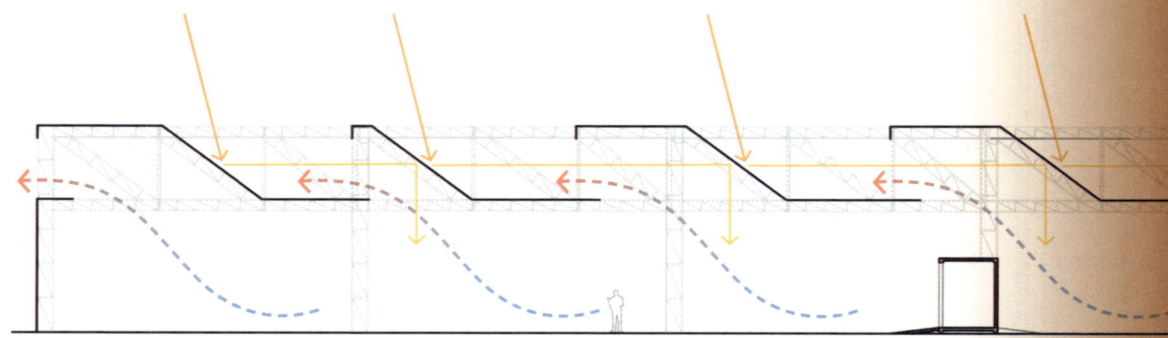

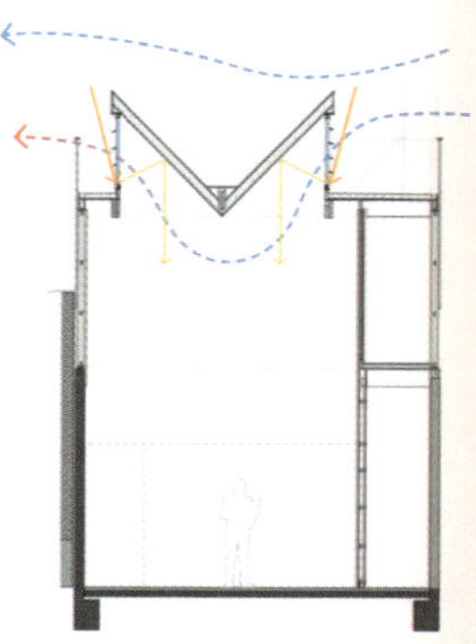

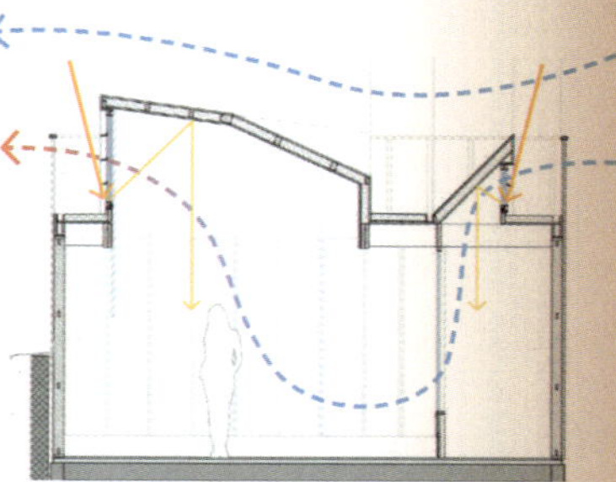

[EN] ROMAN BAUER ARQUITECTOS

AIR IN LIMA IS A THICK, HUMID AND LUMINOUS MASS
Barranco

2022

PERU

-12.1492,
-77.0217 12°

Lima, Peru

HOT AND DRY DESERT

Photos :
JAG studio, Juan Solano

[FR]

Deux conditions définissent l'atmosphère unique de Lima : un ciel blanc et lumineux et une sensation persistante d'humidité – étouffante en été et froide en hiver. L'architecture peut répondre à la première par des puits de lumière et à la seconde par une ventilation abondante en été et une fermeture hermétique en hiver. De la fin du XVIIIe au début du XXe siècle, les toits de Lima comportaient d'intrigants dispositifs qui captaient les vents du sud et fournissaient une lumière diffuse aux pièces situées en dessous. Ces dispositifs étaient appelés *teatinas*. Les projets présentés ici poursuivent cette exploration, s'inspirant de cette masse lumineuse et fluide pour obtenir une spatialité spécifique au site.

[EN]

Two conditions define Lima's unique atmosphere: a bright white sky and a persistent sense of humidity–stifling in summer and chilly in winter. Architecture can address the former with skylights and the latter with ample ventilation for summer and tight sealing for winter. From the late 18th to early 20th century, Lima's rooftops featured intriguing devices that captured southern winds and provided diffuse light to the rooms below. These were called *teatinas*. The projects presented here continue this exploration, drawing from this luminous and fluid mass to achieve a site-specific spatiality.

[FR] BIAS ARCHITECTS & ASSOCIATES

LA SERRE COMME MAISON

2018

Taoyuan

TAÏWAN

24° 59' 29''
121° 18' 52''

Taïwan

SUBTROPICAL HUMIDE

Photos :
Rockburger, Rex Chu

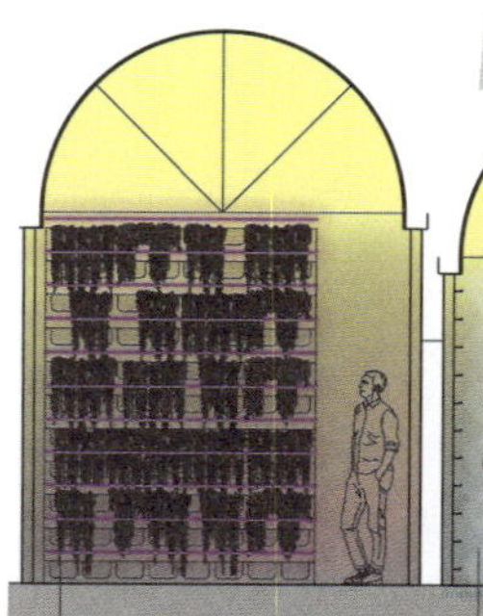

underfloor cooling

Climatic area 2, zone C
24H UV light greenhouse with hydroponics

Hum: 60-85%
Temp.: 21-27 'C
Light: UVA-B

Flora: Nasturtium officinale, Solanum lycopers, etc.

Climatic area 2, zone B
24H white light kitchen lab with cooling floor and fume extractor

Hum: 60%
Temp.: 25 'C
Light: 1,000 lux

Flora: Psidium guajava, Prunus mume, etc.

Climatic area 2, zone A
Dessication greenhouse with desert environment

Hum: 20%
Temp.: 35-50 'C
Light: natural, no shadow

Flora: Selenicereus undatus, Cereus peruviana, etc.

Climatic area 4, zone C
AirCon table space for privacy and individual activities

Hum: 60%
Temp.: 25 'C
Light: natural, more shadow

Flora: Prunus mume, Eriobotrya japonica,, etc.

Climatic area 4, zone B
AirCon table space for gathering and discussion

Hum: 60%
Temp.: 25 'C
Light: natural, shadow

Flora: Diospyros kaki, Hibiscus taiwanensis, etc.

[EN] BIAS ARCHITECTS & ASSOCIATES

GREENHOUSE AS A HOME

2018

Taoyuan

TAIWAN

24° 59' 29"
121° 18' 52"

Taiwan

HUMID SUBTROPICAL

Photos :
Rockburger, Rex Chu

[FR]

La serre comme maison (Greenhouse as a Home) est un projet expérimental lancé par BIAS Architects & Associates en 2018. Ses origines remontent à un pavillon temporaire qui s'est penché sur le système de peuplement urbain rural de Taïwan. Cela a élargi le concept de « l'approche climatique » de l'architecture en incorporant un sujet paysager, visant à favoriser de nouveaux récits de coexistence entre l'homme et la nature. Chez BIAS, nous pensons que cela est essentiel pour cultiver la culture de la durabilité aujourd'hui en vigueur. En utilisant des éléments de serre et des technologies disponibles sur le marché local de la construction, le projet explore enfin la manière dont les espaces de vie quotidienne des humains pourraient être intégrés à des habitats végétaux à travers des variations climatiques artificielles.

II. PRÉSENT I. AIR

I. AIR II. PRESENT

[EN]

Greenhouse as a Home is an experimental project initiated by BIAS Architects & Associates in 2018. Its origins can be traced to a temporary pavilion that elaborated on Taiwan's urban-rural settlement system. This expanded the concept of the 'climatic approach' to architecture by incorporating a landscape subject, aiming to foster new narratives of human-nature coexistence. At BIAS, we believe this is essential for cultivating the culture of sustainability today in demand. Using greenhouse elements and technologies available on the local construction market, the project finally explores how the human daily living spaces could be integrated with plant habitats across artificial climatic variations.

[FR] COLECTIVO C733

LE PAVILLON DE VERSAILLES
Versailles

FRANCE

19.432608
-99.133209

2025

Mexico

CLIMAT OCÉANIQUE, TEMPÉRÉ

Image : Colectivo C733

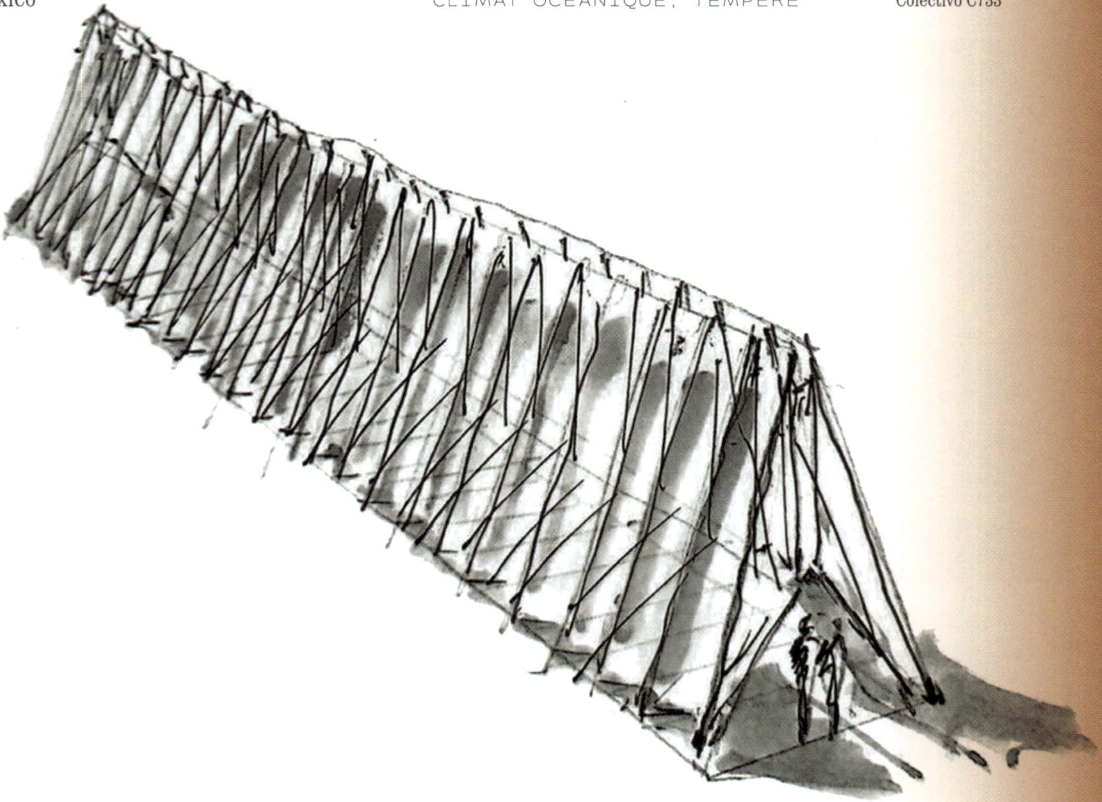

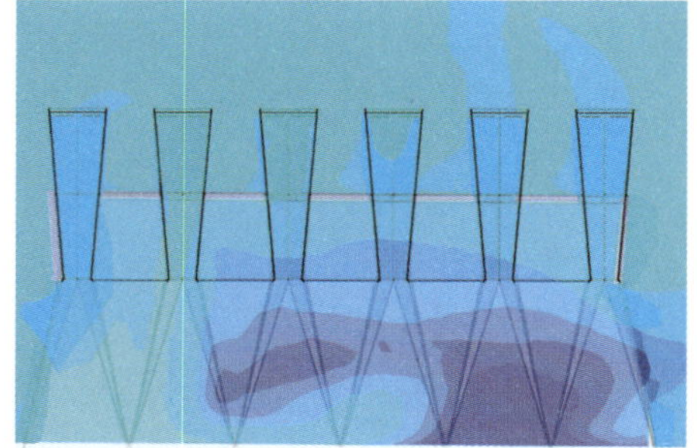

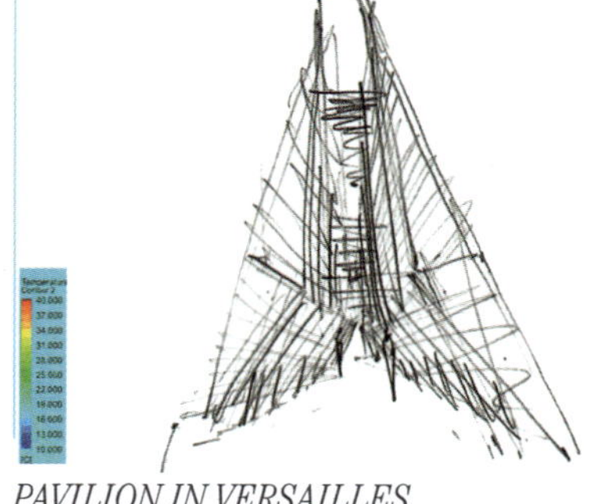

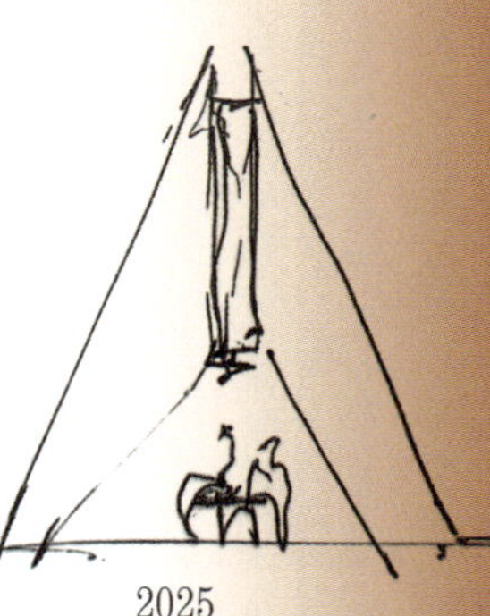

[EN] COLECTIVO C733

PAVILION IN VERSAILLES
Versailles

FRANCE

19.432608
-99.133209

2025

Mexico City

OCEANIC CLIMATE, TEMPERATE

Image : Colectivo C733

[FR]

Le pavillon de Versailles est conçu comme un artefact habitable qui répond directement aux conditions climatiques du site garantissant un espace intérieur confortable et durable.

Sa structure modulaire légère, flexible et répétable, disposée longitudinalement, il permet de manipuler les courants d'air naturels. Le placement stratégique de voiles dans le pavillon filtre la lumière du soleil et facilite la circulation de l'air, tandis que les cheminées, construites en ferrocéramique renforcée, sont précisément placées pour accentuer l'ascension de l'air chaud, créant un effet de ventilation naturelle qui maximise la circulation verticale de l'air, ce qui se traduit par un environnement frais et agréable.

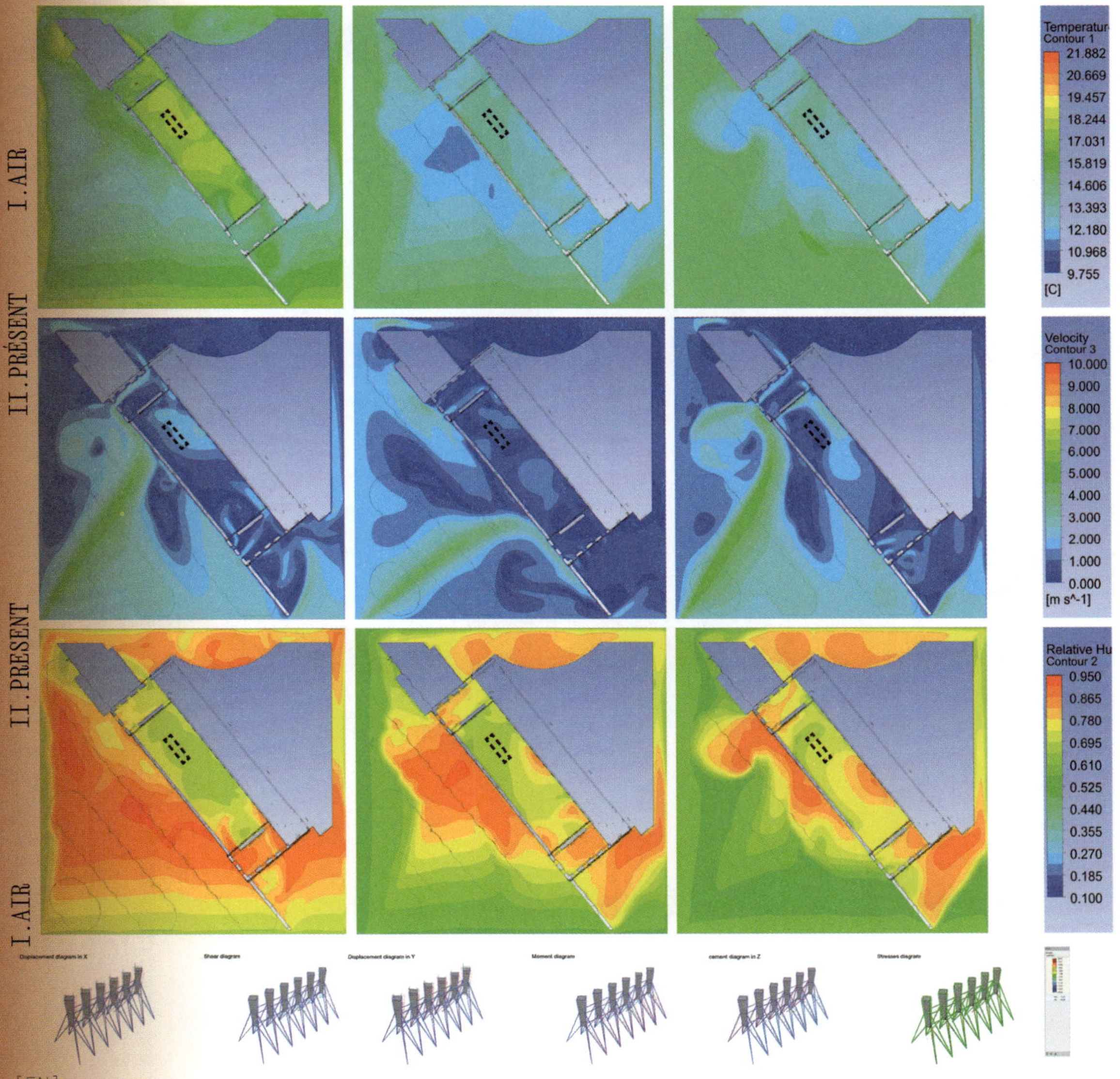

[EN]

The pavilion in Versailles is conceived as a habitable artefact whose design directly responds to the site's climatic conditions ensuring a comfortable and sustainable indoor environment.

Its lightweight, flexible, and modular structure, arranged longitudinally, it enables the controlled movement of natural air currents. The strategic placement of veils in the pavilion filters sunlight and facilitates air circulation, while chimneys, constructed from reinforced ferro-ceramic, are strategically positioned to promote the upward flow of warm air, creating a natural ventilation effect that maximizes vertical air circulation, resulting in a fresh and pleasant environment.

[FR] ESTÚDIO FLUME

CASA DO MEL
Canaã dos Carajás

2018

BRÉSIL

15 775.
-3° 27' 43,99'' S

São Paulo, Brésil

SAVANE TROPICALE

Photos :
Christian Teshirogi

[EN] ESTÚDIO FLUME

CASA DO MEL
Canaã dos Carajás

2018

BRAZIL

15,775.
-3° 27' 43.99" S

São Paulo, Brazil

TROPICAL SAVANNA

Photos :
Christian Teshirogi

[FR]

La maison des apiculteurs, située à 227 km de Marabá, à Canaã dos Carajás, est confrontée aux températures élevées typiques de la région septentrionale du Brésil. Situé dans une zone rurale entourée d'un grand domaine où la forêt a été remplacée par des pâturages, le bâtiment a été positionné de manière à minimiser l'impact sur le sol, permettant ainsi la restauration de la zone. Compte tenu du climat et du terrain, avec des pentes raides et des roches exposées qui augmentent les coûts de construction, nous avons choisi de surélever le plancher sur des pilotis pour minimiser le mouvement du sol. Cette approche améliore la ventilation naturelle, tandis que la double toiture et les zones ombragées assurent un meilleur confort thermique pour le projet.

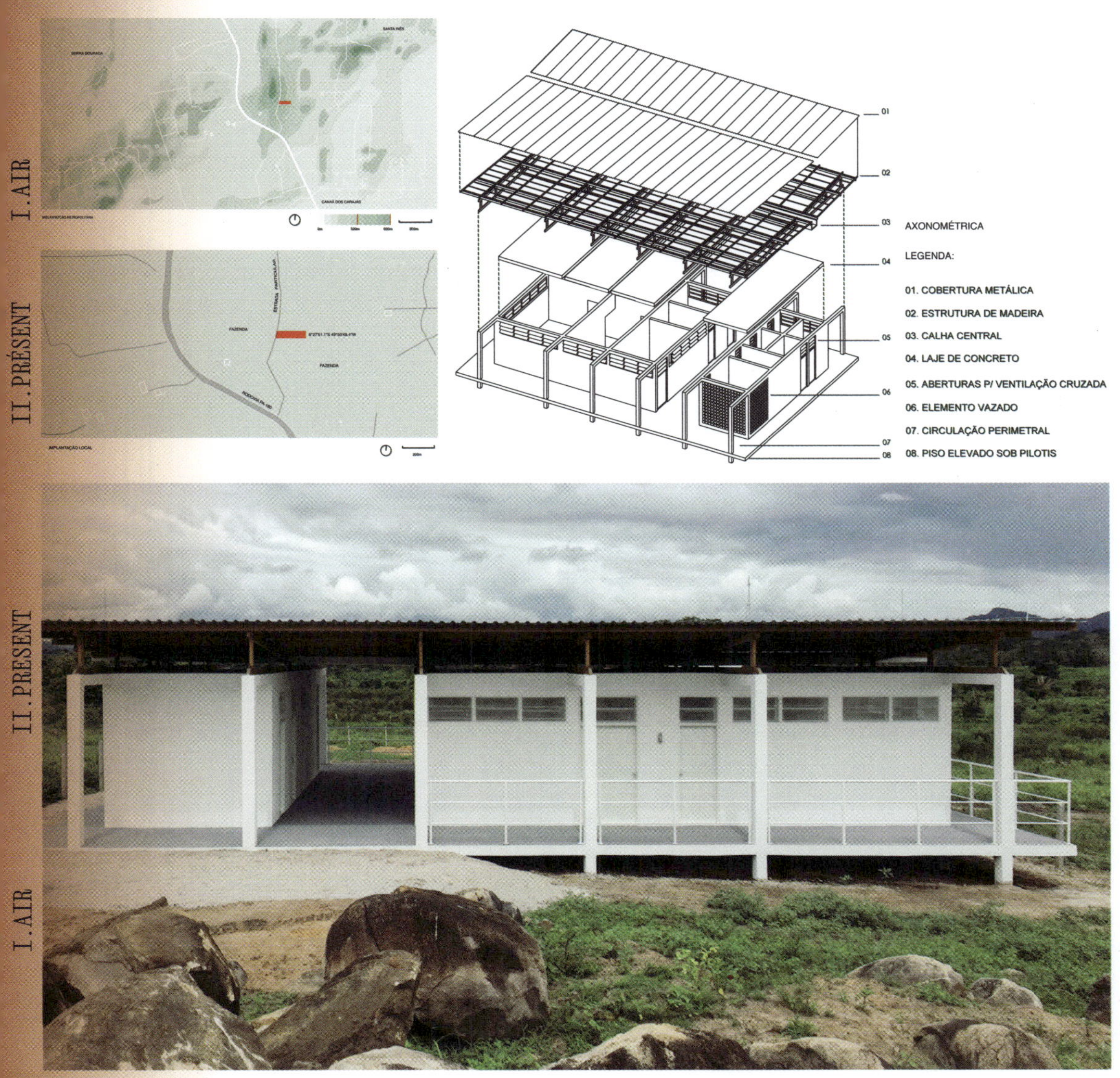

[EN]

The Beekeepers house, located 227 km from Marabá in Canaã dos Carajás, faces the high temperatures typical of Brazil's northern region. Situated in a rural area surrounded by a large estate where forest has been replaced by pasture, the building was positioned to minimize land impact, allowing for area restoration. Considering the climate and terrain, with steep slopes and exposed rocks increasing construction costs, we chose to raise the floor on pilotis to minimize soil movement. This approach enhances natural ventilation, while the dual roofing and shaded areas ensure greater thermal confort for the project.

[FR] HARQUITECTES
David Lorente
Josep Ricart
Xavier Ros
Roger Tudó

HOUSE 1219
Barcelone

ESPAGNE

41° 23' 19.6 N
2° 9' 32.4 E

2013

Sabadell, Espagne

MÉDITERRANÉEN

Photos :
Adrià Goula

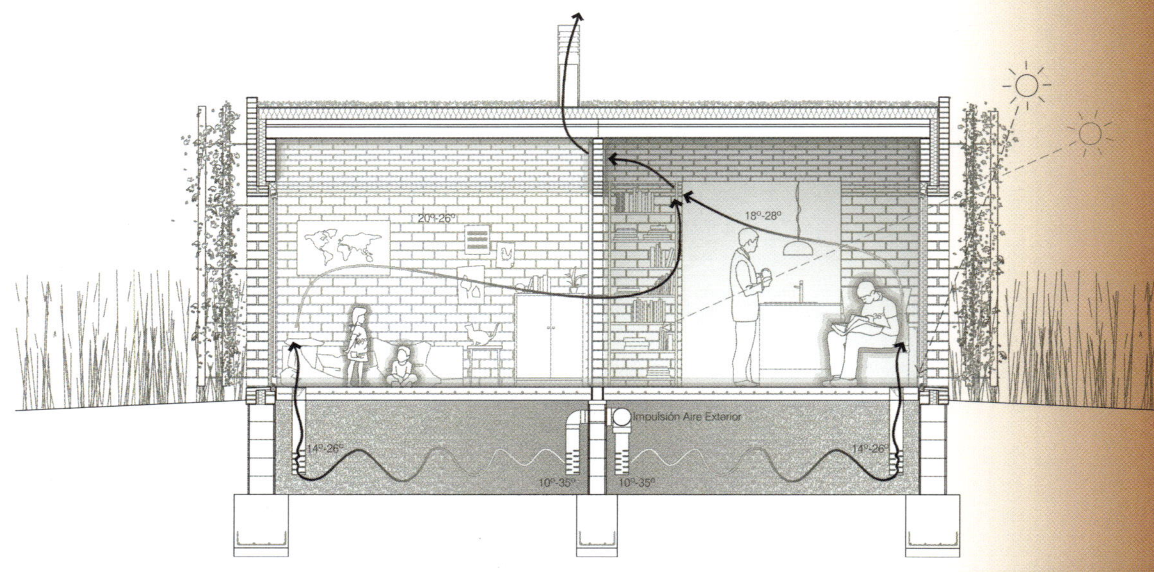

[EN] HARQUITECTES
David Lorente
Josep Ricart
Xavier Ros
Roger Tudó

HOUSE 1219
Barcelona

SPAIN

41° 23' 19.6 N
2° 9' 32.4 E

2013

Sabadell, Spain

MEDITERRANEAN

Photos :
Adrià Goula

[FR]

Le terrain se trouve dans une zone résidentielle de faible densité. Le terrain étant très peu résistant, les stratégies ont été les suivantes : 1) construire une maison à un étage => concevoir une maison de plain-pied pour éviter les charges excessives, 2) Utiliser un système de murs porteurs en briques équidistants pour répartir les forces de manière homogène. L'espace sous la dalle de plancher a été comblé par un épais lit de gravier, créant une masse thermique à forte inertie. Ce dispositif permet de prétraiter l'air neuf de la ventilation – le réchauffant en hiver et le rafraîchissant en été.

La maison est orientée sud-est afin de capter un maximum d'ensoleillement en hiver, tout en facilitant la protection solaire en été. Cette orientation optimise également la ventilation transversale à l'intérieur. La protection solaire est assurée par un écran végétal, avec un jardin vertical jouant le rôle de transition entre l'intérieur et l'extérieur.

I. AIR

II. PRÉSENT

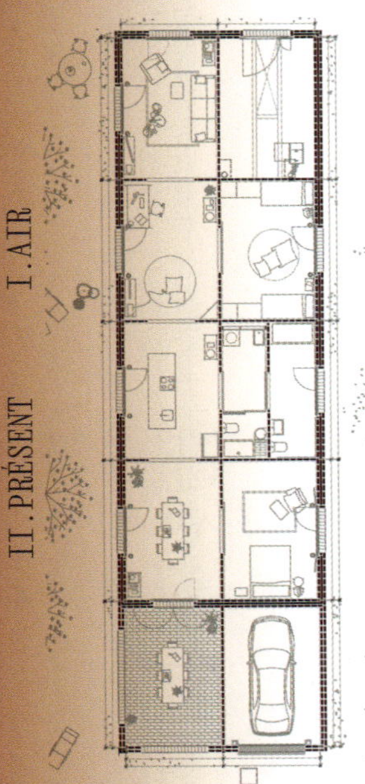

II. PRÉSENT

I. AIR

[EN]

The plot is in a residential area of low density. Having a very low resistance terrain, the strategies were 1) doing a one-floor house to avoid excessive loads, 2) using a system of equidistant brick bearing walls to distribute the forces homogeneously. The freed volume under the floor slab was refilled with a thick bed of gravel creating a thermal accumulator with a lot of inertia that serves to pre-treat the renewal air -heated in winter and cooled in summer-.

The house was oriented South-East searching the best solar caption during the winter, and having the easiest sun protection during the summer. This same orientation allowed the best cross ventilation inside the house. The solar protection was solved with a vegetal protection, a vertical garden, a transition between the interior and the exterior.

[FR] LUO STUDIO

SALLE D'EXPOSITION D'ARTISANAT DE RACINES DE REHMANNIA PRÉPARÉE
Jiaozuo

2021

CHINE

35° 14' 00" N
113° 14' 00" E

Pékin

SEMI-ARIDE

Photo :
Weiqi Jin

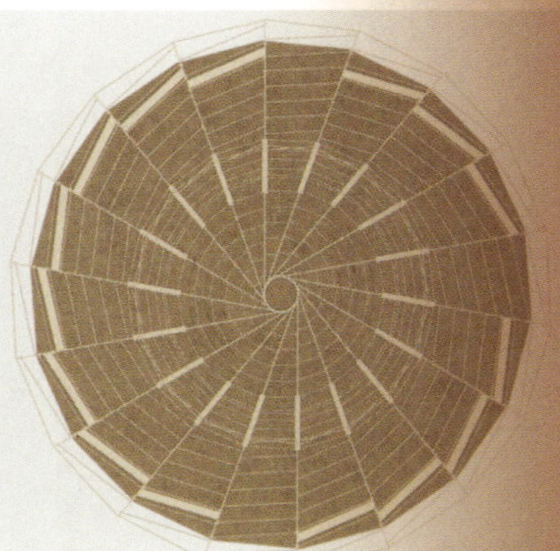

[EN] LUO STUDIO

PREPARED REHMANNIA ROOT CRAFTS EXHIBITION HALL
Jiaozuo

2021

CHINA

35° 14' 00" N,
113° 14' 00" E

Beijing

SEMI-ARID

Photo :
Weiqi Jin

La Salle d'exposition d'artisanat de racines de Rehmannia préparée, situé à Xiuwu, Henan, met en valeur la culture du Rehmannia, une tradition locale favorisée par des conditions climatiques propices. Face aux défis climatiques, notamment les inondations estivales, le projet soutient l'économie locale en promouvant cette plante médicinale à haute valeur ajoutée. Inspiré par la méthode traditionnelle de transformation « neuf cuissons et neuf séchages », le bâtiment circulaire joue avec la lumière et intègre des solutions passives durables : ventilation naturelle via un dôme en spirale et structure en bois ancrée dans la sagesse chinoise, alliant harmonieusement écologie et modernité.

The Prepared Rehmannia Root Crafts Exhibition Hall, located in Xiuwu, Henan, showcases the cultivation of Rehmannia, a local tradition supported by favourable climate conditions. In response to climate challenges, particularly summer floods, the project strengthens the local economy by promoting this high-value medicinal plant. Inspired by the traditional 'nine steaming and nine sun-drying' method, the circular building emphasizes light and integrates sustainable passive solutions: natural ventilation through a spiral dome and wooden structures rooted in traditional Chinese wisdom, merging ecology with modernity.

[FR] MAS

FRAME: UN MODÈLE ARCHITECTURAL SENSIBLE AU CLIMAT
Izmir

2022

TURQUIE

38° 25' N,
27° 08' E

Images :
MAS

Istanbul, Turquie

MÉDITERRANÉEN

[EN] MAS

FRAME: A CLIMATE-RESPONSIVE ARCHITECTURAL MODEL
Izmir

2022

TURKEY

38° 25' N,
27° 08' E

Images :
MAS

Istanbul, Turkey

MEDITERRANEAN

[FR]

Frame introduit une nouvelle méthodologie pour la conception architecturale sensible au climat à travers le développement itératif d'interfaces intérieur/extérieur. Inspiré par les «revak», les portiques à colonnades des cours traditionnelles de la Méditerranée, il est réinterprété pour améliorer la climatisation passive et optimiser la circulation de l'air en réponse au réchauffement climatique. En intégrant les paramètres du vent dans la conception, elle améliore encore les performances des bâtiments et leur adaptabilité environnementale. Cette approche fait actuellement l'objet d'une étude de cas dans le cadre du projet de campus de l'université d'économie d'Izmir, une collaboration entre les cabinets d'architectes MAS et MIMLAB, qui associe des stratégies historiques à un design contemporain afin de proposer une solution architecturale durable pour un climat de plus en plus imprévisible.

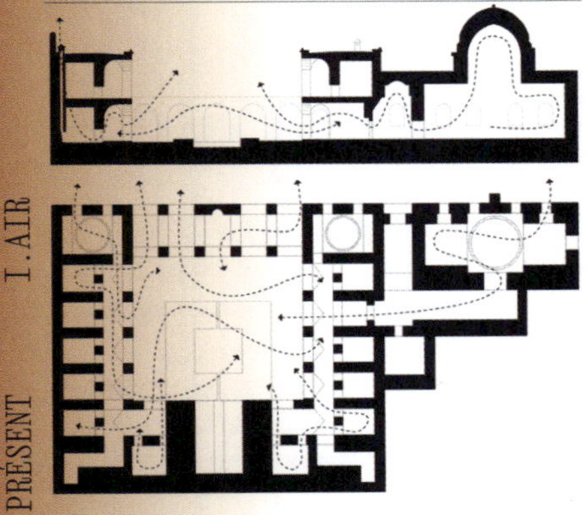

[EN]

Frame introduces a new methodology for climate-responsive architectural design through the iterative development of interior/exterior interfaces. Inspired by 'revak', the colonnaded porticos of traditional medrese courtyards, it is reinterpreted to enhance passive conditioning and optimize airflow benefits in response to global warming. By integrating wind parameters as a design input, it further improves building performance and environmental adaptability. This approach is currently being explored as a case study in the ongoing Izmir University of Economics Campus project, a collaboration between two architectural practices MAS and MIMLAB, merging historical strategies with contemporary design to propose a sustainable architectural solution for an increasingly unpredictable climate.

[FR] MODU

CENTRE À USAGE MIXTE
PROMENADE DE HOUSTON
Houston, Texas

2023

ÉTATS-UNIS

29° 45' 46''N
95° 22' 59'' O

TEMPÉRÉ SUBTROPICAL HUMIDE

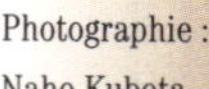
Photographie :
Naho Kubota

Brooklyn, New York

Flat Panel

1/4" Corrugation

7/8" Corrugation

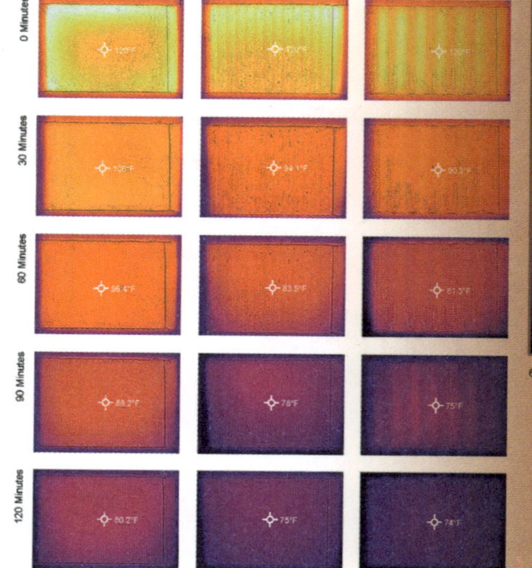

[EN] MODU

HOUSTON'S PROMENADE
MIXED-USE CENTRE
Houston, Texas

2023

USA

29° 45' 46''N
95° 22' 59'' O
HUMID SUBTROPICAL TEMPERATE

Photograph :
Naho Kubota

Brooklyn, New York

[FR]

En 2100, la ville de New York sera confrontée au même climat que Houston aujourd'hui. Que peut apprendre New York pour s'adapter aux migrations climatiques extrêmes? Le centre à usage mixte Promenade de Houston fait face à un climat chaud et humide en reliant les espaces intérieurs à des « seuils verts » extérieurs qui refroidissent l'air de manière passive et améliorent le confort extérieur. Les seuils intègrent des murs en béton autorefroidissant avec des motifs pour dissiper la chaleur solaire et des ailettes d'ombrage – certaines avec des plantes grimpantes – créant des environnements avec de l'ombre et un parfum ambiant frais. À New York, Horizontal City donne un aperçu des microclimats urbains et des interactions sociales quotidiennes le long des 12 000 kilomètres de trottoirs qui relient les espaces intérieurs et extérieurs. Cette « ville éphémère » fournit un cadre pour une conception urbaine résistante à la chaleur.

[EN]

By 2100, New York City will face the climate Houston experiences today. What can New York learn to adapt to extreme climate migration? Houston's Promenade mixed-use centre addresses a hot, humid climate by linking indoor spaces to outdoor 'green thresholds' that passively cool the air and improve outdoor comfort. The thresholds incorporate self-cooling concrete walls with patterned designs to dissipate solar heat and shading fins–some with climbing plants–creating environments with shade and cool ambient fragrance. In New York City, Horizontal City offers insights into urban microclimates and the daily social interactions along 12,000 miles of sidewalks connecting indoor and outdoor spaces. This 'ephemeral city' provides a framework for heat-resistant urban design.

[FR] SALAZARSEQUEROMEDINA

TEATINA PARISIENNE
Paris

48.864716
2.349014

Madrid / Brooklyn

OCÉANIQUE

Images : Salazarsequeromedina

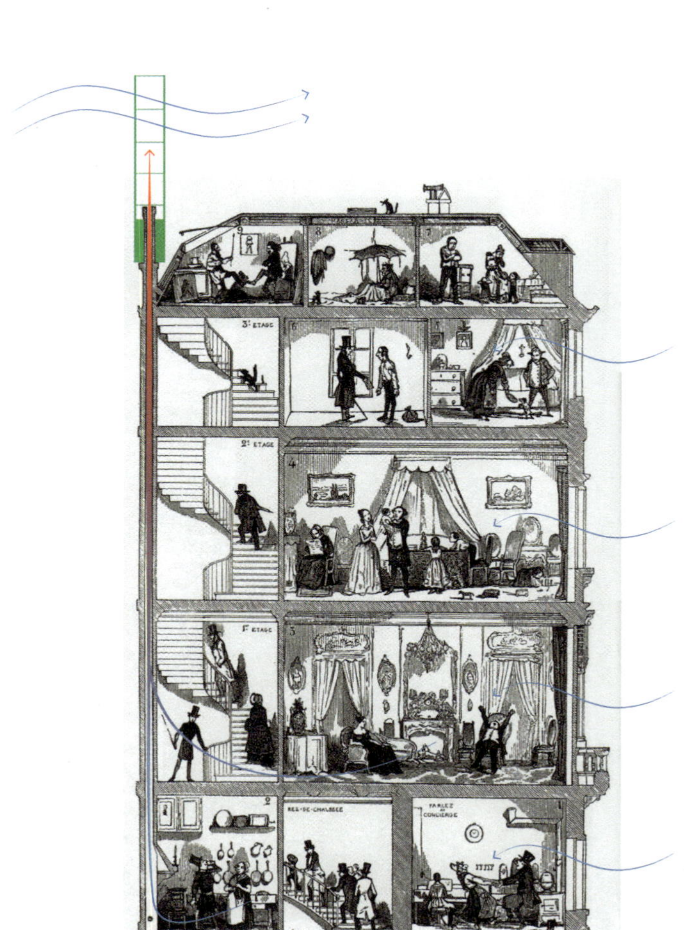

[EN] SALAZARSEQUEROMEDINA

PARISIAN TEATINA
Paris

48.864716
2.349014

Madrid / Brooklyn

OCEANIC

Images : Salazarsequeromedina

[FR]

En observant les murs mitoyens du Paris haussmannien, on découvre des cheminées autrefois indispensables au chauffage hivernal, aujourd'hui obsolètes. Notre cabinet, salazarsequeromedina, avec des projets au Pérou et en Espagne, étudie les typologies vernaculaires qui informent l'architecture. La *teatina* péruvienne, une extrusion verticale de l'époque coloniale qui canalise la lumière et l'air dans des plans introvertis, tire parti de la ventilation par effet de cheminée. En redéployant ce principe à Paris, nous proposons un artefact architectural pour moderniser les murs mitoyens haussmanniens, en améliorant le rayonnement solaire et le flux d'air flottant à travers les cheminées existantes. Ce dispositif greffé revalorise les cheminées en tant que stratégies de refroidissement passif, en réponse aux étés de plus en plus chauds de la ville.

[EN]

Observing the party walls of Haussmann-era Paris, one finds chimneys once vital for winter heating, now obsolete. Our practice, salazarsequeromedina, with projects in Peru and Spain, investigates vernacular typologies informing architecture. The Peruvian *teatina*, a colonial-era vertical extrusion channelling light and air into introverted floor plans, leverages stack effect ventilation. Redeploying this principle to Paris, we propose an architectural artefact to retrofit haussmannian party walls, enhancing solar radiation and buoyant airflow through existing chimneys. This grafted device resignifies chimneys as passive cooling strategies, addressing the city's increasingly hot summers.

[FR] SHAU

LE PALAIS EN FORME DE MAISON LONGUE
Kalimantan

2022

INDONÉSIE

113.3823545
-1.6814878

Pays-Bas / Allemagne / Indonésie

TROPICAL

Images:
SHAU

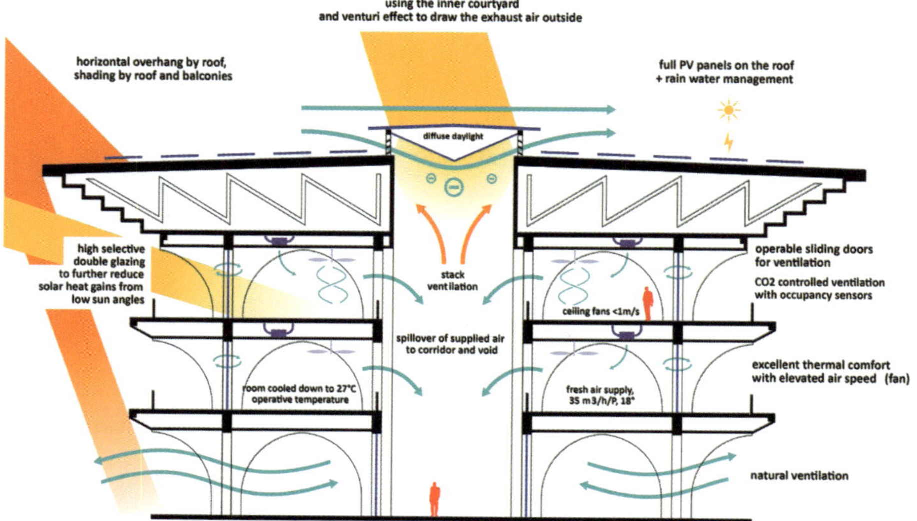

[EN] SHAU

THE LONGHOUSE PALACE
Kalimantan

2022

INDONESIA

113.3823545
-1.6814878.

Netherlands / Germany / Indonesia

TROPICAL

Images:
SHAU

[FR]

Le palais en forme de maison longue sert de bureau, de résidence et d'espace événementiel au vice-président sur un site de 15 hectares dans la nouvelle capitale indonésienne, Nusantara. À l'ère de l'urgence planétaire, un palais doit être un exemple de conception responsable plutôt qu'une simple représentation. Le bâtiment principal, orienté nord-sud, est situé sur la colline. Les autres bâtiments s'étagent en terrasses vers le bas. 90 % du site est reboisé. Les toits épais et les terrasses minimisent les gains de chaleur et récupèrent l'eau de pluie, tandis que les plans fins optimisent la ventilation transversale et la lumière naturelle. Un système de refroidissement hybride gère efficacement le climat humide. Le toit produit > 2000 MWh d'énergie par an, fournissant 100 % d'énergie avec un surplus. La construction a commencé fin 2024.

[EN]

The longhouse palace serves as the Vice President's office, residence, and event space on a 15-hectare site in Indonesia's new capital, Nusantara. In an age of planetary emergency, a palace must exemplify responsible design rather than mere representation. The main building, oriented North-South sits on the hill. Other buildings terraces downward. 90% of the site is reforested. Large thick roofs and terraces minimize heat gain and harvest rainwater, while thin plans optimize cross-ventilation and natural light. A hybrid cooling system efficiently manages the humid climate. The roof generates > 2000 MWh energy/year, providing 100% power with a surplus. Construction started in late 2024.

[FR] TROPICAL SPACE

SYMBIOSIS

VIETNAM

14.0583° N
108.2772° E

Hô-Chi-Minh-Ville, Vietnam

TROPICAL

Photos :
Tropical Space

[EN] TROPICAL SPACE

SYMBIOSIS

VIETNAM

14.0583° N
108.2772° E

Ho Chi Minh City, Vietnam

TROPICAL

Photos :
Tropical Space

[FR]

Les forêts tropicales offrent un écosystème symbiotique où air, plantes et animaux interagissent harmonieusement. En comparaison, les villes, bien que riches en typologies architecturales, manquent de cette symbiose : les bâtiments restent souvent isolés et fermés, sans échanges avec leur environnement. Au Vietnam, l'air joue un rôle central dans l'architecture urbaine. Il structure les espaces, définissant zones larges ou étroites, et régule confort, performances et sensations humaines. L'air est essentiel à la « respiration » des bâtiments, équilibrant occupation et non-occupation pour créer des échanges environnementaux. Il façonne les lieux, reliant l'intérieur à l'extérieur et conférant une identité aux espaces urbains.

[EN]

Tropical forests showcase a symbiotic ecosystem where air, plants, and animals harmoniously interact. In contrast, cities, despite their diverse architectural typologies, often lack this symbiosis; buildings remain isolated, with minimal exchange with their environment. In Vietnam, air plays a vital role in urban architecture. It shapes spaces, defining wide or narrow zones, and governs comfort, performance, and human sensations. Air is essential to the 'breathing' of buildings, balancing occupancy and non-occupancy to enable environmental exchanges. It connects interiors to exteriors, creating identity and making spaces alive through its dynamic presence.

[FR] MAX VON WERZ ARQUITECTOS
with Gabrielle Mouchard
and Matthieu Baumgarten

Mexico

NE PAS NÉGLIGER L'ÉVIDENCE : LES LEÇONS DE L'ARCHITECTURE CARIBÉENNE
Oaxaca

MEXIQUE

17° 03' 18'' N,
96° 39' 14''W

HAUTES TERRES SUBTROPICALES

2023

Dessin :
Matthieu Baumgarten
Photos :
IUA, Arturo Arrieta

[EN] MAX VON WERZ ARQUITECTOS
with Gabrielle Mouchard
and Matthieu Baumgarten

Mexico City

DON'T OVERLOOK THE OBVIOUS: LESSONS FROM CARIBBEAN ARCHITECTURE
Oaxaca

MEXICO

17° 03' 18'' N
96° 39' 14''W
SUBTROPICAL HIGHLAND

2023

Drawing :
Matthieu Baumgarten
Photos :
IUA, Arturo Arrieta

[FR]

Notre cabinet basé au Mexique explore le lien entre le climat et l'architecture des Caraïbes. Les bâtiments historiques de la région offrent un aperçu de la résilience climatique, en s'adaptant aux vagues de déferlement, aux inondations et aux cyclones tropicaux violents à l'aide d'éléments tels que les jalousies, les volets anti-tempête et les piliers. Malheureusement, les constructions contemporaines des Caraïbes ignorent souvent ces solutions passives efficaces. Malgré la richesse du patrimoine architectural, peu d'ouvrages le documentent. *L'Habitat Populaire aux Antilles* de Jack Berthelot et Martine Gaume, qui présente des habitations vernaculaires simples, représente une référence essentielle. Nous avons recréé certains exemples et imaginé un prototype de logement pour les régions côtières du Nord Global, en intégrant la récupération de l'eau de pluie et les leçons du passé.

II. PRÉSENT
I. AIR

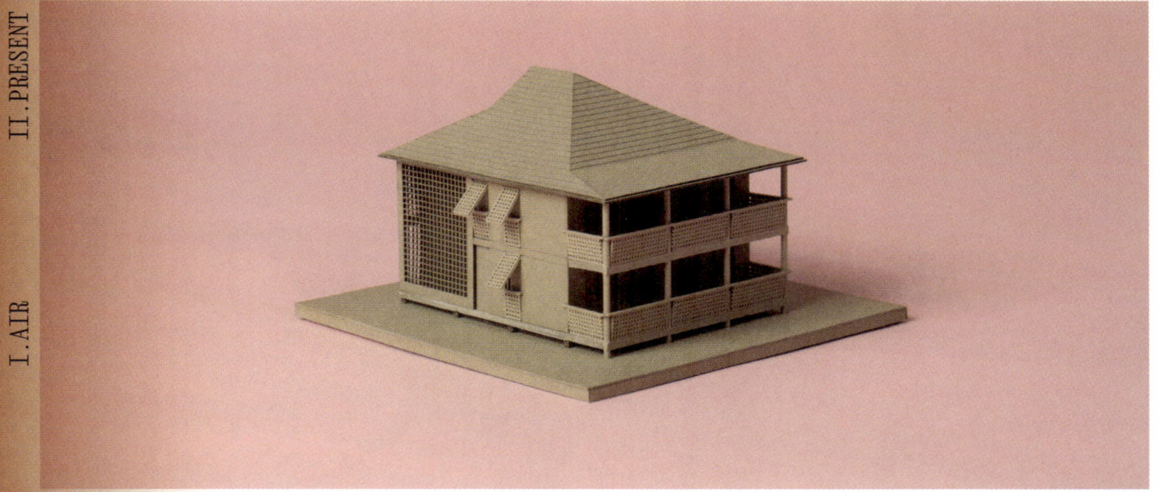

[EN]

Our Mexico-based practice is exploring the link between Caribbean climate and architecture. Historical buildings of the region reveal insights into climate resilience, adapting to surge waves, floods, and severe tropical cyclones with features like jalousies, storm shutters, and piers. Unfortunately, contemporary Caribbean designs often ignore these effective passive solutions. Despite the rich architectural heritage, few books document it. A key reference is *L'Habitat Populaire aux Antilles* by Jack Berthelot and Martine Gaume, showcasing simple vernacular dwellings. We've recreated some examples and envisioned a housing prototype for coastal regions for the Global North, incorporating rainwater harvesting and lessons from the past.

[FR] ALSAR ATELIER

DISPOSITIF HYDRO-UTOPIQUE POUR LES ENVIRONNEMENTS AUTO-CONSTRUITS À HAUTE ALTITUDE

HAUTE ALTITUDE, SUD GLOBAL

4.577316,
-74.298973
SUPRA-MÉDITERRANÉEN

Boston, USA / Bogotá, Colombia

Images : Alsar Atelier

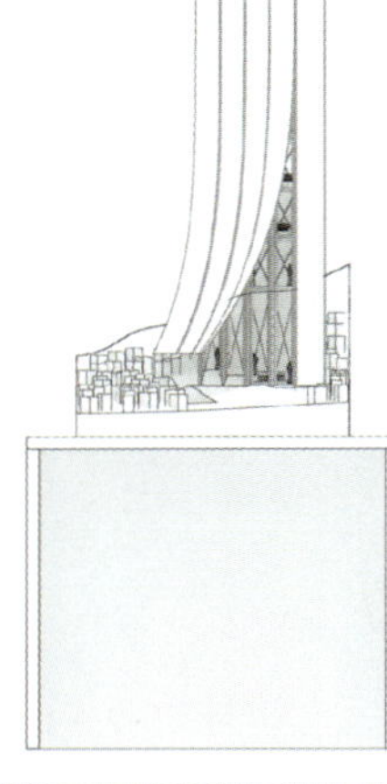
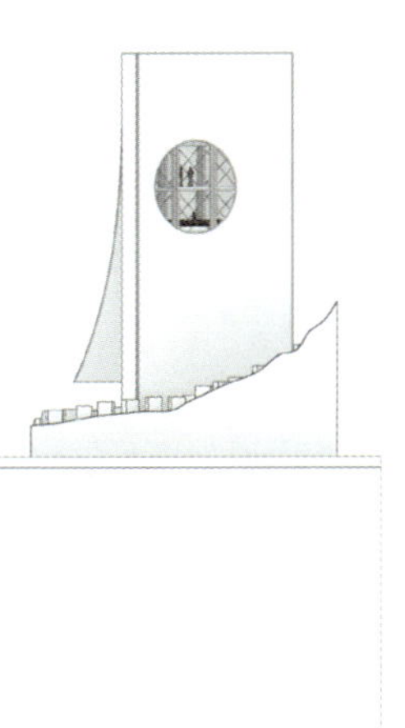
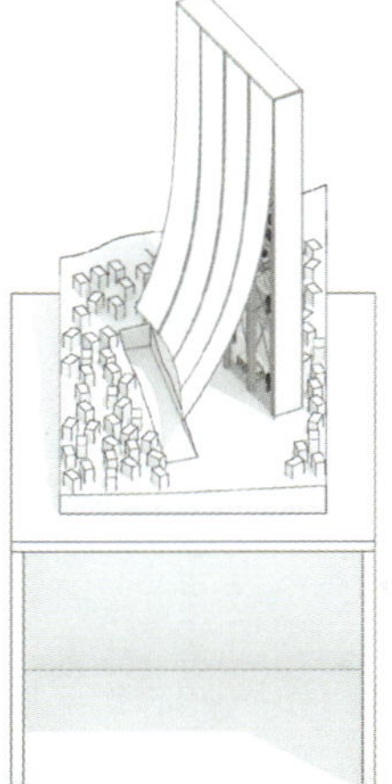
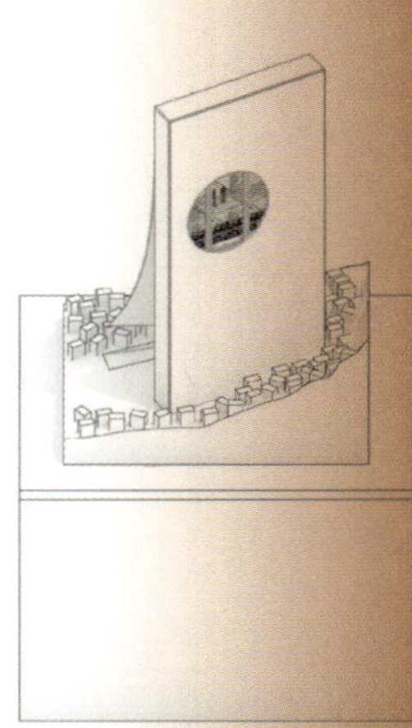

[EN] ALSAR ATELIER

HYDRO-UTOPIAN DEVICE FOR THE SELF-BUILT ENVIRONMENTS AT HIGH ALTITUDES

HIGH ALTITUDE, GLOBAL SOUTH

4.577316,
-74.298973
WARM-SUMMER MEDITERRANEAN

Boston, USA / Bogotá, Colombia

Images : Alsar Atelier

[FR]

Notre proposition se définit comme une spéculation utopique sur la manière d'habiter l'atmosphère en tant que solution collective pour les quartiers informels (auto-construits) situés à haute altitude dans le sud du monde. Plus qu'une proposition architecturale, notre conception est une provocation futuriste sur la façon dont la récolte du brouillard pourrait être industrialisée dans un axe vertical pour soutenir la sécurité alimentaire dans les environnements informels par le biais de l'agriculture urbaine. La proposition est une référence directe au théorème « 1909 » présent dans Delirious New York de Rem Koolhaas en tant que méthodologie d'habitation utopique, écologique et verticale.

[EN]

Our proposal is defined as a utopian speculation on how to inhabit the atmosphere as a collective solution for informal (self-built) neighborhoods located at high altitudes in the global south. More than an architectural proposal our design is a futuristic provocation on how fog harvesting could be industrialized in a vertical axis to support food security in informal environments through urban agriculture. The proposal is a direct reference to the "1909" theorem present in Rem Koolhaas's Delirious New York as a methodology of utopian, ecological, and vertical inhabitation.

[FR] BAJET GIRAMÉ

CÀNTIR / ALFACS
Alcanar, Tarragone

ESPAGNE

40.544838,
0.4811905

TEMPÉRÉ MÉDITERRANÉEN

2017–2023

Photographe :
Joan Guillamat

Crédits Alfacs:
Pau Bajet (Bajet Giramé)
Maria Giramé (Bajet Giramé)
Manuel Julià (JAAS)

Barcelone, Espagne

[EN] BAJET GIRAMÉ

CÀNTIR / ALFACS
Alcanar, Tarragona

SPAIN

40.544838,
0.4811905

TEMPERATE MEDITERRANEAN

2017–2023

Photograph : Joan Guillamat

Credits Alfacs:
Pau Bajet (Bajet Giramé)
Maria Giramé (Bajet Giramé)
Manuel Julià (JAAS)

Barcelona, Spain

[FR]

Càntir

Le camping des Alfacs est conçu comme un habitat volontairement ambigu, brouillant les frontières entre intérieur et extérieur— diversifié, communautaire et ouvert, mais aussi intime et ombragé. Un paysage aux topographies variées, ponctué de porches et de jardins, renforce, des porches et des jardins renforcent le sentiment de loisir et de plaisir. Le projet exploite la thermodynamique vernaculaire pour assurer un confort thermique passif, en s'inspirant de l'effet traditionnel du *càntir* : tout comme ce récipient méditerranéen refroidit l'eau par évaporation, la construction en pisé et les architectures perméables à l'air régulent la température intérieure. À l'ombre des pins et des caroubiers, les espaces ouverts et les seuils ventilés servent de filtres thermiques, maximisant l'humidité et atténuant les chaleurs extrêmes.

II. EAU

II. PRÉSENT

BLANCO Y NEGRO

REVISTA ILUSTRADA

ANO 16 — SÁBADO 18 DE AGOSTO DE 1906 — NUM. 798

LA SED ESTIVAL, O CÓMO SE BEBE EN MADRID

El termómetro marca implacable un día y otro su elevada cifra. El bochorno congestiona la atmósfera. El cielo, de un azul compacto, duro, proclama que de él no ha caído ni caerá jamás una gota de agua sobre la tierra, como un rostro hermoso, pero de facciones enérgicas, hoscas, que desconoce el llanto.

Madrid tiene la sed del febricitante.

En el centro de la plazuela hay una fuente, y el agua, en chorro perezoso, como adormilado, cae por el caño curvo que arranca de la boca de un león. La cabeza, en relieve, de esta hermosa fiera adorna la arqueta de hierro de la fuente, humilde arqueta que parece la caja de un reloj de pared ó el menudo féretro de un párvulo. Detrás de ella un farol duerme de día al arrullo del golpeteo del agua.

Todos los que cruzan por la plazuela hacen su parada en la fuente, límpianse el sudor que empaña

II. PRESENT

II. WATER

[EN]

Càntir

The Alfacs campsite is conceived as a deliberately ambiguous habitat, blurring the boundaries between indoors and outdoors – diverse, communal, and open-air, yet also intimate and shaded. A landscape of varied topography, porches, and gardens enhances the sense of leisure and delight. The project harnesses vernacular thermodynamics to achieve passive thermal comfort, inspired by the traditional *càntir* effect: just as this Mediterranean water vessel cools water through evaporation, the rammed earth construction and breathable architectures regulate indoor temperature. Beneath the shade of pine and carob trees, open spaces and ventilated thresholds function as thermal filters, maximizing humidity and mitigating extreme heat.

[FR] FLEURY ATALLAH ARCHITECTES

Toulon, France

DOMAINE DE JRADOU, TUNISIE
Jradou

TUNISIE

36.2776657
10.3301431

TEMPÉRÉ MÉDITERRANÉEN

2025

Images :
Fleury Atallah

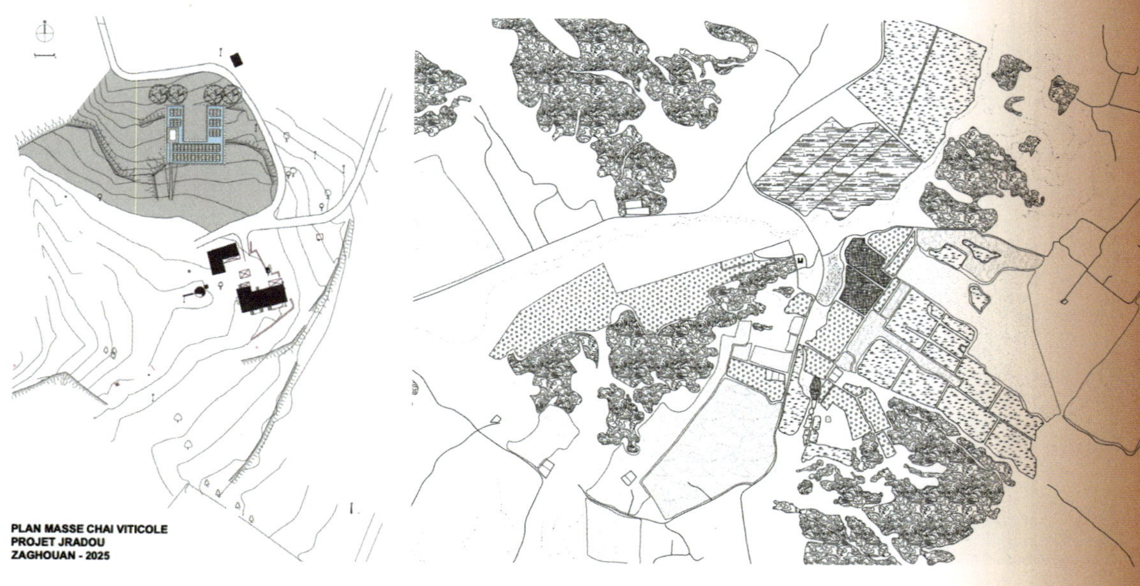

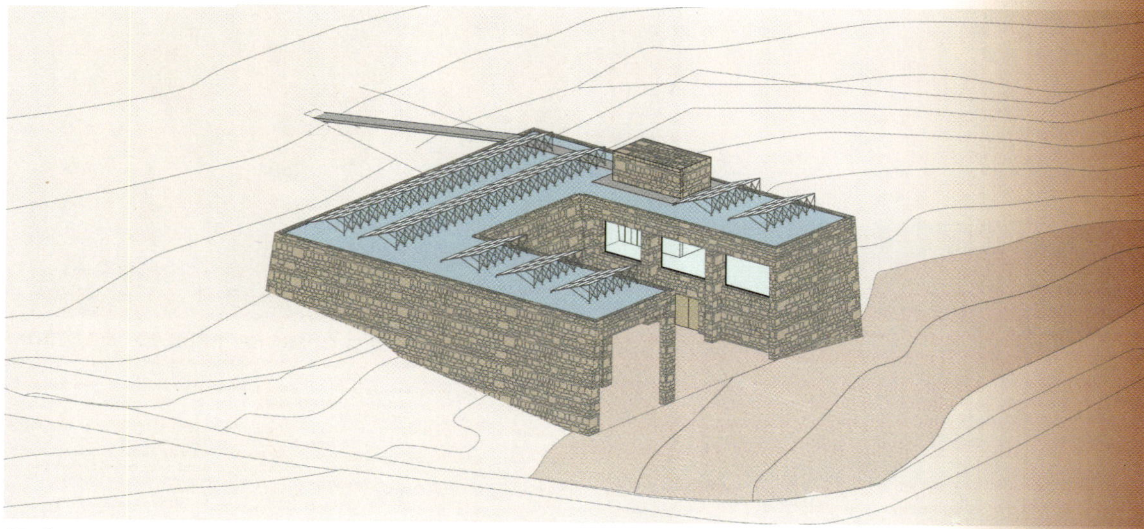

[EN] FLEURY ATALLAH ARCHITECTES

Toulon, France

JRADOU ESTATE, TUNISIA
Jradou

TUNISIA

36.2776657,
10.3301431.

TEMPERATE MEDITERRANEAN

2025

Photograph :
Fleury Atallah

[FR]

Face à une sécheresse accrue et un été prolongé, nos projets intègrent des solutions climatiques essentielles : sensibilisation à la consommation d'énergie, climatisation raisonnée, récupération des eaux, panneaux solaires et matériaux locaux comme pierre, pisé et BTC. Le domaine de Jradou en Tunisie, sur 50 hectares, est un terrain d'expérimentation. Nous y réintroduisons la vigne et optimisons l'eau avec des techniques ancestrales adaptées. Un chai semi-enterré exploite l'inertie thermique et récupère l'eau de pluie. La reforestation de 25 hectares lutte contre l'érosion et favorise l'humidité, intégrant architecture et climat en parfaite synergie.

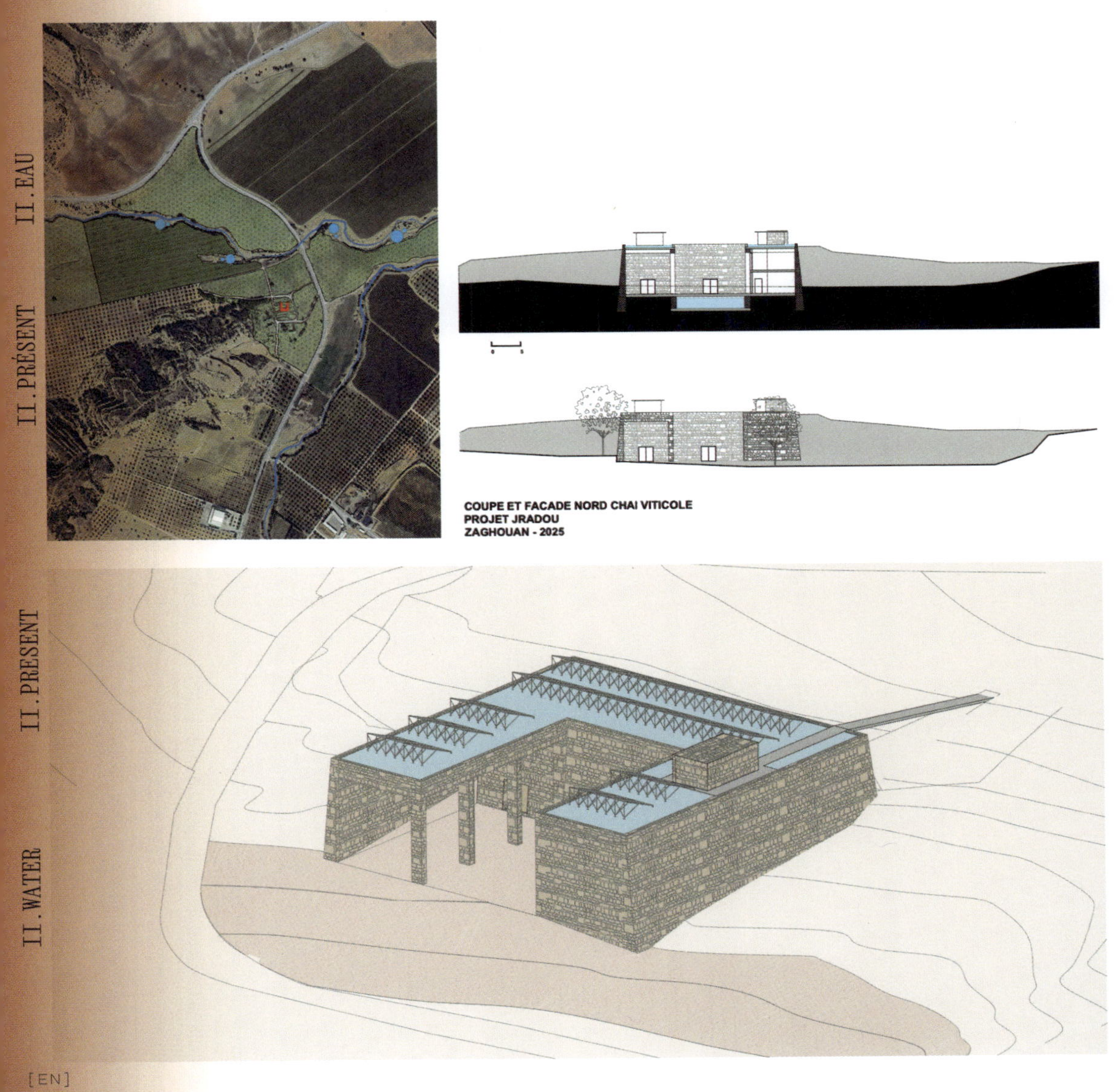

[EN]

In response to prolonged summers and increasing drought, our projects integrate key climate strategies: energy-conscious design, controlled air conditioning, rainwater harvesting, solar panels, and local materials like stone, rammed earth, and compressed earth bricks. The 50-hectare Jradou estate in Tunisia serves as an experimental site, reintroducing vineyards and optimizing water management through adapted ancestral techniques. A semi-buried winery leverage thermal inertia and rainwater collection. Reforesting 25 hectares with resilient trees combats soil erosion and enhances humidity, creating a synergy between architecture and climate adaptation.

[FR] ESTÚDIO GUSTAVO UTRABO

FLUSH
São Paulo

2025

BRÉSIL

113.3823545,
-1.6814878.

São Paulo, Brésil

SUBTROPICAL HUMIDE

Image :
Estúdio Gustavo Utrabo

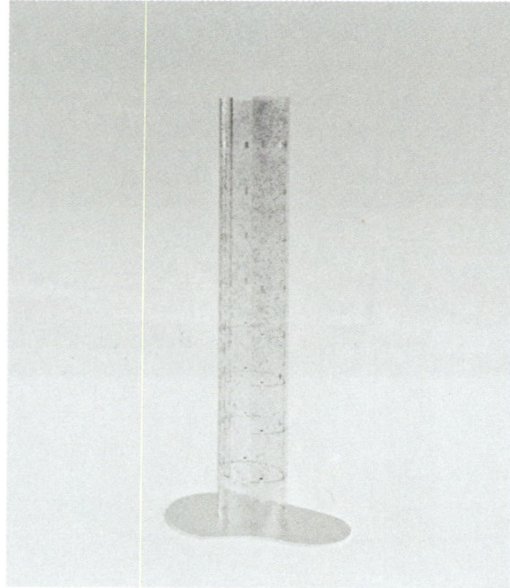

[EN] ESTÚDIO GUSTAVO UTRABO

FLUSH
São Paulo

2025

BRÉSIL

113.3823545,
-1.6814878.

São Paulo, Brasil

HUMIDE SUBTROPICAL

Image :
Estúdio Gustavo Utrabo

[FR]

L'installation propose un dialogue poétique entre le paysage, l'eau, le mouvement, le corps et l'espace. Évoquant la fluidité de l'eau, elle joue avec la transparence et la densité, créant un paysage dynamique qui transforme l'environnement par l'ombre et la lumière. Les pièces, dont la perméabilité varie, reflètent la matière en suspension. Au fur et à mesure que le corps interagit avec l'œuvre, de subtiles transformations visuelles apparaissent, où les reflets et la transparence créent un mouvement constant, offrant une interprétation sensible du paysage et de ses changements. La nature ouverte de l'œuvre repose sur la perception du spectateur tout en affirmant sa présence et son autonomie dans l'espace.

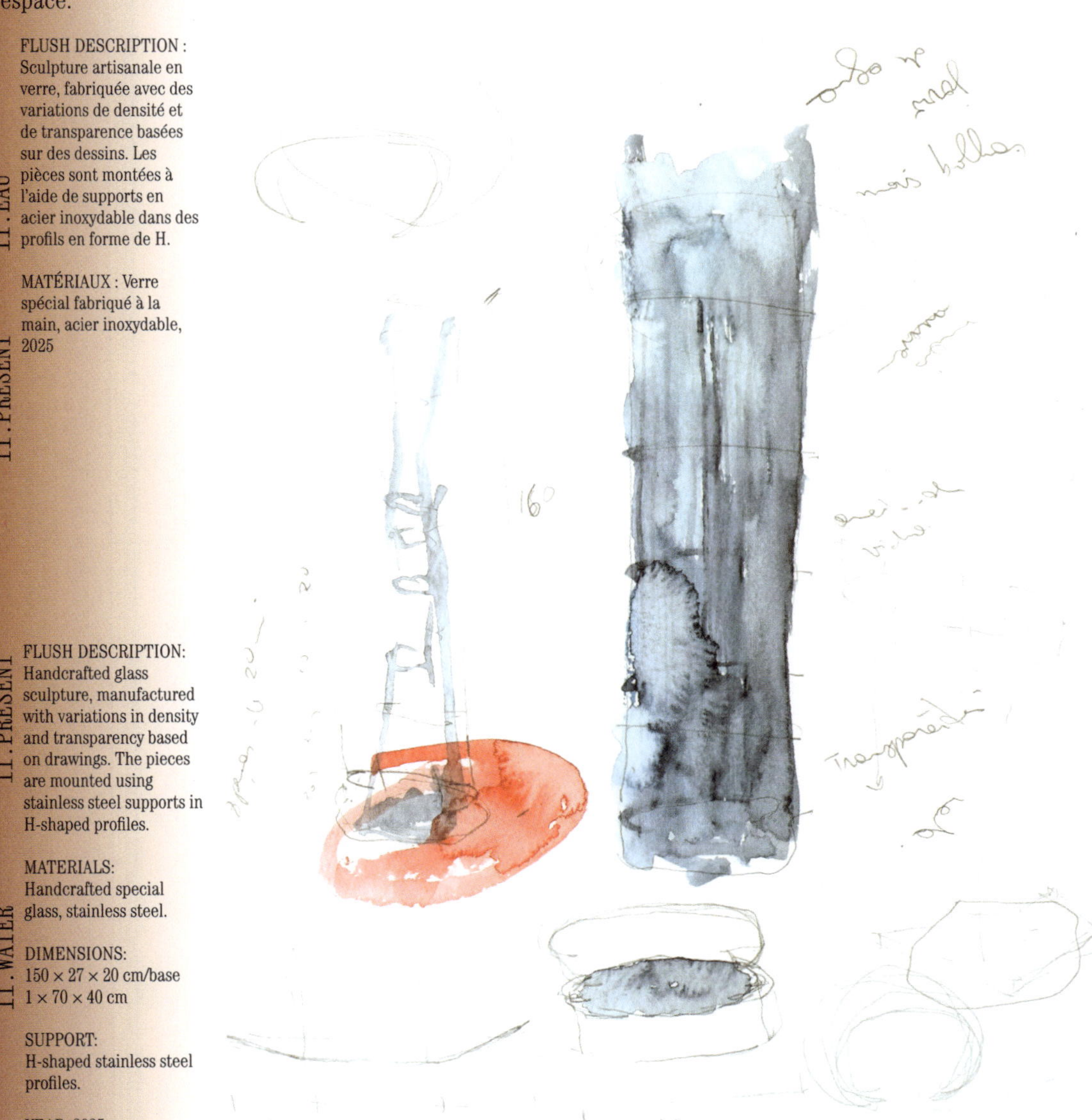

II . EAU

II . PRÉSENT

FLUSH DESCRIPTION : Sculpture artisanale en verre, fabriquée avec des variations de densité et de transparence basées sur des dessins. Les pièces sont montées à l'aide de supports en acier inoxydable dans des profils en forme de H.

MATÉRIAUX : Verre spécial fabriqué à la main, acier inoxydable, 2025

II . PRESENT

II . WATER

FLUSH DESCRIPTION: Handcrafted glass sculpture, manufactured with variations in density and transparency based on drawings. The pieces are mounted using stainless steel supports in H-shaped profiles.

MATERIALS: Handcrafted special glass, stainless steel.

DIMENSIONS: 150 × 27 × 20 cm/base 1 × 70 × 40 cm

SUPPORT: H-shaped stainless steel profiles.

YEAR: 2025

[EN]

The installation proposes a poetic dialogue between landscape, water, movement, body and space. Evoking the fluidity of water, it plays with transparency and density, creating a dynamic landscape that transforms the environment through light and shadow. The pieces, with varying permeability, reflect matter in suspension. As the body interacts with the work, subtle visual transformations emerge, where reflections and transparency create constant motion, offering a sensitive interpretation of the landscape and its shifts. Its open-ended nature relies on the viewer's perception while simultaneously asserting its presence and autonomy within the space.

[FR] HUSOS ARQUITECTURAS

Madrid, Espagne

ED.GAR. FACADE ALIMENTÉE PAR LES EAUX GRISES / FAÇADE DE JARDIN COMESTIBLE POUR LA RÉGULATION DU CLIMAT ALIMENTÉE PAR LES EAUX GRISES DE LA DOUCHE
Madrid

ESPAGNE
40.416775, -3.703790
SEMI-ARIDE FROID

2018

Photographe : José Hevia

Un projet développé pour BAP ! 2025 par Husos (Diego Barajas, Camilo García et Allyson Vila avec Carlos Meza)

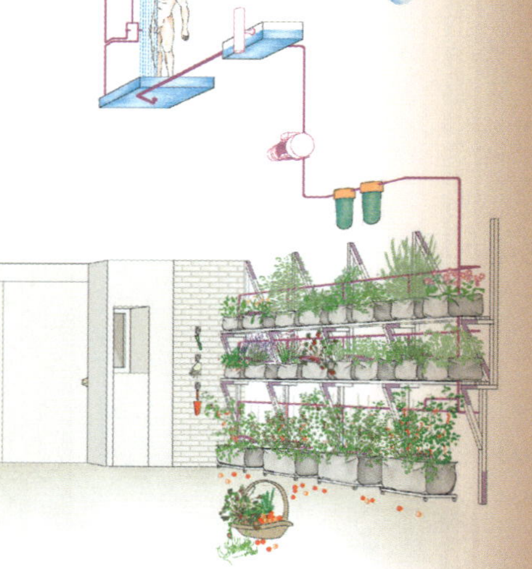

[EN] HUSOS ARQUITECTURAS

Madrid, Spain

GREYWATER-FED ED.GAR. FACADE / EDIBLE GARDEN FACADE FOR CLIMATE REGULATION FED BY SHOWER GREYWATER
Madrid

SPAIN
40.416775, -3.703790

COLD SEMI-ARID

2018

Photograph : José Hevia

A project developed for BAP! 2025 by Husos (Diego Barajas, Camilo García and Allyson Vila with Carlos Meza)

[FR]

Ce prototype intègre une façade verticale de jardin comestible orientée vers l'ouest et une douche recyclant les eaux grises, répondant ainsi aux défis urgents liés au changement climatique et à l'augmentation des conditions de sécheresse. L'eau recyclée nourrit les plantes, qui agissent comme un coussin thermique, rafraîchissant naturellement la maison pendant les saisons chaudes et conservant la chaleur en hiver. En éliminant le besoin de refroidissement mécanique, la conception réduit considérablement la consommation d'énergie. Conçu comme un prototype pour de nouveaux objets hydroclimatiques de désir dans une ère hypothétique de réparation de l'environnement, ce système domestique offre une solution reproductible qui intègre des pratiques de conservation de l'eau avec des stratégies climatiques passives. Le projet testant ce prototype, *One Guy, One Bulldog, One Edible Garden, and the Home They Share*, conçu et construit par Husos, a été achevé en 2018 à Madrid.

[EN]

This prototype integrates a west-oriented vertical edible garden facade and a greywater recycling shower, addressing urgent challenges connected to climate change and increasing drought conditions. Recycled water nourishes the plants, which act as a thermal cushion, naturally cooling the home during warmer seasons and retaining warmth in winter. By eliminating the need for mechanical cooling, the design significantly reduces energy consumption. Conceived as a prototype for new hydroclimatic objects of desire in a hypothetical eco-conscious era of environmental repair, this domestic system offers a replicable solution that integrates water conservation practices with passive climate strategies. The project testing this prototype, *One Guy, One Bulldog, One Edible Garden, and the Home They Share*, designed and built by Husos, was completed in 2018 in Madrid.

[FR] ROZANA MONTIEL

RÉSEAU FANTÔME/TRAVAIL EN RÉSEAU - DU FLUX DE DÉCHETS AU FLUX D'AVAL

2025

MEXICO

19° 25' 57.3888'' N
99° 7' 59.5524'' W

Photographe :
Rozana Montiel
Sandra Pereznieto

Mexique

SAVANE MODÉRÉE

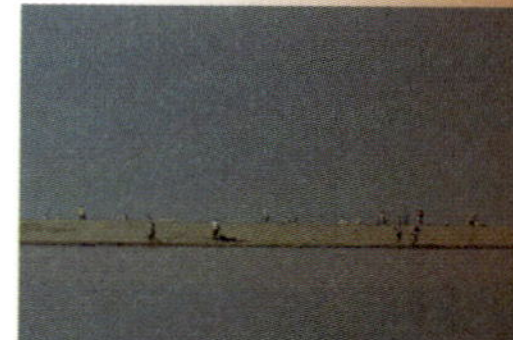

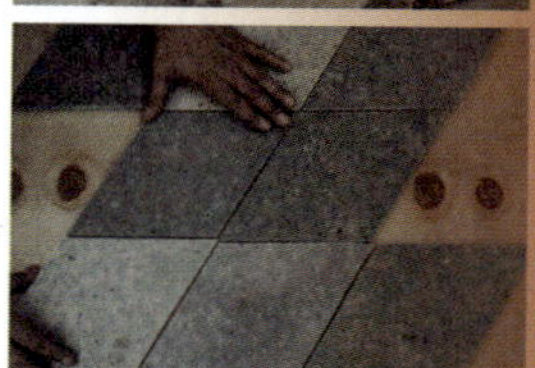

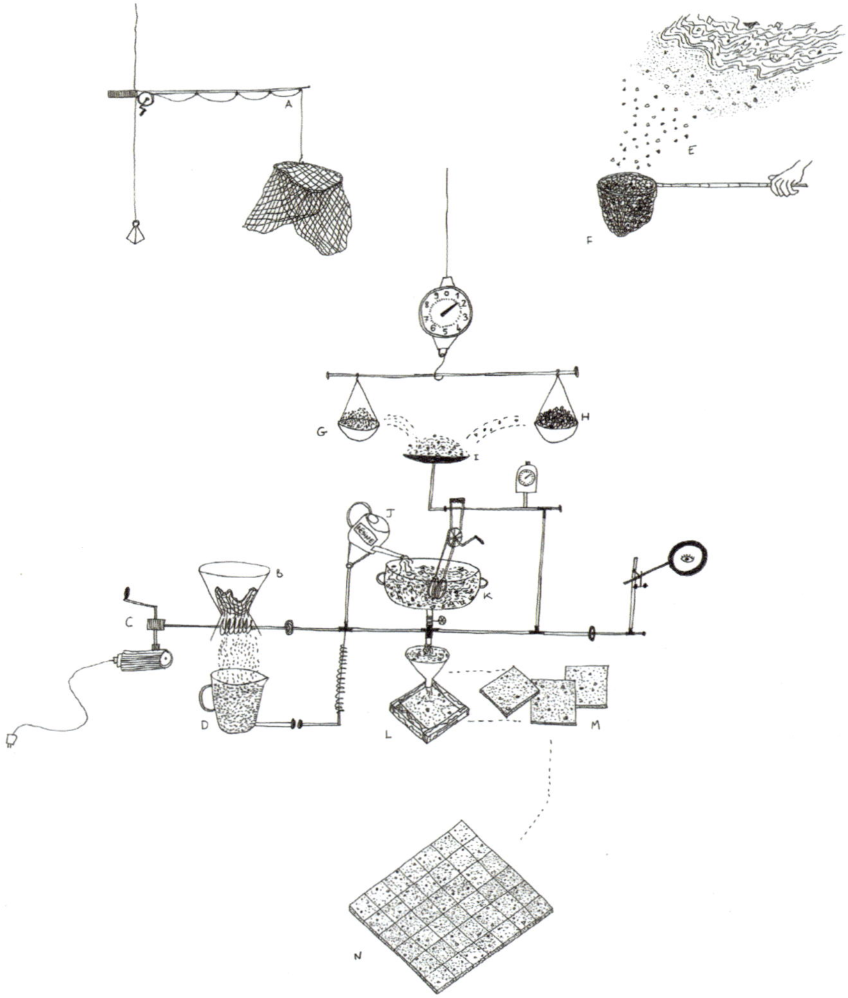

A. RECOVERY OF ABANDONED FISHING NETS | B. SHREDDING NETS IN A GRINDER | C. MANUAL OR MOTORIZED GRINDING MECHANISM | D. SHREDDED FISHING NETS | E. COLLECTION OF BEACH MICROPLASTICS | F. MICROPLASTIC RECOVERY | G. WEIGHING SHREDDED NETS | H. WEIGHING MICROPLASTICS | I. MIXING SHREDDED NETS WITH MICROPLASTICS | J. RESIN ADDITION | K. BLENDING ALL MATERIALS | L. MOLD CASTING OF MIXTURE | M. DEMOLDING AFTER CURING | N. FLOOR OR WALL TILING MATERIAL

[EN] ROZANA MONTIEL

GHOST NET/NET WORK - FROM WASTE STREAM TO DOWN STREAM

2025

MEXICO

19° 25' 57.3888'' N
99° 7' 59.5524'' W

Photograph :
Rozana Montiel
Sandra Pereznieto

Mexico

MODERATE SAVANNAH

[FR]

L'eau nous relie tous. Autrefois, les courants océaniques accéléraient le passage de l'Ancien au Nouveau Monde. Le Mexique, entre ses deux océans, a le même ratio de 65 % d'eau par rapport à la terre que la planète Terre. Aujourd'hui, l'eau transporte un flux mondial de macro et microplastiques. La plupart des macroplastiques sont des engins de pêche, tels que les filets fantômes : des filets abandonnés qui nuisent à la vie marine. Pour le BAP 2025, nous proposons GHOST NET/NET WORK, un prototype de kit d'outils distribués aux communautés de pêcheurs qui incite à la récupération des filets fantômes en facilitant leur recyclage avec des microplastiques de plage récupérés, dans une matrice de résine, pour en faire des matériaux de construction. Les petites actions se transforment en grands effets. Nous réutilisons le matériel de notre installation BAP 2022 STAND UP FOR THE SEAS. Notre proposition est une proposition aquatique, démontrant la fluidité, la plasticité et l'évolutivité que notre relation à cet élément peut avoir.

[EN]

Water connects us all. Once, ocean currents accelerated the Old World into the New. Mexico, between its two oceans, has the same 65% ratio of water to land as Planet Earth. Now, water carries a global waste stream of macro and micro plastics. Most macro plastics are fishing gear, such as ghost nets: abandoned nets inimical to marine life. For the BAP 2025, we propose GHOST NET/NET WORK, a prototype tool kit distributable to fisher communities that incentivizes ghost net recovery by facilitating their recycling with recovered beach microplastics, in a resin matrix, into building materials. Small actions scale into big effects. We reuse material from our 2022 STAND UP FOR THE SEAS BAP installation. Ours is a watery proposal, demonstrating the fluidity, plasticity, and scalability that our relationship to this element can have.

[FR] NATURA FUTURA

SCULPTURE D'HABITATS FLOTTANTS
Los Rios

2021

ÉQUATEUR

1° 26' 9.23»S ;
79° 45' 4,42» O

Babahoyo, Équateur

TROPICAL

Photographe :
AG Studio

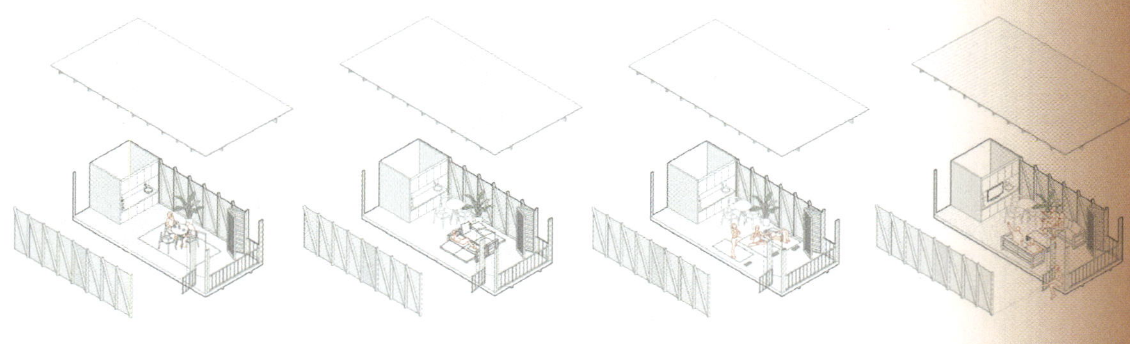

[EN] NATURA FUTURA

FLOATING HABITATS SCULPTURE
Los Ríos

2021

ECUADOR

1° 26› 9.23»S ;
79° 45› 4.42»W

Babahoyo, Ecuador

TROPICAL

Photograph :
AG Studio

[FR]

Depuis 1815, la rivière Babahoyo et ses maisons flottantes faisaient partie des principales routes commerciales de l'Équateur. Bien qu'elles soient reconnues comme patrimoine architectural national, leur nombre est passé de 250 à 25. Jusqu'à présent, seules des interventions individuelles ont été réalisées ; c'est pourquoi une intervention urbaine intégrale était nécessaire pour protéger la culture flottante traditionnelle de l'extinction ou de tout autre désastre environnemental. Le modèle du *Barrio de las Balsas* définit les principales stratégies adoptées avec le peuple Babahoyo. Grâce à une plateforme communautaire, la récupération de l'écosystème de la pente de la rivière et la restauration de 7 maisons flottantes traditionnelles seront réalisées à la main avec le soutien international de l'Institut REARC et de la municipalité locale, en mettant l'accent sur le développement des communautés vulnérables et la création de nouvelles politiques publiques pour protéger l'écosystème de la rivière.

[EN]

Since 1815, Babahoyo River and its floating houses were part of the main Ecuador's trading routes. Even though they are recognized as a national architectural heritage, their numbers have dwindled from 250 to 25. Until now, just individual interventions have been carried out; this is why an integral urban intervention was needed to protect the traditional floating culture from extinction, or from any environmental disaster. The *Barrio de las Balsas* model displays the main strategies taken with the Babahoyo people. Where a community platform, the recovery of the river slope ecosystem and the restoration of 7 traditional floating houses will be done by hand with the international support of REARC Institute and the local municipality, focused on the development of vulnerable communities and the creation of new public policies to protect the river ecosystem.

[FR] NEW SOUTH

LE RIDEAU MUSCATESE

2025

Photographe :
NEW SOUTH
Gorbon Ceramics
Images:
NEW SOUTH

48.866667.
2.333333.

Paris, France

OCÉANIQUE

[EN] NEW SOUTH

THE MUSCATESE CURTAIN

2025

Photograph :
NEW SOUTH
Gorbon Ceramics
Images:
NEW SOUTH

48.866667.
2.333333.

Paris, France

OCEANIC

[FR]

Cette pièce est une œuvre originale, un prototype partiel 1 pour 1 qui s'inspire de notre préoccupation matérielle pour la céramique et le textile. La pièce combine le système de refroidissement par évaporation Muscatese, le moucharabieh et le rideau en un élément flexible et mobile qui peut être manipulé pour créer et rafraîchir un espace intérieur. L'eau est introduite, soit en plaçant le bord inférieur de la pièce dans un bassin d'eau, soit en l'alimentant par un raccord de plomberie. La maille de coton absorbe l'eau et la distribue par capillarité, imbibant chacun des éléments en céramique qui, à leur tour, refroidissent l'air lorsqu'il passe à travers eux. La fluidité de l'œuvre crée une membrane rafraîchissante qui se déplace avec la brise au fur et à mesure qu'elle interagit.

[EN]

This piece is an original work, a partial 1 to 1 prototype that draws on our material preoccupation with ceramics and textiles. The piece combines the Muscatese evaporative cooling system, the mashrabiya and the curtain into a flexible and mobile element that can be manipulated to create and cool an interior space. Water is introduced, either by placing the bottom edge of the piece in a basin of water or supplied via a plumbed connection. The cotton mesh absorbs the water and distributes it by capillary action, soaking each of the ceramic elements, which in turn cool the air as it passes across them. The fluidity of the piece creates a cooling membrane that moves with the breeze as they interact.

[FR] PONTOATELIER

NIVEAU 1500 M / LE DESSIN DE L'EAU
Madère

2023

Équipe de projet
Pontoatelier
Coordination du projet d'architecture :
Ana P. Ferreira, Pedro M. Ribeiro
Maquette: José PalmaMiguel Carvalho

PORTUGAL

32.371666,
-16.274998

Images: pontoatelier
Photographe de la maquette :
Miguel Carvalho

Portugal, Madère

OCÉANIQUE TEMPÉRÉ

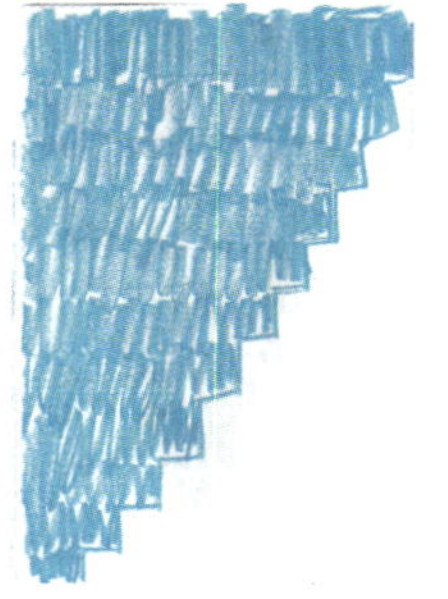

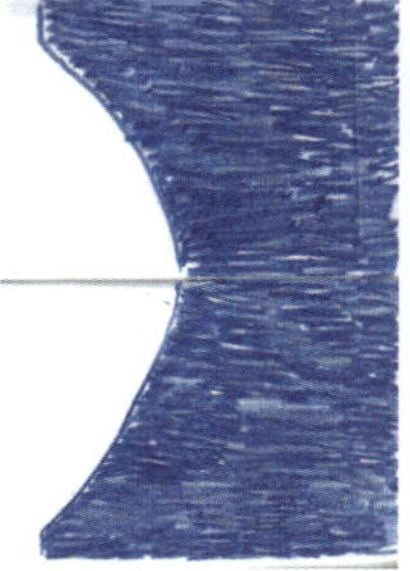

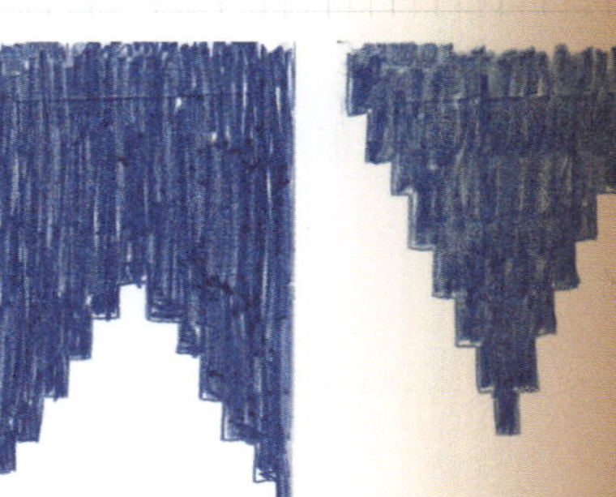

[EN] PONTOATELIER

LEVEL 1500 M / THE DRAWING OF THE WATER
Madeira Island

2023

Project Team
Pontoatelier
Architecture project coordination:
Ana P. Ferreira, Pedro M. Ribeiro
Model: José Palma

PORTUGAL

32.371666,
-16.274998

Images:
pontoatelier
Model Photograph :
Miguel Carvalho

Portugal, Maderia

TEMPERATE OCEANIC

[FR]

Le projet *Liquid Memory*, développé depuis 2023, explore des solutions pour la gestion de l'eau à Madère, une île confrontée à des inondations fréquentes dues à une urbanisation rapide et à des précipitations extrêmes. Le studio a analysé le cours d'une rivière locale pour repenser les chemins de l'eau à travers l'île, créant de nouvelles typologies adaptées à chaque niveau du territoire. Ces espaces, comme des réservoirs ou des canaux, servent à collecter, stocker et utiliser l'eau tout en créant des espaces publics vivants, intégrés au paysage. L'objectif est de reconnecter les habitants à l'eau et de promouvoir une gestion durable du territoire, transformant les réservoirs en lieux de vie et d'échange.

II. EAU

II. PRÉSENT

II. PRESENT

II. WATER

[EN]

The *Liquid Memory* project, developed since 2023, addresses water management solutions for Madeira Island, facing frequent flooding due to rapid urbanization and extreme rainfall. The studio analysed a local river to rethink water paths across the island, creating new typologies suited to each level of the territory. These spaces, like reservoirs or channels, serve to collect, store, and utilize water while creating vibrant public spaces integrated into the landscape. The goal is to reconnect locals with water and promote sustainable land management, transforming water reservoirs into spaces for life and exchange.

[FR] TALLER DE ARQUITECTURA | MAURICIO ROCHA

LES VOILES DE L'EAU

2025

MEXICO

19° 25' 57.3888'' N
99° 7' 59.5524'' W

SAVANE MODÉRÉE

Mexico-City

Photographe et images : Taller de Arquitectura | Mauricio Rocha

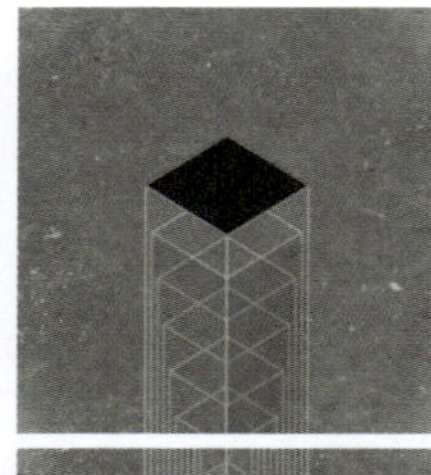

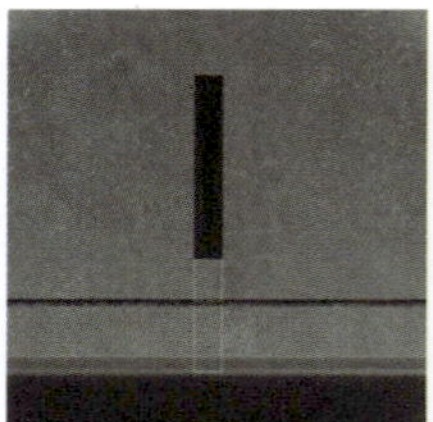

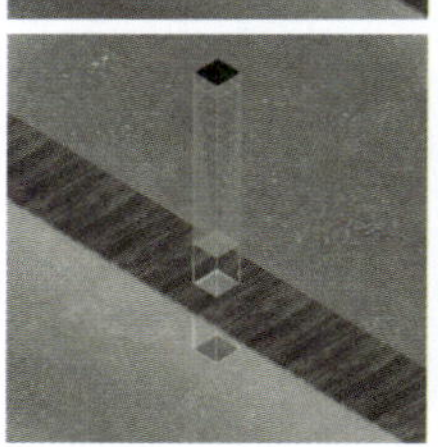

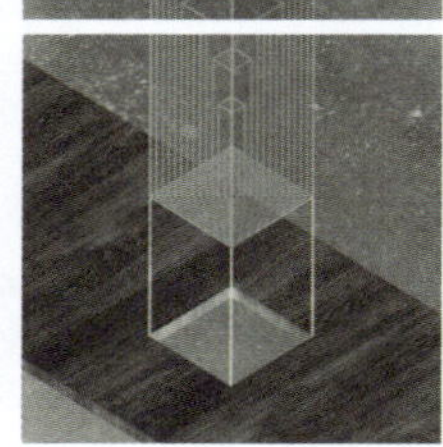

[EN] TALLER DE ARQUITECTURA | MAURICIO ROCHA

VEILS OF WATER

2025

MEXICO

19° 25' 57.3888'' N
99° 7' 59.5524'' W

MODERATE SAVANNAH

Mexico-City

Photos and images : Taller de Arquitectura | Mauricio Rocha

[FR]

La proposition explore les multiples dimensions des domaines de l'eau, dans le but de révéler l'abondance et la rareté de l'eau. À Mexico, nous sommes confrontés à de graves pénuries d'eau, mais aussi à des flux d'eau excessive. Dans les deux cas, la ville a du mal à gérer efficacement ces défis. Taller de Arquitectura développe des projets où l'architecture s'engage avec l'eau. Dans le *Malecón Grijalva*, l'eau façonne l'espace public, tandis que dans la quatrième section de Chapultepec, l'eau est un élément essentiel de l'architecture. Chapultepec, des plates-formes de zones humides filtrent les eaux polluées provenant des drainages informels de la rivière Tacubaya. Cette proposition présente un tissu qui incarne ces dimensions. Des voiles superposés illustrent le mouvement de l'eau, révélant différentes strates allant de l'abondance à la pénurie. Elle introduit également un système de filtrage suggérant comment l'eau pourrait être purifiée. à l'instar des zones humides de Tacubaya. Chaque strate souligne l'urgence d'une gestion durable de l'eau.

[EN]

The proposal explores multiple dimensions of water domains, aiming to reveal water abundance and scarcity. In Mexico City, we experience severe water shortages yet also face excessive water flow. In both cases, the city struggles to manage these challenges effectively. Taller de Arquitectura develops projects where architecture engages with water. In Malecón Grijalva, water shapes public space, while in Chapultepec's Fourth Section, platforms of wetlands filter polluted water from informal drainages in the Tacubaya River. This proposal presents a fabric embodying these dimensions. Layered veils illustrate water's movement–revealing different strata from abundance to scarcity. It also introduces a filtering system suggesting how water could be purified, much like the Tacubaya wetlands. Each stratum highlights the urgency of sustainable water management.

[FR] AZIZA CHAOUNI PROJECTS (ACP)

LOGEMENT SOCIAL EN TERRE AU MAROC 2023

Taalat N'Yacoub

MAROC

30° 59' 25'' N,
8° 10' 38''O

Toronto, Canada / Fès, Maroc

TEMPÉRÉ MÉDITERRANÉEN

Photographe :
Aziza Chaouni

1- SOLAR PANEL 25 PANEL
2- HOUSING
3-BIO-DIGESTER
4-COMMUNITY CENTER
5- WATER RESERVOIR

4-COMMUNITY CENTER
5- WATER RESERVOIR

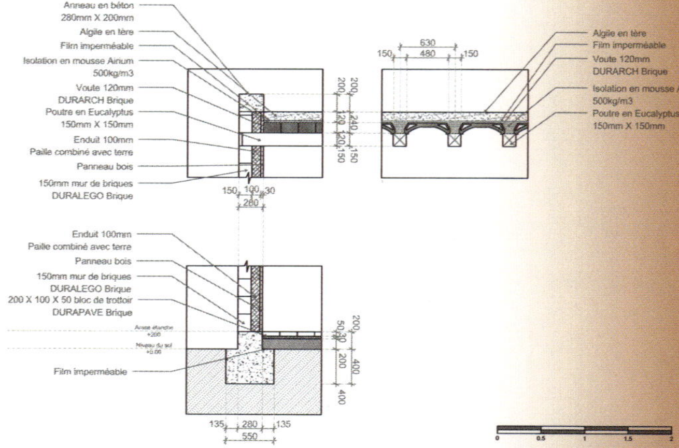

[EN] AZIZA CHAOUNI PROJECTS (ACP)

EARTHEN SOCIAL HOUSING IN MOROCCO 2023

Taalat N'Yacoub

MAROCCO

30° 59' 25'' N,
8° 10' 38''O

Toronto, Canada / Fes, Morocco

TEMPERATE MEDITERRANEAN

Photograph :
Aziza Chaouni

[FR]

Le Maroc fait face à une grave crise du logement social, exacerbée par une urbanisation rapide et un déficit de 400 000 unités en 2023. Les initiatives gouvernementales, comme le programme « Villes Sans Bidonvilles », n'ont pas résolu le problème, car elles ignorent les principes de durabilité. Face à cela, l'agence Aziza Chaouni Projects (ACP) propose une solution innovante : l'utilisation de la terre comme matériau principal pour construire des logements résilients, économes en énergie et adaptés aux réalités climatiques. ACP développe des maisons modulaires en terre, offrant isolation thermique et réduction des coûts. Ces projets intègrent des techniques écologiques, favorisent l'économie circulaire locale et répondent aux besoins des populations, tout en valorisant le patrimoine architectural marocain.

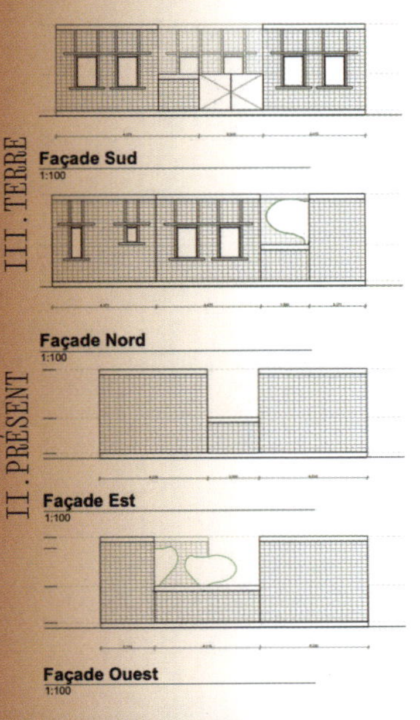

[EN]

Morocco is facing a severe social housing crisis, worsened by rapid urbanization and a shortfall of 400,000 units as of 2023. Government initiatives, such as the *Cities Without Slums* program, have failed to address the issue, largely due to their disregard for sustainability principles. In response, Aziza Chaouni Projects (ACP) presents an innovative solution: using earth as the primary building material to construct resilient, energy-efficient homes tailored to the country's climatic realities. ACP designs modular earthen houses that provide natural thermal insulation and lower construction costs. These projects integrate ecological building techniques, support the local circular economy, and cater to community needs, all while preserving and promoting Morocco's architectural heritage.

[FR] TATIANA BILBAO ESTUDIO

QUE FAIT-ON QUAND ON NE SAIT PAS JOUER AUX CARTES ? ON CONSTRUIT DES CHÂTEAUX AVEC.
Versailles

2025

48.808193,
2.12667.

Mexico

OCÉANIQUE

Images :
Tatiana Bilbao

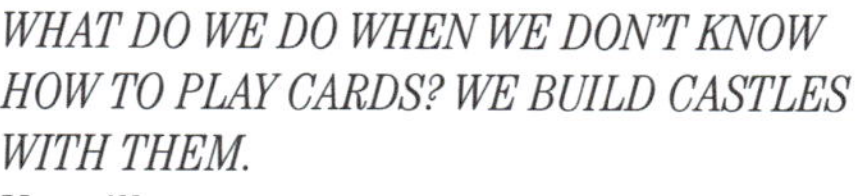

[EN] TATIANA BILBAO ESTUDIO

Team: Tatiana Bilbao ESTUDIO
Project lead: María González Rodríguez de Biedma, Adrián Ramírez Elizalde.
Research team: Isaac Solis Rosas, Lucila Pilgram, Lucy Ruxi Zuo

Mexico City

WHAT DO WE DO WHEN WE DON'T KNOW HOW TO PLAY CARDS? WE BUILD CASTLES WITH THEM.
Versailles

48.808193,
2.12667.

OCEANIC

2025

Images:
Tatiana Bilbao

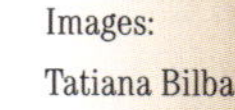

[FR]

Que fait-on quand on ne sait pas jouer aux cartes ? On construit des châteaux avec. Invités à la Biennale d'Architecture et de Paysage d'Île-de-France, nous avons été sollicités pour proposer une solution de résilience face au réchauffement climatique. Nous pensons qu'il n'y a pas de réponse unique ; au contraire, chaque site et chaque individu devraient façonner leur propre monde en fonction de leurs besoins immédiats. Plutôt qu'une solution toute faite, nous nous sommes concentrés sur les causes, les conséquences, les contextes et les actions que nous prenons en compte lorsque nous abordons un projet, représentés par les quatre couleurs d'un jeu de cartes. Lorsque nous construisons un château de cartes, nous le faisons en sachant qu'il finira par s'effondrer, en espérant que le vent retienne son souffle juste assez longtemps pour nous permettre de le terminer. Il est temps d'arrêter d'utiliser les mêmes cartes et de changer les règles du jeu. Sinon, nous continuerons à construire des maisons — et des villes — destinées à s'écrouler.

III. TERRE

II. PRÉSENT

II. PRESENT

III. EARTH

[EN]

Invited to the Biennale d'Architecture et de Paysage d'Île-de-France, we were asked to propose a solution for resilience in the face of global warming. We believe there's no one-size-fits-all answer; instead, each site and person should shape their own world according to their immediate needs. Rather than a pre-made solution, we focused on the causes, consequences, contexts and actions we consider when approaching a project, represented by the four suits of a deck of cards. When building a house of cards, we do it knowing it will eventually fall, hoping the wind will hold its breath just long enough for us to finish. It's time to stop using the same cards and change the game rules. Otherwise, we'll keep building houses — and cities — that will inevitably collapse.

[FR] CIVIL ARCHITECTURE

TROIS MAISONS-JARDINS
Moyen-Orient

2025

30° 00' N, 43° 24' E

Manama, Bahreïn / Koweït City, Koweït

CLIMAT DÉSERTIQUE CHAUD

Images and Photographies :
CIVIL ARCHITECTURE

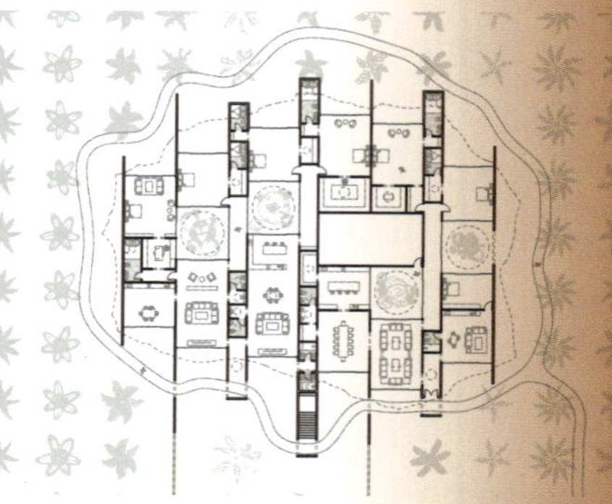

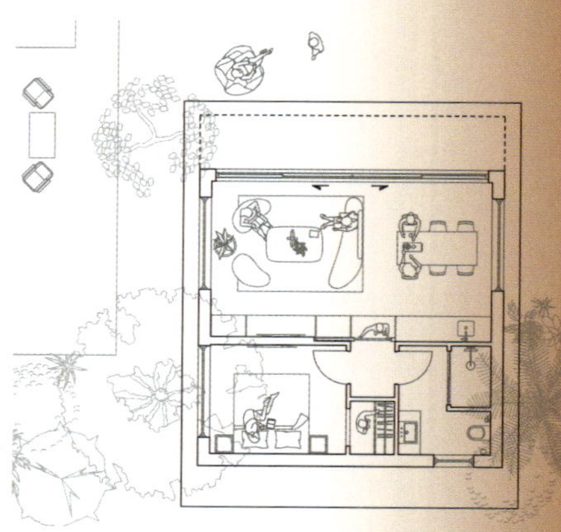

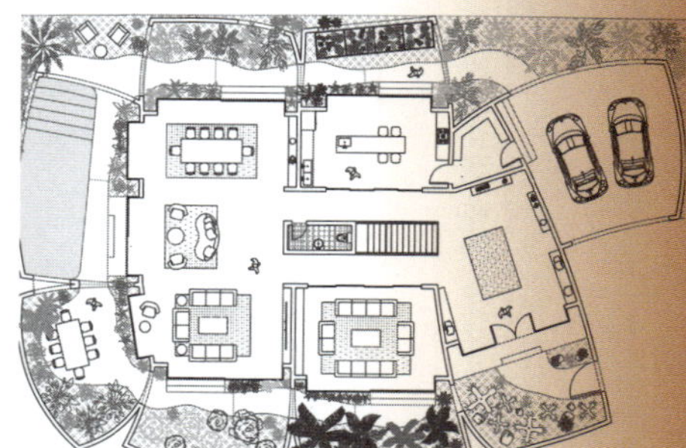

[EN] CIVIL ARCHITECTURE

THREE GARDEN HOUSES
Middle East

2025

30° 00' N, 43° 24' E

Manama, Bahreïn / Koweït City, Koweït

HOT DESERT CLIMATE

Images and Photograph :
CIVIL ARCHITECTURE

[FR]

Depuis des décennies, le Golfe arabique est au cœur de la consommation mondiale des ressources, épuisant pétrole, eau et géologie pour alimenter les marchés. L'architecture, autrefois outil de progrès extractif, revendique aujourd'hui son rôle environnemental en passant de bâtiments hermétiques et énergivores à des conceptions plus écologiques. Pour le BAP 2025, Civil Architecture présente trois maisons-jardins qui réimaginent l'habitat paysager au Moyen-Orient. Conçues comme des instruments de perception, elles offrent un espace d'observation et de réconciliation, intégrant le paysage comme un acteur de l'architecture.

[EN]

For decades, the Arabian Gulf has been at the heart of global resource consumption, depleting oil, freshwater, and geological reserves. Architecture, once a tool of extractive progress, is now reclaiming its role in environmental discourse by transitioning from depleting oil, freshwater, and geological reserves to climate-conscious designs. For BAP 2025, Civil Architecture presents *three garden houses*, which reimagine ways of inhabiting landscapes in the Middle East. Designed as instruments for sensing and understanding the environment, they offer a space for observation and reconciliation, positioning the landscape as an active agent in architecture.

[FR] COLECTIVO WAREHOUSE

DEGRÉS DE CONNEXION LORSQUE NOUS SOMMES ASSIS ENSEMBLE
Versailles

2025

48.808193,
2.12667.

Basé à : Lisbonne, Portugal

OCÉANIQUE

Images :
Colectivo Warehouse

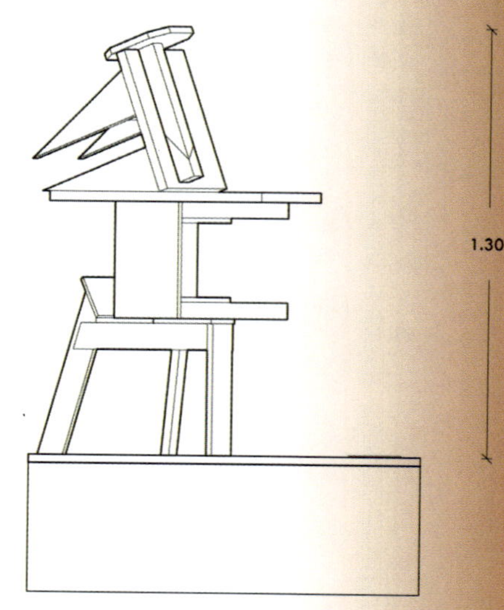

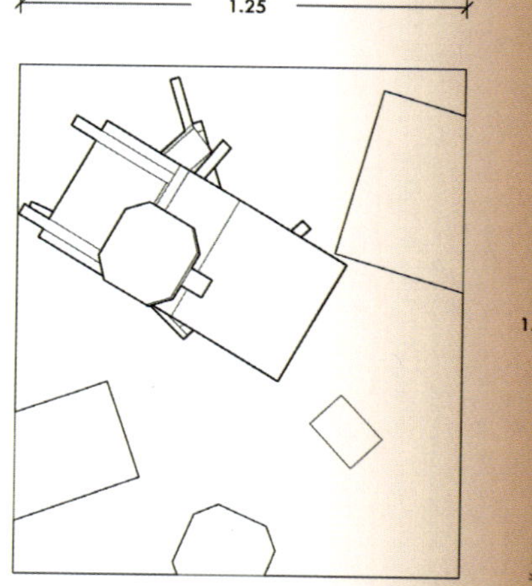

[EN] COLECTIVO WAREHOUSE

'DEGREES OF CONNECTION AS WE SIT TOGETHER'
Versailles

2025

48.808193,
2.12667.

Lisbon, Portugal

OCEANIC

Images :
Colectivo Warehouse

« Degrees of connection as we sit together » (Degrés de connexion lorsque nous sommes assis ensemble) est une installation qui replace les pratiques collaboratives et participatives au centre de la réflexion sur le changement climatique. Elle propose de passer du « moi » et du « vous » au « nous », en suggérant de partager un espace et de s'asseoir ensemble pour discuter. L'exposition présentera quatre tabourets différents, des pièces originales issues de quatre projets différents où ils ont été construits en fonction du contexte de chaque communauté.

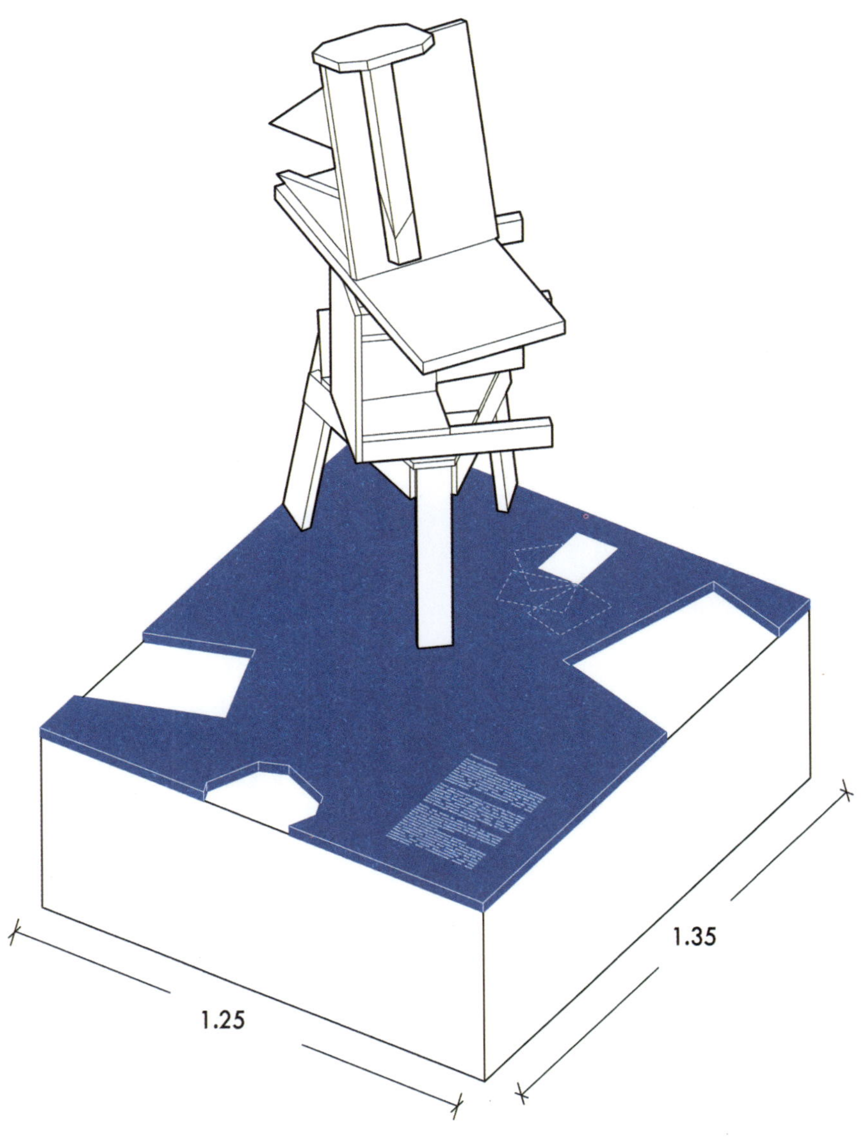

'Degrees of connection as we sit together' is an installation that reclaims the role of collaborative and participatory practices at the centre of the thinking about climate change. It suggests a shift of focus from me and you to us, through the suggestion of sharing a space and seating together for a conversation. The display will showcase four different stools, original pieces from four different projects where they were built contextually with each community.

[FR] SOULEÏMA FOURATI

ALSAHL ALMUMTANAE
L'INACCESSIBLE SIMPLICITÉ
السهل الممتنع

2025

Photographe :
Souleia Fourati
Jellel Gasteli

TUNISIA

33°58'48.00'' N
9°32'24.00'' E

Tunisie

STEPPE CHAUD ET SEC

[EN] SOULEÏMA FOURATI

ALSAHL ALMUMTANAE
THE INACCESSIBLE SIMPLICITY
السهل الممتنع
Tunisia

2025

33°58'48.00'' N
9°32'24.00'' E

Photograph :
Souleia Fourati
Jellel Gasteli

Tunisa

HOT AND DRY STEPPE

[FR]

Le dialogue entre architecture et photographie est au cœur de ma démarche. Depuis dix ans, un échange spontané s'est tissé avec Jellel Gasteli, dont l'approche visuelle capte intuitivement mes intentions architecturales. Son œuvre minimaliste en time-lapse invite à la contemplation, où la lumière et l'ombre tracent un territoire, métaphore du défi climatique. L'architecture vernaculaire, avec ses murs de pierre et de terre, témoigne d'une résilience en harmonie avec l'environnement. L'avenir puise ses solutions dans l'héritage du passé.

II. PRÉSENT III. TERRE

III. EARTH II. PRESENT

[EN]

The dialogue between architecture and photography is at the heart of my approach. For ten years, a spontaneous exchange has developed with Jellel Gasteli, whose visual approach intuitively captures my architectural intentions. His minimalist time-lapse work invites contemplation, where light and shadow define a territory—a metaphor for the climate challenge. Vernacular architecture, with its stone and earth walls, embodies resilience in harmony with the environment. The future draws its solutions from the heritage of the past.

[FR] HOOD

SHIFTING SANDS, RÉIMAGINER LA TERRE À L'ÈRE DU CHANGEMENT CLIMATIQUE
Miami

USA

25.761681,
-80.191788

Oakland, Californie, États-Unis

TROPICAL DE MOUSSON

1 INTERNATIONAL AFRICAN AMERICAN MUSEUM;
Charleston, SC
Esto Photos
Sahar-Coston Hardy

2 THE BROAD;
Los Angeles, CA
Hood Design Studio

3 THE BROAD;
Los Angeles, CA
John Muggenborg

4 INTERNATIONAL AFRICAN AMERICAN MUSEUM;
Charleston, SC
Esto Photos
Sahar-Coston Hardy

5 DE YOUNG MUSEUM GARDENS;
San Francisco, CA
Steve Proehl

6 LIFT EV'RY VOICE AND SING PARK;
Jacksonville, FL
Jessie Ball duPont Fund

7 PANORAMA PARK;
San Francisco, CA
Steven J. Magner

8 DECEMBER 2: CURTAIN OF COURAGE;
San Bernardino, CA
Tom Householder

9 INTERNATIONAL AFRICAN AMERICAN MUSEUM;
Charleston, SC
Esto Photos
Sahar-Coston Hardy

10 SPLASH PAD PARK;
Oakland, CA
Steve Proehl

11 OAKLAND MUSEUM OF CALIFORNIA;
Oakland, CA
Tim Griffith

12 LIFT EV'RY VOICE AND SING PARK;
Jacksonville, FL
Jessie Ball duPont Fund

13 INTERNATIONAL AFRICAN AMERICAN MUSEUM;
Charleston, SC
Esto Photos
Sahar-Coston Hardy

14 CROSSTOWN MEMPHIS;
Memphis, TN
Mcginn Photography

15 SHADOWCATCHER;
Charlottesville, VA
Hood Design Studio

16 WITNESS TREES;
Chicago, IL
Kai L. Brown

[EN] HOOD

SHIFTING SANDS: REIMAGINING EARTH IN THE AGE OF CLIMATE CHANGE
Miami

USA
25.761681,
-80.191788

Oakland, California, USA

TROPICAL MONSOON CLIMATE

[FR] Qu'est-ce que la terre? L'étymologie du mot "earth" vient du vieil anglais « eoroe », qui signifie « sol » ou « terre ». Lorsque nous prononçons le mot « Terre », nous lui donnons un sens planétaire, en nous détachant de ce qui se trouve sous nos pieds. Si la terre est l'endroit où nous nous trouvons, *Shifting Sands* nous invite à regarder et à voir le sol, la terre, comme une seule et même chose, la terre. Ainsi, tout est lié et interrelié à la composition et à la surface de la terre lorsque nous nous déplaçons d›un endroit à l›autre. Il suffit de regarder de plus près. Trois villes côtières du sud des États-Unis - Charleston (Caroline du Sud), Miami (Floride) et Houston (Texas) - illustrent cette relation partagée et symbiotique entre le lieu et la terre. En explorant le sol de ces villes, en particulier leurs bords de mer, nous trouvons du sable, un matériau omniprésent. Bien qu'ils puissent sembler similaires à première vue, un agrandissement révèle des compositions distinctes, reflétant l'histoire unique et les défis environnementaux de chacun d'entre eux. À travers ce prisme, *Shifting Sands* nous incite à aborder le changement climatique avec une compréhension plus profonde de la terre, une surface et une composition uniques et complexes.

I I I . TERRE

I I . PRÉSENT

I I . PRESENT

I I I . EARTH

[EN] What is earth? The etymology of the word comes from the Old English word "eoroe", which means "ground" or "soil". When we say the word "Earth", we confer to its planetary meaning, divorcing ourselves from what below our feet. If earth is where we stand, *Shifting Sands* invites us to look and to see the ground, the soil, as one and the same, the earth. In this way all is connected and interrelated to the section and surface of the earth as we move from place to place. We just need to look closer.Three coastal cities in the Southern U.S.—Charleston, South Carolina; Miami, Florida; and Houston, Texas—illuminate this shared and symbiotic relationship of place and earth. Exploring the ground in these locations, particularly their coastal edges, we find sand; a ubiquitous ground material. While they may appear similar at first glance, magnification reveals distinct compositions, reflecting the unique histories and environmental challenges of each. Through this lens, *Shifting Sands* challenges us to approach climate change with a deeper understanding of the earth, a single complex surface and section.

[FR] ANDRÉS JAQUE / OFFICE FOR POLITICAL INNOVATION (OFFPOLINN)

LE TRIANON DE BOUE
Madrid

2025

40.416775
-3.703790

Images : Andrés Jaque / Office for Political Innovation (OFFPOLINN)

New York, USA / Madrid, Espagne

FROID SEMI-ARIDE

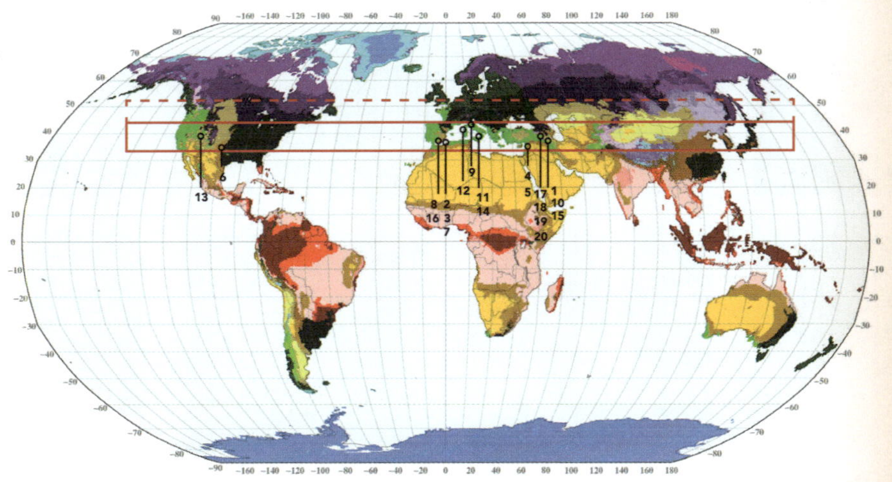

[EN] ANDRÉS JAQUE / OFFICE FOR POLITICAL INNOVATION (OFFPOLINN)

THE MUD TRIANON
Madrid

2025

SPAIN

40.416775,
-3.703790

Images : Andrés Jaque / Office for Political Innovation (OFFPOLINN)

New York, USA / Madrid, Spain

COLD SEMI-ARID

[FR]

Au cours des deux derniers millénaires, les dolia mis à la terre ont été utilisés dans les zones climatiques situées entre les latitudes 35°N et 40°N pour stabiliser la température des objets sensibles (vin, cornichons et sépultures humaines). L'inertie thermique de l'argile et de la terre accumulée, l'évaporation à travers la porosité de la céramique et l'ombrage combinés stabilisent la température de la terre contenue à l'intérieur et absorbent l'énergie des corps, des objets ou des fluides placés à l'intérieur par rayonnement direct. Le Trianon de boue mobilise la force matérielle de la dolia mise à la terre et la déplace vers la latitude 48°48'18"N de Versailles en suivant les conditions climatiques de la migration vers le nord causée par les humains. Les utilisateurs sont invités à exposer leur peau à la surface d'argile intérieure et à s'appuyer sur les murs incurvés pour accéder à des formes alternatives de confort climatique.

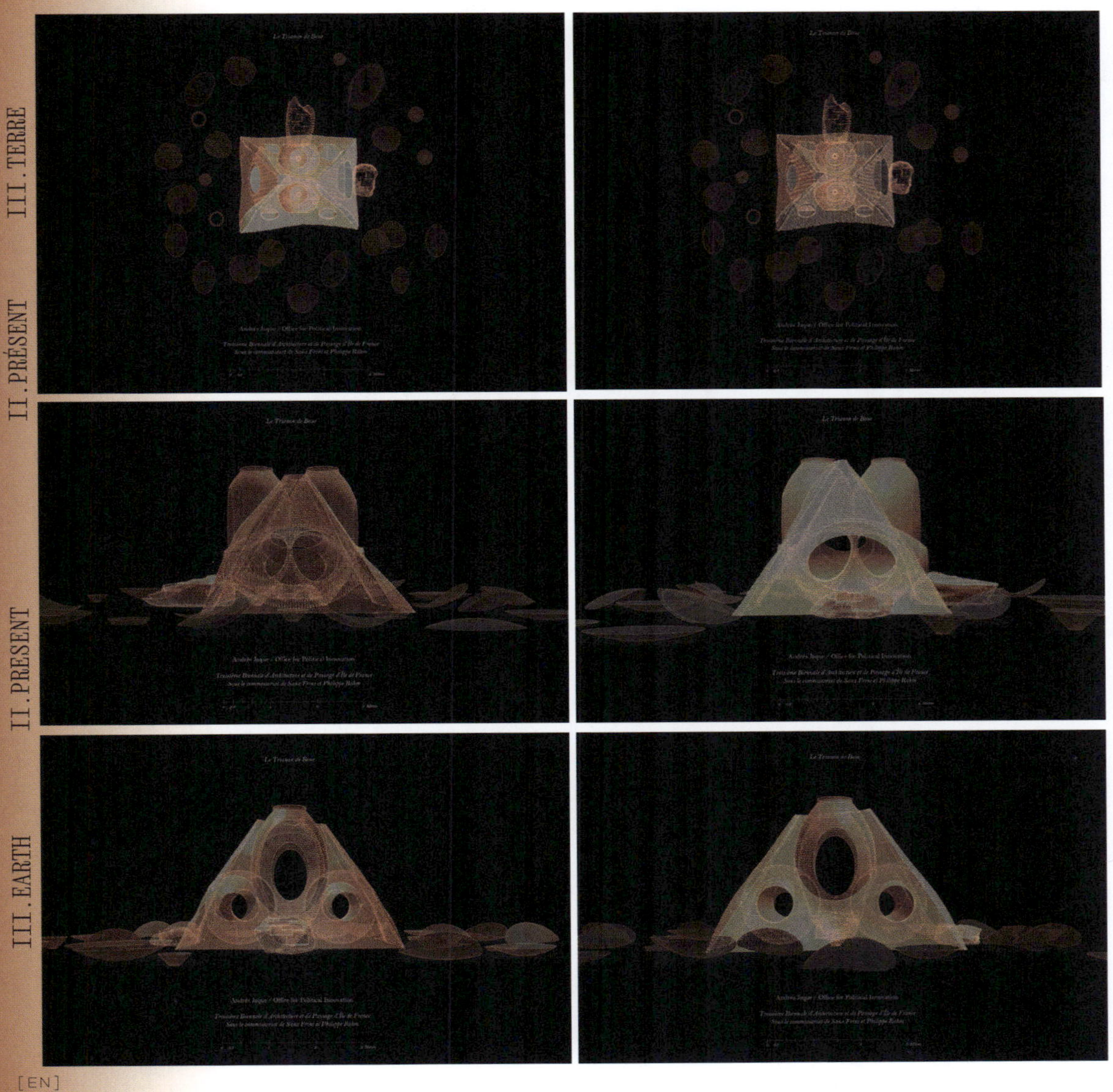

[EN]

For the past two millennia, earthed dolia have been used in climate zones between 35°N and 40°N latitudes to regulate temperature for sensitive contents—wine, pickles, and human burials. The combined thermal inertia of clay and accumulated soil, the evaporative cooling enabled by the ceramic's porous structure, and the shading effect work together to stabilize the temperature of the contained earth while absorbing energy from bodies, objects, or fluids placed inside through direct radiation. The Mud Trianon activates the material agency of earthed dolia, relocating it to Versailles at 48°48'18"N, in response to the northward migration of climate conditions driven by human activity. Users are invited to press their skin against the clay interior and lean into the curved walls, engaging with alternative forms of climate comfort.

[FR] PROJECTILES

LAND ARCHITECTURES
Al-'Ula

2025

ARABIE SAOUDITE

26.61270000,37.92284000

CLIMAT MÉDITERRANÉEN TEMPÉRÉ
AVEC DES ÉTÉS CHAUDS ET SECS

Paris, France

Images :
Projectiles

[EN] PROJECTILES

LAND ARCHITECTURES
Al-'Ula

2025

SAUDI ARABIA

26.61270000,37.92284000

TEMPERATE MEDITERRANEAN
CLIMATE WITH HOT, DRY SUMMERS

Paris, France

Images :
Projectiles

[FR] Nous avons imaginé des abris pour des voyageurs
Ceux qui traversent AlUla, un désert en haute altitude
Où la nappe infinie de sable rencontre des émergences rocheuses
Nous les avons nommés Land Architectures
Elles empruntent le caractère d'une œuvre land-art.
Comme l'affinité avec le minimalisme et la géométrie.
Elles sont à la fois archaïques et contemporaines.
Elles utilisent la minéralité et l'énergie du milieu
où elle se trouve.
Leur conception intègre le processus de fabrication.
Les Land Architectures sont autonomes et in situ,
Intrinsèques au site qui les accueille.
Ce sont des architectures ouvertes sur l'horizon.
Elles invitent les voyageurs à vivre simultanément
le dehors et le dedans.
Elles habitent leur milieu et dialoguent avec lui.
Elles épousent la topographie, s'adaptent à elle.
Les Land Architectures font du paysage, leur alter ego.

[EN] We have imagined shelters for travellers
Those crossing AlUla, a high-altitude desert
Where the infinite expanse of sand meets rocky outcrops
We have named them Land Architectures
They borrow the essence of a land art piece.
Like the affinity with minimalism and geometry.
They are both archaic and contemporary.
They use the mineral quality and energy of the
environment they inhabit.
Their design integrates the process of creation.
The Land Architectures are autonomous and in situ,
Intrinsic to the site that hosts them.
They are architectures open to the horizon.
They invite travellers to simultaneously,
Experience the outside and the inside.
They inhabit their environment and converse with it.
They embrace the topography, adapting to it.
The Land Architectures make the landscape their alter ego.

[FR] TAKK
MIREIA LUZÁRRAGA
AND ALEJANDRO MUIÑO

TROMBE D'ÉTÉ
Versailles

2025

48.808193,
2.12667

Barcelone, Espagne

OCEANIC

Photographe :
Takk

[EN] TAKK
MIREIA LUZÁRRAGA
AND ALEJANDRO MUIÑO.

SUMMER TROMBE
Versailles

2025

48.808193,
2.12667.

Barcelona, Spain

OCEANIC

Images :
Takk

[FR]

Le projet propose un mur Trombe en terre afin d'atténuer les températures chaudes pendant l'été grâce à la masse thermique et à la ventilation. Un mur épais de terre compactée absorbe lentement la chaleur de la journée, l'empêchant d'y pénétrer. Des évents situés en haut et en bas créent un flux d'air, permettant à l'air chaud de s'échapper et à l'air frais d'entrer. Pendant la nuit, le mur évacue toute la chaleur emmagasinée vers l'extérieur, tandis que la porte et les fenêtres restent ouvertes, ce qui assure la circulation de l'air et maintient la fraîcheur à l'intérieur.

Après la popularisation de concepts tels que le nouveau régime climatique ou l'apocalypse climatique, le projet cherche à reconsidérer les propriétés matérielles, formelles et programmatiques de l'architecture afin de faire face aux conditions instables d'une planète en transition.

[EN]

The project proposes an earth-based Trombe Wall to alleviate the hot temperatures during the summer through thermal mass and ventilation. A thick wall of compacted earth absorbs the day's heat slowly, preventing it from entering the interior. Vents at the top and bottom create airflow, allowing hot air to escape and cool air to enter. During the night, the wall releases all the stored heat to the outside, and the door and windows remain open, ensuring the movement of air and keeping the interior cooler.

After the popularization of concepts such as the new climatic regime or climatic apocalypse, the project seeks to reconsider the material, formal and programmatic properties of architecture to face the unstable conditions of a planet in transition.

[FR] IGNACIO URQUIZA
ET ANA PAULA DE ALBA
EN COLLABORATION AVEC NASO

BALAYANT LA TERRE
Mexico

2025

19.4326° N
99.1332° W

Images :
IGNACIO URQUIZA,
ANA PAULA DE ALBA
ET NASO

Mexico

TEMPÉRÉ SUBHUMIDE

[EN] IGNACIO URQUIZA
AND ANA PAULA DE ALBA
IN COLLABORATION WITH NASO

SWEEPING THE EARTH
Mexico City

2025

19.4326° N
99.1332° W

Images :
IGNACIO URQUIZA,
ANA PAULA DE ALBA
AND NASO

Mexico City

TEMPERATE SUBHUMID

[FR] Dans notre studio, nous cherchons à générer des conceptions et une architecture cohérentes avec le moment où nous habitons. Pour ce faire, nous travaillons avec trois éléments principaux : l'objet (ce que nous concevons), l'utilisateur (pour qui nous concevons) et le contexte (où se situe ce que nous concevons), en leur accordant à chacun le même niveau d'importance. Ces éléments – avec de nombreux et différents synonymes – ont toujours été utilisés et présents dans l'architecture et le design. Mais le choix et la sélection d'un mot particulier permettent de donner une direction propre. Pour nous, l'objet, l'utilisateur et le contexte sont les trois mots qui guident notre pratique. En réalité, c'est dans l'interaction et la relation qui existent entre ces trois éléments de nature si différente que nos conceptions et notre architecture se génèrent. Aux côtés de Naso - un studio d'architecture basé à Mexico - nous partageons la nécessité de concevoir et de construire selon une économie de moyens, c'est-à-dire en utilisant ce qui est toujours à notre portée pour générer des pratiques durables dans le design et la production architecturale.

[EN] In our studio, we seek to produce design and architecture congruent to the present era (economic, political, social, and environmental). We pursue this goal by giving the same value and importance to the three elements we work with: object (what we design); user (who we design for); and context (where the object lays).These elements – expressed through many and varied synonyms – have always been present in architecture and design. However, the deliberate choice of specific terminology allows us to define our own direction. For us, the object, the user, and the context are the three words that guide our practice. In reality, it is in the interaction and relationship that exists between these three elements of such different natures where our designs and architecture are generated. Together with Naso – a Mexico City based architecture studio – we share the necessity to design and build through an economy of means, using what is always within our reach to generate sustainable practices in design and architectural production.

[FR] WOROFILA

ARCHITECTURE EN TERRE
Sénégal

2017-actuel

14° 43' 55'' N,
17° 27' 26'' O

Dakar, Sénégal

DÉSERT DOUX

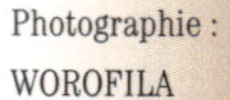

Photographie :
WOROFILA

[EN] WOROFILA

EARTH ARCHITECTURE
Senegal

2017- current

14° 43' 55'' N,
17° 27' 26'' O

Dakar, Senegal

SOFT DESERT

Photograph :
WOROFILA

[FR]

Le changement de phase (liquide à gazeux) joue un rôle clé dans le confort thermique en pays chauds. C'est le principe de la transpiration humaine ou de l'évapotranspiration des arbres qui dissipe la chaleur en évaporant de l'eau, rafraîchissant ainsi l'air ambiant.

La terre crue – matériau de construction abondamment disponible — grâce à sa porosité, peut absorber et libérer de l'eau sous forme de vapeur, agissant comme un climatiseur naturel.

Ce principe permet d'abaisser la température intérieure et de réguler l'humidité, améliorant ainsi le confort thermique des bâtiments tout en évitant l'utilisation d'énergies non renouvelables.

[EN]

Phase change (liquid to gas) plays a key role in thermal comfort in hot climates. This is the principle behind human transpiration or the evapotranspiration of trees, which dissipates heat by evaporating water, thus cooling the ambient air. Raw earth – an abundantly available building material – thanks to its porosity, can absorb and release water in vapor form, acting as a natural air-conditioner. This principle lowers indoor temperatures and regulates humidity, improving thermal comfort in buildings while avoiding the use of non-renewable energy sources.

[FR] AL BORDE

Quito, Équateur

RAW THRESHOLD (SEUIL BRUT)
Sharjah

ÉMIRATS ARABES UNIS

25.348766,
55.405403

DÉSERTIQUE CHAUD

2023

Photographe :
Al Borde
Pinxcel
Danko Stjepanovic
Shahbaz Ahmed
Ahmed Osama
Ieva Saudargaite

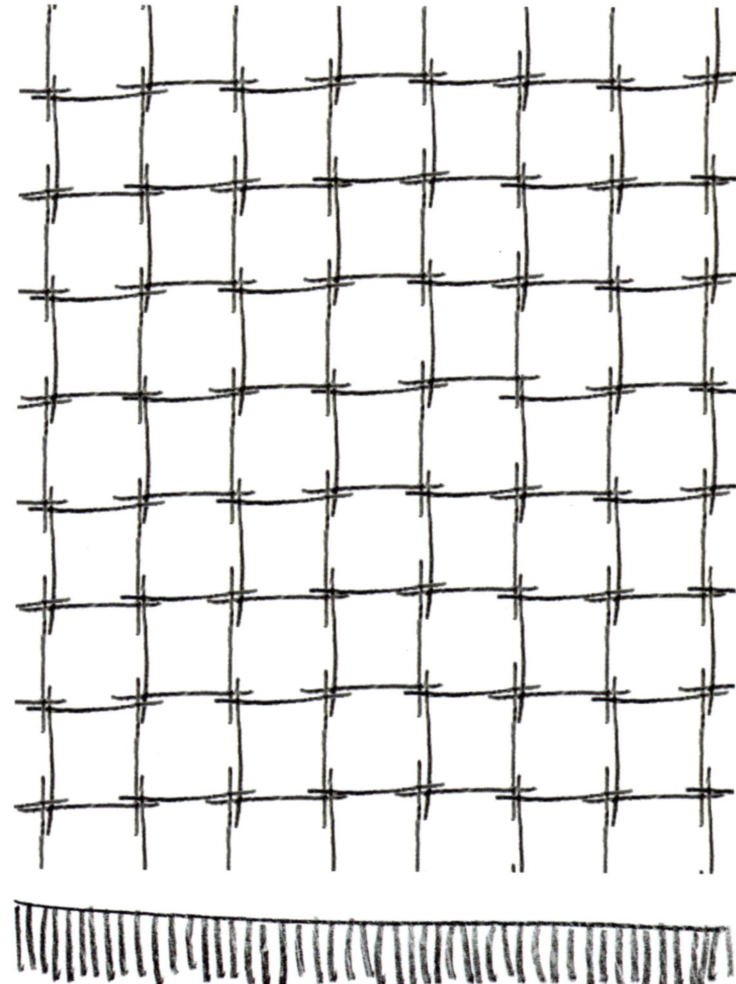

[EN] AL BORDE

Quito, Ecuador

RAW THRESHOLD
Sharjah

UNITED ARAB EMIRATES

25.348766,
55.405403

HOT DESERT

2023

Photograph :
Al Borde
Pinxcel
Danko Stjepanovic
Shahbaz Ahmed
Ahmed Osama
Ieva Saudargaite

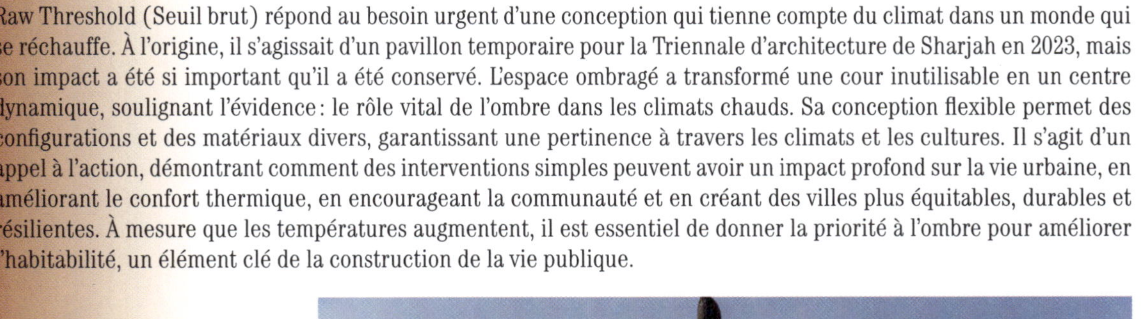

[FR]

Raw Threshold (Seuil brut) répond au besoin urgent d'une conception qui tienne compte du climat dans un monde qui se réchauffe. À l'origine, il s'agissait d'un pavillon temporaire pour la Triennale d'architecture de Sharjah en 2023, mais son impact a été si important qu'il a été conservé. L'espace ombragé a transformé une cour inutilisable en un centre dynamique, soulignant l'évidence : le rôle vital de l'ombre dans les climats chauds. Sa conception flexible permet des configurations et des matériaux divers, garantissant une pertinence à travers les climats et les cultures. Il s'agit d'un appel à l'action, démontrant comment des interventions simples peuvent avoir un impact profond sur la vie urbaine, en améliorant le confort thermique, en encourageant la communauté et en créant des villes plus équitables, durables et résilientes. À mesure que les températures augmentent, il est essentiel de donner la priorité à l'ombre pour améliorer l'habitabilité, un élément clé de la construction de la vie publique.

[EN]

Raw Threshold responds to the urgent need for climate-responsive design in a warming world. Originally a temporary pavilion for the 2023 Sharjah Architecture Triennial, its impact was so significant that it was retained. The shaded space transformed an unusable courtyard into a vibrant hub, highlighting the obvious: the vital role of shade in hot climates. Raw Threshold emphasizes locally sourced materials and simple construction, promoting sustainable building practices and a sense of place. It's a call to action, demonstrating how simple interventions can profoundly impact urban life, improving thermal comfort, fostering community, and creating more equitable, sustainable, and resilient cities. As temperatures rise, prioritizing shade is crucial for livability, a key element in constructing public life.

[FR] BANDUKSMITH STUDIO

HEAT SINK (DISSIPATEUR THERMIQUE)
Deesa

2021

INDE

24.258503,
72.190674

Images:
BandukSmith Studio
Photograph :
Sachin Bandukwala,
Vinay Panjwani

Ahmedabad, Inde

CHAUD SEMI-ARIDE

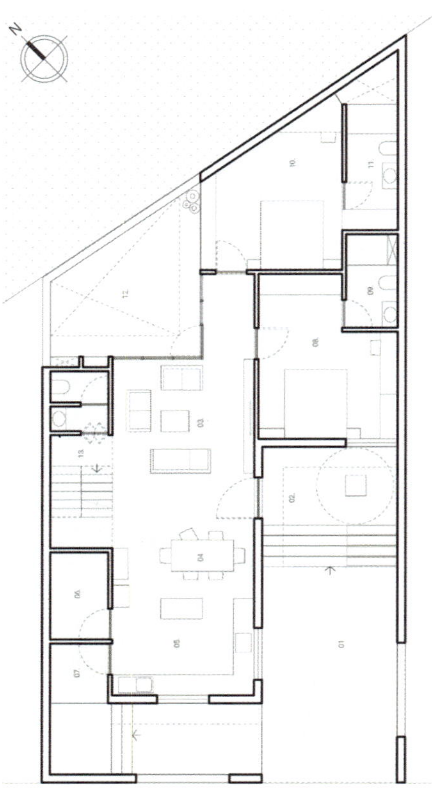

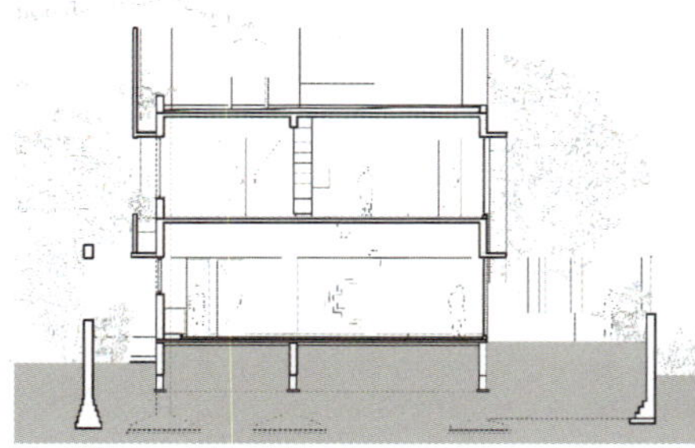

[EN] BANDUKSMITH STUDIO

HEAT SINK
Deesa

2021

INDIA

24.258503
72.190674

Images:
BandukSmith Studio
Photograph :
Sachin Bandukwala,
Vinay Panjwani

Ahmedabad, India

HOT SEMI-ARID

[FR]

Le soleil indien est rude. Les températures avoisinent les 50 degrés en été, nos bâtiments nous protègent. À l'approche de la mousson, l'humidité fait bouillir l'air, ils doivent respirer. Dans notre climat contrasté, nos bâtiments rivalisent d'ingéniosité pour être performants. Ce cylindre rotatif abrite un corpus de notre travail, dont les éléments sont intentionnellement juxtaposés, cataloguant un ensemble ouvert de possibilités stratégiques et d'espaces raffinés et inattendus qui protègent du soleil. *Mur épais Toit épais* Nous construisons les volumes du toit et du sol aussi épais que possible, tout en réduisant la masse aussi intelligemment que possible, afin de retarder l'arrivée de la chaleur du soleil à l'intérieur. *Seuils accordés* Nous élargissons le bord du bâtiment avec des espaces sacrifiés qui guident le flux d'air, améliorent la ventilation et protègent les pièces à l'intérieur. *Couches libres* Nous faisons exploser le bord du bâtiment en couches discrètes, brouillant l'intérieur et l'extérieur avec des espaces ombragés, semi-ombragés et ouverts.

[EN]

The Indian sun is harsh. Temperatures soar near 50 degrees in the summer, our buildings shield us. As the monsoon approaches the moisture boils the air, they must breathe. In our composite climate, our buildings compete with each other to perform. This rotating cylinder houses a corpus of our work, elements of which are intentionally juxtaposed, cataloguing an open-ended set of strategic possibilities, and exquisite, unexpected spaces that shield the sun. *Thick Wall Thick Roof.* We build up the volumes of the roof and the floor as thick as we can, while reducing the mass as smartly as possible, to delay the sun's heat from reaching inside. *Tuned Thresholds.* We expand the edge of the building with sacrificial spaces that guide airflow, improve ventilation, and protect the rooms deep inside. *Loose Layers* We explode the building edge into discrete layers, blurring the inside and out with shaded, semi-shaded and open spaces.

[FR] MANUEL BOUZAS

PERSIENNE MÉDITERRANÉENNE
Valence

2023

ESPAGNE

39.466667,
-0.375000

Galice, Espagne / New-York

TEMPÉRÉ MÉDITERRANÉEN

Photographie :
Luis Diaz Diaz

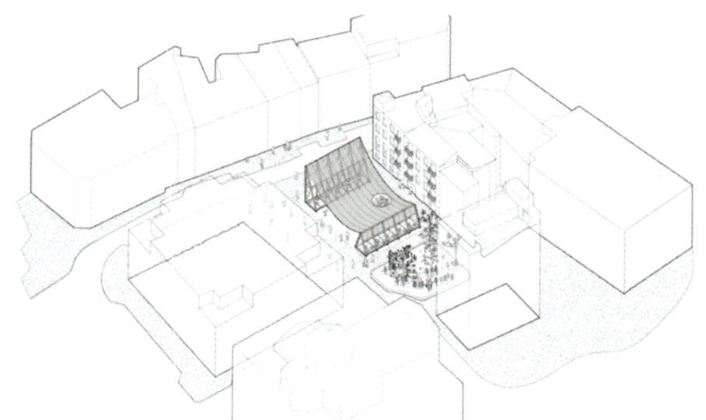

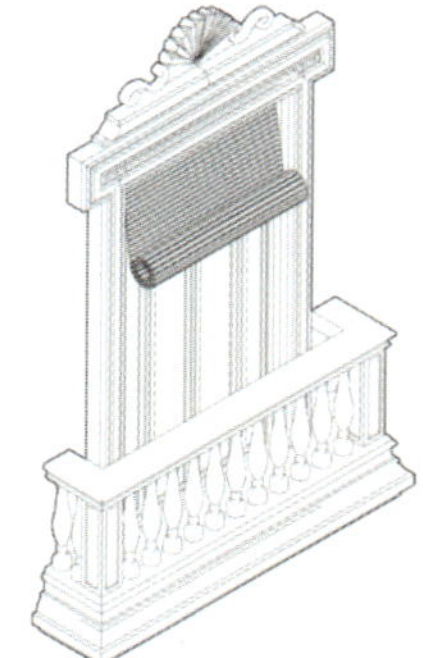

[EN] MANUEL BOUZAS

PERSIANA MEDITERRÁNEA
Valencia

2023

SPAIN

39.466667,
-0.375000

Galicia, Spain / New-York, USA

MEDITERRANEAN TEMPERATE

Photograph :
Luis Diaz

[FR]

La *persienne (persiana)* est un élément architectural vernaculaire que l'on trouve communément dans tout le bassin méditerranéen, connu sous le nom de *veneziana* en Italie et *alicantina* en Espagne. Il s'agit d'un volet en bois léger qui protège les fenêtres de la lumière directe du soleil tout en permettant une ventilation transversale. La *persiana* est l'exemple même d'une conception adaptée au climat d'une région spécifique. Aujourd'hui, plusieurs architectes espagnols contemporains revisitent cet élément comme une alternative durable au refroidissement mécanique à forte consommation d'énergie, dans le but de réduire les gains de chaleur. Ce projet étudie l'application de la *persienne* à travers trois modèles à trois échelles : la fenêtre (1:5), la façade (1 h 25) et la place (1:100). Il retrace ses origines, son évolution et son avenir potentiel, de l'espace domestique au domaine public.

[EN]

The *Persiana* is a vernacular architectural element commonly found throughout the Mediterranean basin, known as *veneziana* in Italy and *alicantina* in Spain. It consists of an operable, lightweight wooden shutter that protects windows from direct sunlight while enabling cross-ventilation. The *persiana* epitomizes a design response tailored to a specific region's climate. Today, several contemporary architects in Spain are revisiting this element as a sustainable alternative to energy-intensive mechanical cooling, aiming to reduce heat gain. This project investigates the application of the *persiana* through three models at three scales: the window (1:5), the facade (1:25), and the plaza (1:100), tracing its origins, evolution, and potential futures–from the domestic space to the public domain.

[FR] KHRISTIAN CEBALLOS UGARTE

SOLEIL, TERRE ET OMBRE *(UN ESSAI SUR LES TROPIQUES ET NOTRE CORPS ARCHITECTURAL)*
Lieux chauds

Actuelle

Paris, France

CHAUD

Images : Khristian Ceballos Ugarte

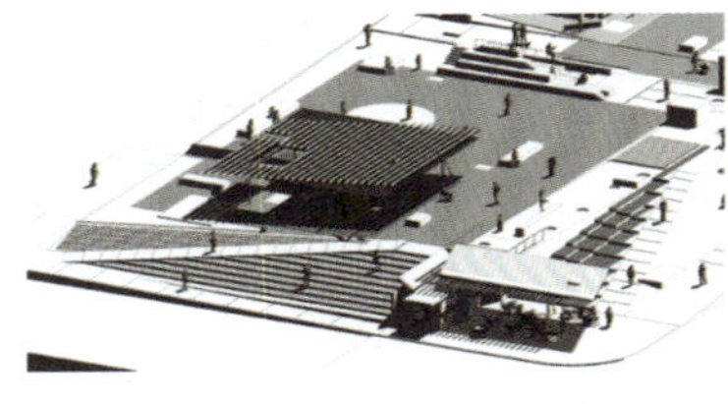

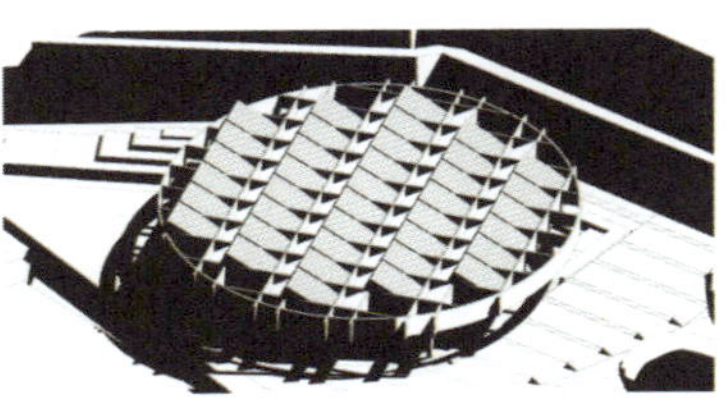

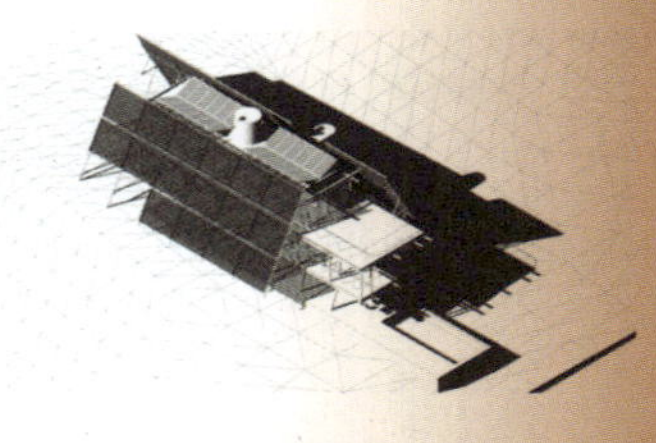

[EN] KHRISTIAN CEBALLOS UGARTE

SUELO, SOL Y SOMBRA *(AN ESSAY ABOUT TROPICS AND OUR ARCHITECTURAL BODY)*
Hot places

Paris, France

CONTINENTAL

Photograph : kristian ceballos ugarte

[FR]

Earth as a Resilient Material for a Changing Climate (La terre en tant que matériau résilient pour un climat changeant) explore la manière dont la construction traditionnelle à base de terre constitue une solution durable face au réchauffement climatique. Alors que la hausse des températures transforme les écosystèmes et les villes, cette exposition revisite les techniques de construction culturelles=> les savoir-faire ancestraux en les intégrant au design contemporain. À l'aide de modèles expérimentaux, elle met en évidence l'inertie thermique de la terre, la ventilation naturelle et la continuité culturelle, plaidant pour une architecture en harmonie avec la nature. Il s'agit d'un appel au bon sens, à réhabiliter la terre en tant que matériau résilient, écologique et adaptatif. En conciliant tradition et innovation, le projet envisage un avenir durable où l'architecture s'adapte aux défis environnementaux.

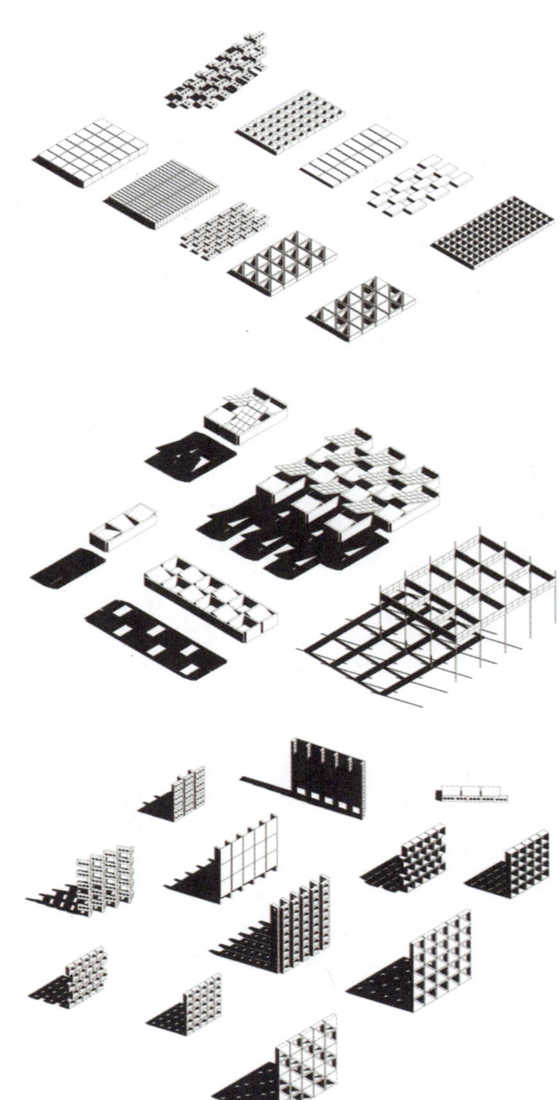

[EN]

Earth as a Resilient Material for a Changing Climate explores how traditional earth-based construction provides sustainable solutions in the face of global warming. As rising temperatures reshape ecosystems and cities, this exhibition revisits traditional building techniques, integrating them with contemporary design. Through experimental models, it showcases earth's thermal inertia, natural ventilation, and cultural continuity, advocating for an architecture in harmony with nature. This is a call for common sense– to reclaim earth as a resilient, ecological and adaptive material. By bridging tradition and innovation, the project envisions a sustainable future where architecture responds to environmental challenges.

[FR] DOAN THANH HA/H&P ARCHITECTS

BRICK CAVE (GROTTE EN BRIQUE)
Hanoï

2017

VIETNAM

21.028511,
105.804817

Hanoi , Vietnam

SUBTROPICAL

Photographie :
Nguyen Tien Thanh

[EN] DOAN THANH HA/H&P ARCHITECTS

BRICK CAVE
Hanoi

2017

VIETNAM

21.028511,
105.804817

Hanoi , Vietnam

SUBTROPICAL

Photograph :
Nguyen Tien Thanh

[FR]

La structure proposée pour la maison ressemble à celle d'une grotte. La structure globale est constituée et entourée de deux couches de murs en briques qui se rencontrent à une intersection, avec des arrangements « verts » alternés de plantes et de légumes. Les briques sont depuis longtemps un matériau local familier et largement utilisé dans les zones rurales du Vietnam avec une méthode de construction manuelle simple. Les deux couches de mur intégrées fonctionnent comme un filtre pour éliminer les aspects négatifs de l'environnement extérieur (soleil de l'ouest, poussière, bruit) et apporter la nature (lumière, pluie, vent) là où elle est nécessaire à l'intérieur. Au-dessus, le mur extérieur est incliné vers l'intérieur en différentes diagonales pour créer de meilleurs angles de vue sur le paysage général de la région, ce qui, en même temps, aide les utilisateurs dans les différents coins de la maison à sentir le temps et la météo à travers l'ombre et l'air.

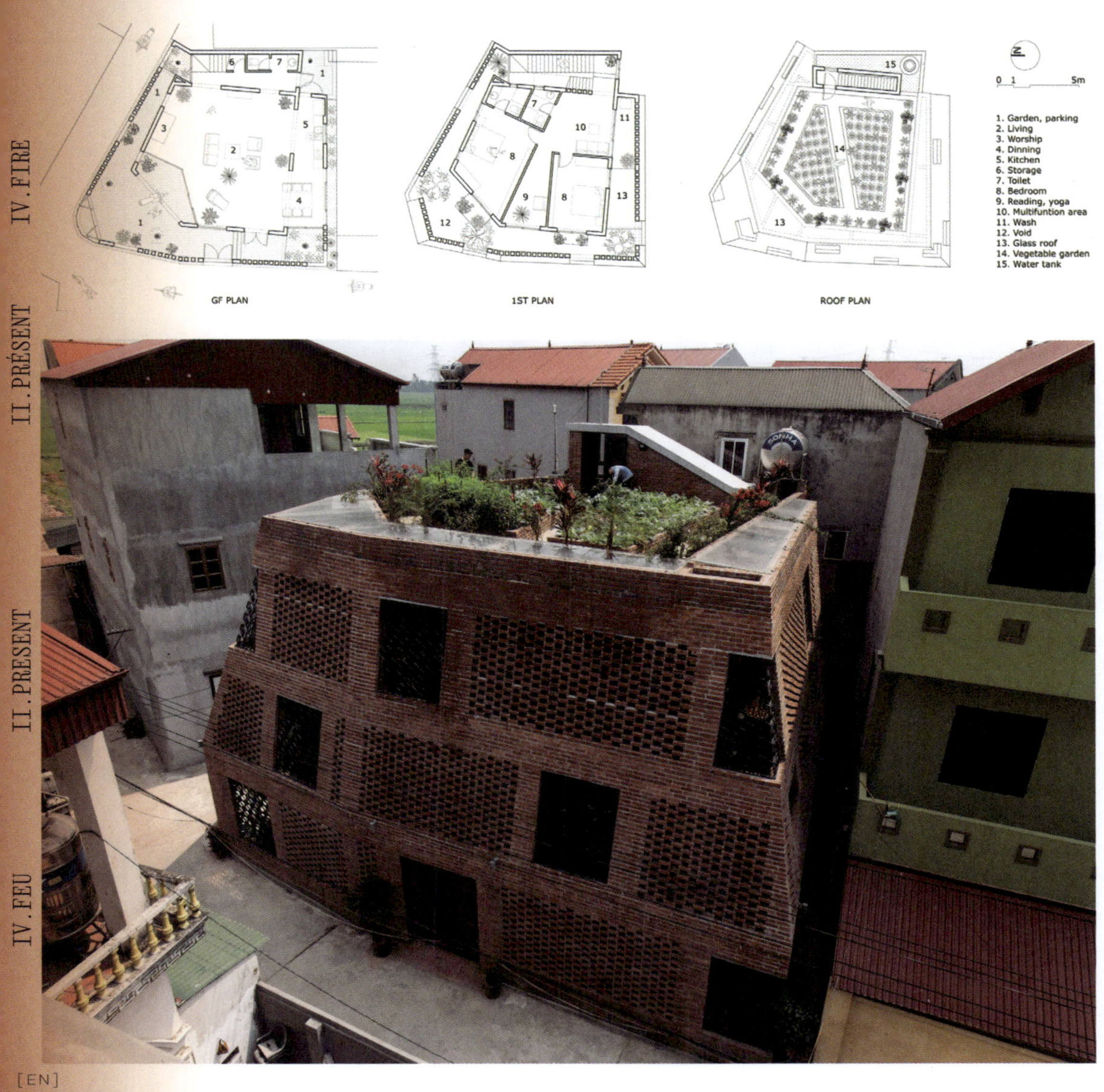

[EN]

The proposed structure of the house resembles that of a Cave. The overall structure is made up of and enclosed by two layers of brick walls meeting one another at an intersection, with alternate 'green' arrangements of plants and vegetables. Bricks have long been a familiar local material and widely used in rural areas of Vietnam with a simple manual construction method.

The two built-in layers of wall function as a filter to eliminate the adverse aspects of the external environment (sunshine from the west, dust, noise) and bring nature (light, rain, wind) to where necessary inside. Above the outer wall is tilted inward in different diagonals to create better viewing angles for the general landscape of the area. This, at the same time, helps users in various corners inside the house sense Time and Weather through shadow and air.

[FR] ISLA & PAPARKONE

TEMPLES DU CLIMAT : ESPACES COMMUNAUTAIRES POUR PARIS 2050
Paris

Actuelle

FRANCE

48.866667.
2.333333.

Majorque, Espagne

OCÉANIQUE

Photographe :
Luis Diaz

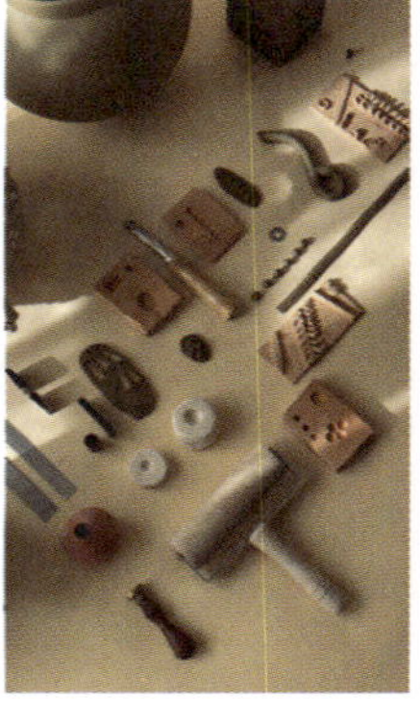

Units

Model Image of Unit 01

Model Image of Unit 02

Model Image of Unit 03

Model Image of Unit 04

Model Image of Unit 05

Model Image of Unit 06

[EN] ISLA & PAPARKONE

CLIMATE TEMPLES: COMMUNITY SPACES FOR PARIS 2050
Paris

Current

FRANCE

48.866667.
2.333333.

Mallorca, Islas Baleares, Spain

OCEANIC

Photograph :
Luis Diaz

[FR]

En réponse à l'augmentation de la température prévue à Paris en 2050, nous proposons un réseau de structures – des temples cérémoniels qui réimaginent l'adaptation au climat par le biais de la communauté et de l'artisanat. Ces pavillons, fabriqués à partir de carreaux de céramique faits à la main et de bois récupéré, créent des espaces de rassemblement rafraîchis naturellement dans toute la ville. Les structures fonctionnent en symbiose avec les fontaines et les éléments urbains existants, tandis que leurs éléments en céramique, façonnés selon la tradition méditerranéenne, fournissent de l'ombre et un rafraîchissement naturel. Décorés de symboles protecteurs traditionnels, ces temples transforment l'adaptation au climat d'une simple nécessité en une cérémonie culturelle, créant des espaces où la résilience de la communauté se construit en se rassemblant.

IV. FIRE

II. PRÉSENT

II. PRESENT

IV. FEU

[EN]

In response to Paris's projected temperature rise in 2050, we suggest a network of structures – ceremonial temples structures that reimagine climate adaptation through community and craft. These pavilions, crafted from handmade ceramic tiles and reclaimed timber, create naturally cooled gathering spaces throughout the city. The structures work symbiotically with existing fountains and urban elements, while their ceramic components, shaped in Mediterranean tradition, provide shade and natural cooling. Decorated with traditional protective symbols, these temples transform climate adaptation from mere necessity into cultural ceremony, creating spaces where community resilience is built through gathering together.

[FR] LANZA

SHOU SUGI BAN PAVILION
Mexico City

Actuelle

19° 25' 57.3888'' N
99° 7' 59.5524'' W.

Photographe :
Alejandro Ramirez Orozco

Mexico City

SAVANE MODÉRÉE

[EN] LANZA

SHOU SUGI BAN PAVILION
Mexico City

Current

19° 25' 57.3888'' N
99° 7' 59.5524'' W.

Photograph :
Alejandro Ramirez Orozco

Mexico City

MODERATE SAVANNAH

[FR]

Le pavillon est construit avec du bois certifié provenant de forêts régénératives, du triply et des éléments d'acier. La technique Shou Sugi Ban consiste à brûler le bois jusqu'à ce que la surface soit carbonisée, puis à l'enduire d'huile naturelle. Le résultat est une finition noir charbon saisissante résistante au soleil et à l'eau, préservant ainsi la qualité et l'intégrité des matériaux. Avec des dimensions de 5,40 x 9,60 mètres, il offre suffisamment d'espace pour une variété d'événements et d'activités. Son aspect unique et saisissant contraste avec le paysage industriel et aride dans lequel il se trouve actuellement, tout en intégrant l'évolution future de son environnement.

[EN]

The pavilion is built using certified wood sourced from regenerative forests, triply, and steel components. The Shou Sugi Ban technique involves charring the wood's surface before coating it with natural oil. The result is a scorched finish with a magnificent charcoal black colour that is that is resistant to sun and water, preserving both the quality and intent of the materials. With dimensions of 5.40 × 9.60 metres, it offers ample room for a variety of events and activities. Its unique and striking appearance stands out from the otherwise barren and industrial landscape in which it is currently located but acknowledging that this context will evolve over time.

[FR] SEALAB

L'AIR COMME MATÉRIAU – ABRIS POUR UNE COMMUNAUTÉ DE MIGRANTS
Ahmedabad

2025

INDE

23.033863,
72.585022.

CLIMAT SEMI-ARIDE

Ahmedabad, Inde

Images :
SEALAB

[EN] SEALAB

AIR AS MATERIAL: SHELTER FOR A MIGRANT COMMUNITY
Ahmedabad

2025

INDIA

23.033863,
72.585022.

SEMI-ARID CLIMATE

Ahmedabad, India

Images :
SEALAB

[FR]

Ce projet explore l'air en tant que matériau structurel afin de concevoir des abris adaptables pour les familles migrantes du Rajasthan à Ahmedabad. Connues pour leurs marchés de rue animés, ces familles vendent des jouets et des ballons, et dorment souvent sur les trottoirs pendant les festivals L'abri gonflable offre une protection contre le soleil intense, les pluies de mousson et le froid hivernal. Un filet et un couchage surélevé protègent des animaux et des moustiques. Léger et facile à installer, il s'adapte aux trottoirs et aux espaces ouverts. De la taille d'un chariot à pédales, il peut également être monté sur un de ces derniers, se transformant ainsi en un abri mobile, flexible et protecteur.

[EN]

This project explores air as a structural material to design adaptable shelters for Rajasthan's migrant families in Ahmedabad. Known for their vibrant street markets, these families sell toys and balloons, often sleeping on pavements during festivals. The inflatable shelter offers protection from the intense sun, monsoon rains, and winter cold. A net and raised sleeping level shield against animals and mosquitoes. Lightweight and easy to set up, it adapts to pavements and open spaces. Matching the size of a pedal cart, it can also be mounted on one, transforming into a mobile, flexible, and protective shelter.

[FR] SEPTEMBRE

COURSER OU FUIR LE SOLEIL
Paris

2025

FRANCE

48.866669
2.33333

Paris, France

OCÉANIQUE

Image :
Septembre Architectes

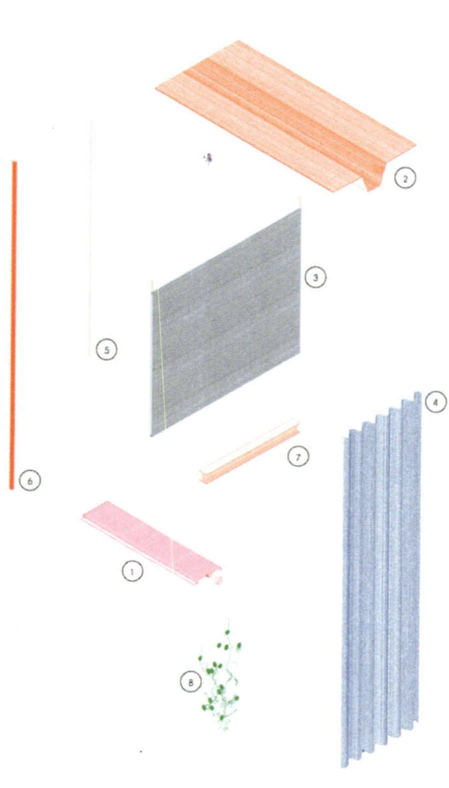

Sun structures, courser ou fuir le soleil
Septembre

1 lame de façade orientables en acier prélaqué à forte effusivité
2 plancher et bac planté, plante grimpante type *muehlenbeckia complexa* 8
3 store enrouleur en fibres végétales tissées (nattes)
4 voilage thermique
5 câble métallique pour plante grimpante
6 tube métallique, structure
7 ipn, structure de plancher acier
8 *muehlenbeckia complexa*, plante grimpante au feuillage caduc

1 7:50 - 16 juin 2050

2 12:15 - 16 juin 2050

3 21:30 - 16 juin 2050

Sun structures, courser ou fuir le soleil
Septembre

1 soleil levant, les lames sont ouvertes, les premiers rayons du soleil entrent alors que l'air est encore frais.
2 soleil zénithal, le store est baissé, les lames fermées.
3 soleil couchant, le voilage s'ouvre, le store se lève, les lames laissent de nouveau passer l'air et la lumière.

[EN] SEPTEMBRE

CHASING OR FLEEING THE SUN
Paris

2025

FRANCE

48.866669
2.33333

Paris, France

OCEANIC

Image :
Septembre Architectes

[FR] *« La maison de Néron tournait perpétuellement, imitant ainsi le mouvement des astres. »* (*Pline l'Ancien, Histoire Naturelle*)

Nous n'avons jamais cessé de poursuivre cet idéal. Relire l'histoire de l'architecture sous l'angle naturel nous révèle celle-ci comme une suite d'améliorations successives pour *courser* ou *fuir* le soleil.

Maintenant que *quelques degrés Celsius de plus* viennent requestionner notre rapport au monde, les réponses se nichent peut-être dans l'enveloppe de nos bâtiments, dans son épaisseur et ses ouvertures. Travailler dans cette épaisseur c'est imaginer les différentes couches de matière et de dispositifs qui permettent d'optimiser les apports solaires. Comme la salle de banquet de Néron, nous proposons de *courser* ou *fuir* le soleil en imaginant des dispositifs rustiques puisant dans un imaginaire technique et industriel frugal. L'usager, libéré de la haute technologie, est repositionné au centre du dispositif. Selon le moment de la journée, il déroule, actionne et fait pivoter. Notre proposition invite à cette manipulation, commune et pleine de bon sens.

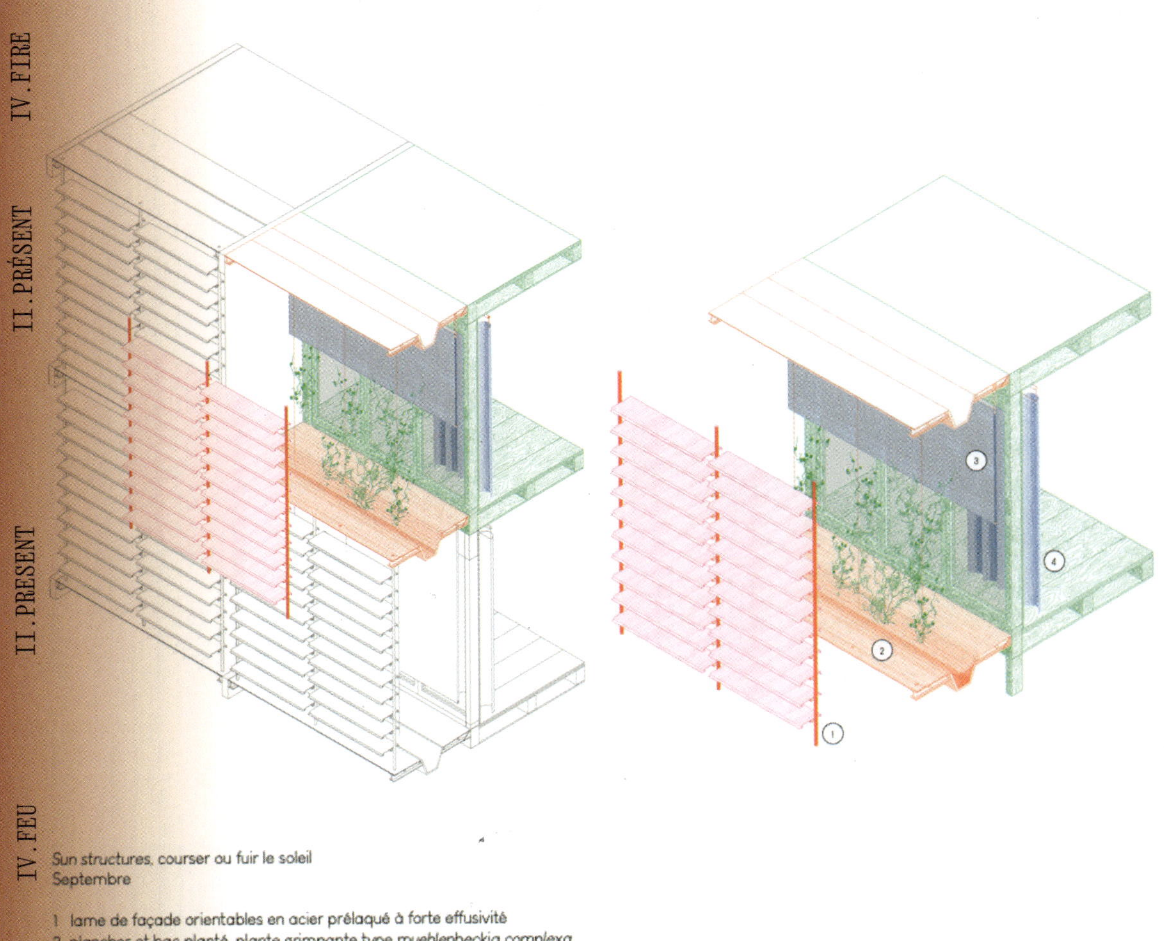

Sun structures, courser ou fuir le soleil
Septembre

1 lame de façade orientables en acier prélaqué à forte effusivité
2 plancher et bac planté, plante grimpante type *muehlenbeckia complexa*
3 store enrouleur en fibres végétales tissées (nattes)
4 voilage thermique

[EN] « Nero's house revolved perpetually, thus imitating the movement of the stars. » (Pliny the Elder, *Natural History*)

We have never ceased pursuing this ideal. A natural reading of architectural history reveals it as a continuous series of refinements – each an attempt to either *chase* or *escape* the sun.

Now that a few extra degrees Celsius are forcing us to reconsider our relationship with the world, the answers may lie within the very envelope of our buildings – within their thickness and their openings. To work with this thickness is to envision layers of materials and mechanisms designed to optimize solar gain. Like Nero's banquet hall, we propose chasing or fleeing the sun through rustic, low-tech devices inspired by a frugal technical and industrial imagination. The user, freed from high technology, is repositioned at the heart of the system. Depending on the time of day, they unroll, activate, and pivot. Our proposal invites this hands-on engagement – common sense in its purest form.

III.

III.

LE FUTUR

FUTURE

[FR] ANTICIPER LE CLIMAT FUTUR

Construire aujourd'hui, concevoir un bâtiment ne peut plus se faire selon les données géographiques et climatiques fixées à l'ère préindustrielle, car le changement climatique en cours est en train de réchauffer globalement tous les climats anciens, projetant les anciens biomes vers le nord tandis qu'à la place se retrouvent des climats plus chauds pour lesquelles leurs villes, leurs maisons n'ont pas été conçues et auxquels elles ne sont pas adaptées.

Avant l'ère industrielle, les villes et les bâtiments étaient construits spécifiquement pour des conditions géographiques, climatiques, hydrologiques propres à leur localisation, caractérisant des modes d'implantation, d'orientation, de construction et de matérialité, de formes, de relation au soleil, à l'eau, au sol, à l'air, caractérisant finalement un style régional, des spécificités locales, une identité matériellement fondée sur une géologie et un climat particuliers.

Il faut aujourd'hui réadapter les écosystèmes humains, animaux, végétaux à l'augmentation des températures et des épisodes de sécheresse et d'inondation. Si l'on construit une ville ou un bâtiment, ce n'est plus en prenant comme référence le climat d'hier ni même l'actuel, mais dès à présent celui de demain, celui plus chaud de 2050 et encore plus chaud de 2100, pour permettre aux humains de pouvoir habiter le mieux possible ces climats qui chauffent, et aux végétaux de survivre à des températures plus élevées et aux épisodes de sécheresse. En conséquence, la morphologie urbaine du XXIe siècle doit forcément changer par rapport à celle du XXe siècle pour s'adapter aux hausses de chaleur en cours et à venir quoi qu'on fasse. De la même manière, le style architectural va se modifier par rapport à celui que l'on connaît aujourd'hui pour prévenir le changement climatique et y résister.

L'habitat des humains n'échappe pas au mouvement des écosystèmes vers le nord et devra faire face à des températures toujours plus élevées, notamment en été, pouvant atteindre en 2100 les 50 °C. L'architecture et la ville doivent donc dès à présent se concevoir, se construire s'adapter et se préparer à des climats semblables à ceux qui existent actuellement à des centaines de km plus au sud et non plus à ceux d'aujourd'hui. C'est forcément à une transformation de la culture urbaine et architecturale à laquelle nous allons assister pour résister à cette montée des températures, à l'invention peut-être aussi d'une sorte de nouveau style, d'une nouvelle esthétique française dont nous aimerions ici présenter quelques anticipations en invitant des critiques d'architecture, des historiens et des philosophes à les imaginer avec des mots.

[EN] ANTICIPATING FUTURE CLIMATE

Building today, designing a building can no longer be done according to the geographical and climatic data established in the pre-industrial era, as ongoing climate change is globally warming up all ancient climates, projecting ancient biomes northwards, while instead finding themselves in warmer climates for which their cities and houses were not designed and to which they are not adapted.

Before the industrial era, towns and buildings were built specifically for the geographical, climatic and hydrological conditions of their location, characterizing modes of siting, orientation, construction and materiality, forms, relationship to the sun, water, soil and air, ultimately characterizing a regional style, local specificities, an identity materially founded on geology and climate.

Today, human, animal and plant ecosystems must adapt to rising temperatures, droughts and floods. When we build a city or a building, we no longer take yesterday's climate, or even today's, as a reference, but tomorrow's, the warmer climate of 2050 and the even hotter climate of 2100, to enable people to live as comfortably as possible in these warmer climates, and plants to survive higher temperatures and droughts. As a result, the urban morphology of the XXIst century will inevitably have to change from that of the XXth century to adapt to current and future heat rises, we do. In the same way, the architectural style of today's will have to change to prevent and resist climate change.

Human settlements are no exception to the northward movement of ecosystems and will have to cope with ever-higher temperatures, particularly in summer, which could reach 50 °C by 2100. This means that architecture and cities must now be designed, built, adapted and prepared for climates similar those that currently exist hundreds of kilometres further south rather than those of today. We are bound to see a transformation of urban and architectural culture to resist this rise in temperature, and the invention of a new style, a new french aesthetic, of which we'd like to present a few anticipations here, inviting architectural critics, historians and philosophers to imagine them in words.

[FR] SUR LA DÉCARBONISATION
PAR DANIEL A. BARBER

La carbonisation est un processus historique, toujours en cours dans l'environnement bâti, la technosphère et l'atmosphère. Nos vies ont été carbonisées, nos attentes et nos aspirations ont changé. Les bâtiments sont le premier médium de la décarbonisation. Un bâtiment est un objet historique dans la mesure où il exprime une relation socioculturelle à des systèmes de matériaux et de ressources et articule une relation métabolique à des modèles énergétiques et en particulier à des intensités de rendement. Une façade est en ce sens un indice de pollution prédictif, un indicateur de ce qui est à venir, reflétant trop souvent dans un mur-rideau étanche et brillant un ensemble de valeurs culturelles et d'engagements en matière de ressources incompatibles avec l'équité et le bien-être de la planète.

Il faut moins se demander « combien pèse votre bâtiment » que « quel avenir votre bâtiment annonce-t-il ? »

À mesure que nous nous approchons des 4 degrés Celsius, nos attentes et nos aspirations changent. Au cours du siècle dernier, les architectes ont agi par défaut comme des agents de la carbonisation, en collaborant à des systèmes qui nous enfermaient dans une dépendance au carbone par le biais de la demande de matériaux à forte empreinte carbone et de la demande de système de chauffage/climatisation au fioul, au gaz ou à l'électricité. Même nos solutions ont été énergivores.

La décarbonisation est aussi un processus historique. Elle a peut-être déjà commencé, sous la pression de l'accélération croissante de la demande d'énergie. L'histoire architecturale de la décarbonisation est manifeste dans cette contre-histoire ; une histoire débordant d'expériences et de technologies, et proposant un nouvel ensemble de causes avec des effets manifestes. De telles histoires ont des références évidentes : les systèmes de ventilation naturelle dérivés des pratiques traditionnelles ; les maisons solaires, passives et actives, au milieu de la contre-culture et de son déclin ; l'adobe et d'autres matériaux de construction régionaux en terre battue qui caractérisent certaines architectures régionales depuis des millénaires. La connaissance historique fournit des preuves de ces méthodes et approches disparates, remodelant les récits et les cadres disciplinaires. L'histoire peut également fournir des connaissances opérationnelles, en réinscrivant ces pratiques dans une disposition technologique et une condition sociale générale différentes. L'histoire est à la fois un moyen de comprendre le passé et une clé pour décarboner le présent avenir.

Nous pourrions « mettre entre parenthèses » les architectures gourmandes en pétrole des années 1930 à 202X – voiler près d'un siècle de prolifération du pétrole, nous détourner des récits familiers – pour nous tourner plutôt vers cette chaîne de causalité à moindre intensité de carbone. Elle plonge dans la complexité du passé pour esquisser une manière différente de construire dans le présent et l'avenir. Il s'agit d'une chaîne, d'un réseau, d'un rhizome intégrant la tradition, l'intervention et la connaissance tacites, l'invention, l'aspiration et la spéculation, ainsi qu'un regain d'intérêt pour la présence du passé dans les outils, les modèles et les collectifs.

S'ouvrir à l'histoire de la décarbonisation ouvre la voie à un *avenir* de la décarbonisation. Le bâtiment en tant qu'objet historique peut avoir un avenir, car il exprime une nouvelle relation avec les systèmes de ressources. Au-delà de 4 degrés Celsius, en 2100, l'architecture sera nécessairement une machine sociale pour la décarbonisation, pour l'engagement climatique, un moyen d'adaptation et d'atténuation. Ses capacités seront tirées des expériences et des élaborations d'*aujourd'hui* qui regardent ce que peut être l'opposé de l'enfermement dans le carbone.

[EN] ON DECARBONIZATION

BY DANIEL A. BARBER

Carbonization is an historical process, still ongoing in the built environment, the techno-sphere, and the atmosphere. Our lives have been carbonized, our expectations and aspirations have changed. Buildings have a primary medium of decarbonization. A building is a historical object insofar as it expresses a sociocultural relationship to material and resources systems and articulates metabolic relationship to energy patterns and specifically intensities of throughput. A façade is in this sense a predictive pollution index, an indicator of what is to come, reflecting too often in sealed, shining curtain walls a set of cultural values and resource commitments incompatible with equity and planetary well-being. Less 'how much does your building weigh', more, 'what future does your building foretell?'

As we approach four degrees, our expectations and aspirations are changing. For the past century, architects have by default operated as agents of carbonization, collaborating on systems that locked in carbon dependence through both embodied and operational demand. Even our solutions have energy intensive.

The decarbonization is also a historical process. Perhaps it has begun, underneath the curve of the growing acceleration of energy demand. The architectural history of decarbonization is obvious in this counter-archive; an archive overflowing with experiments and technologies and suggesting a new set of causes with epochal effects. Such histories have some obvious coordinates: natural ventilation systems derived from customary practices; solar houses, passive and active, amidst the counter-cultural and its retreat; adobe and other regional rammed earth building materials that have characterized some regional architectures for millennia. Historical knowledge provides evidence of these disparate methods and approaches, reshaping narratives and disciplinary frameworks. History can also provide operational knowledge, receipting these practices a different technological disposition and general social condition. History is both a means of understanding the past and key to decarbonizing the present future.

We could 'bracket out' the oil-hungry architectures of 1930 to 202X – veil almost a century of petroleum proliferation, turn away from familiar narratives – to look instead towards this less carbon intensive causal chain. It reaches deep into the complexity of the past to outline a different way of building in the present and future. It's a chain, a network, a rhizome integrating tradition, intervention, and tacit knowledge; invention, aspiration, and speculation; a resurgent interest in the presence of the past in tools, patterns, and collectives.

Expanding the history of decarbonization opens up a future of decarbonization. The building as a historical object can have a future as it expresses a new relationship to resource systems. After four degrees, in 2100, architecture will by necessity be asocial machine for decarbonization, for climatic engagement, a medium for adaptation and mitigation. Its capacities will be drawn from experiments and elaboration today that focus on whatever the opposite of carbon lock-in can be.

[FR] DE LA VILLE-COUPABLE À LA VILLE-SOLUTION PAR PIERRE CHARBONNIER

Les villes sont les espaces critiques de l'âge climatique. Le monde urbain est en effet relié à la crise globale par une série de paradoxes qui le met à l'avant-garde des transformations futures.

Les villes sont d'abord les symboles de l'utopie moderne d'une grande évasion à l'égard des contraintes physiques et écologiques. En concentrant l'énergie, l'alimentation, les matériaux, et en tenant à distance leurs lieux d'extraction, elles forment des bulles civilisationnelles apparemment à l'écart des dépendances environnementales et constituent pour cela les espaces les plus représentatifs du dépassement écologique. Elles sont toutefois les zones les plus touchées par les ravages écologiques et climatiques : exposées à l'élévation des eaux, aux feux, elles concentrent les inégalités et les phénomènes de marginalisation provoqués par l'épreuve climatique.

Les villes sont donc au cœur des émissions et des impacts, coupables est victimes.

Contrairement à ce qu'une écologie nostalgique laisse penser, en blâmant une ville-dystopie qu'il faudrait peut-être abandonner, ces mêmes espaces sont également les zones d'espérance et d'invention. Les villes, qui concentrent les émissions des transports, des bâtiments, de l'industrie, sont pour cette raison les territoires expérimentaux de la transition. Les nouvelles infrastructures bas-carbone, les défis de la densification, de nouveaux matériaux, de l'efficacité thermique, sont dans nos métropoles. Il en va de même en ce qui concerne l'adaptation : les villes, qui concentrent les risques, sont aussi là où les populations sont, ou doivent être, les mieux protégées par les systèmes d'alerte et de mise en sécurité. Les villes doivent en quelque sorte devenir plus urbaines encore face au défi climatique.

Dans le maelstrom climatique, l'art de bâtir prend une signification toute nouvelle : c'est à partir de lui qu'une modernité différente peut naître.

[EN] FROM GUILTY-CITY TO SOLUTION-CITY

BY PIERRE CHARBONNIER

Cities are the critical spaces of the climate age. The urban world is linked to the global crisis by a series of paradoxes that place it at the forefront of the transformations to come. Foremost, cities are symbols of the modern utopia of escape from physical and ecological constraints. By concentrating energy, food and materials, and putting their spaces of extraction far away, they form civilizational bubbles probably free from environmental dependencies and are therefore the most representative spaces of ecological overtaking. But they are also the areas most affected by ecological and climatic devastation: exposed to rising sea levels and fires, they concentrate the inequalities and marginalization induced by the climatic ordeal.

Cities are therefore at the heart of emissions and impacts, both culprits and victims.

But contrary to what a nostalgic ecology would have us believe, blaming a city dystopia that should perhaps be forgotten, these same spaces are also zones of hope and invention. Cities, which concentrate emissions from transport, buildings and industry, are for this reason the experimental territories of the transition. New low-carbon infrastructure, the challenges of densification, new materials and thermal efficiency are all to be found in our metropolises. The same applies to adaptation: cities, where risks are concentrated, are also where populations are, or should be, best protected by warning and safety systems. In a way, cities must become even more urban in the face of the climate challenge.

In the climate maelstrom, the art of building takes on a whole new meaning: it's from this that a new modernity can be born.

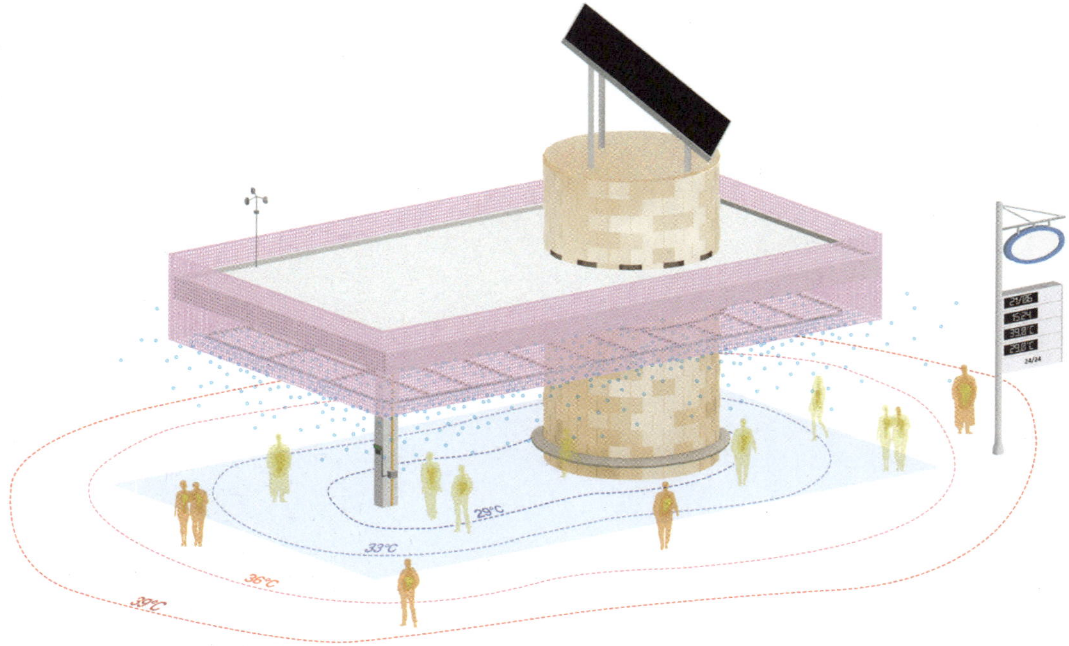

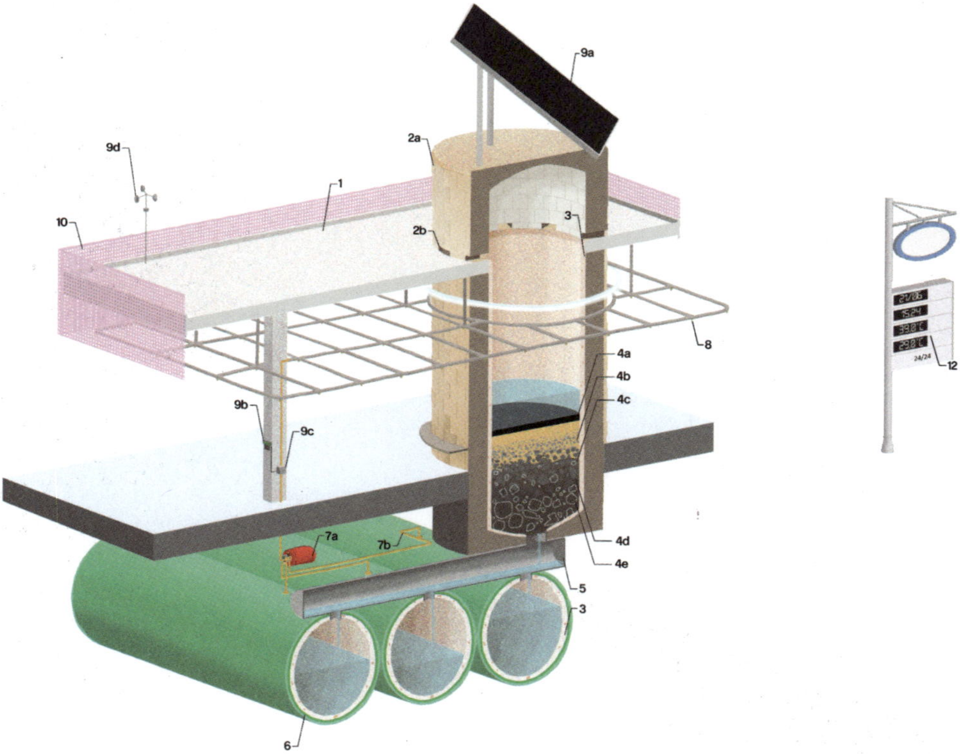

1. STRUCTURE EXISTANTE, TOIT PEINT EN BLANC [ALBÉDO ÉLEVÉ – 0,8 À 0,9] [112 M² POUR LA COLLECTE DES EAUX DE PLUIE : DANS UN CLIMAT SUBTROPICAL, 80 000 À 100 000 L PEUVENT ÊTRE RÉCOLTÉS ANNUELLEMENT] – 2A. BASSIN DE SÉDIMENTATION ET DE FILTRATION, BLOCS DE PIERRE CALCAIRE, CAPACITÉ : 30 000 L, 2B. TRAPPES – 3. ENDUIT *MALTHA HYDRAULICA* : CALCAIRE, SABLE ET TERRE CUITE DE RÉEMPLOI – 4A. CHARBON ACTIF, 4B. SABLE, 4C. GRAVIER CONCASSÉ, 4D. GRAVIER, 4E. PIERRES – 5. DRAIN – 6. RÉSERVOIRS, DÉCONTAMINÉS PAR BIOREMÉDIATION, CAPACITÉ : 40 000 L CHACUN [APRÈS FILTRATION ET STABILISATION DU PH, L'EAU EST STOCKÉE DANS CES CUVES] – 7A. POMPE HAUTE PRESSION, 70 BAR, 6 L/MIN, 200W, 7B. TUYAUX HAUTE PRESSION [ALIMENTÉS PAR LA BATTERIE] – 8. SYSTÈME DE BRUMISATION – 9A. PANNEAU SOLAIRE, 2 000 WC (11 KWH EN ÉTÉ/7 KWH EN HIVER) ET BATTERIE, 24 V 600 AH AVEC UN RÉGULATEUR MPPT 100 A, 9B. PANNEAU DE CONTRÔLE, ARDUINO ET ÉCRAN LCD, 9C. ÉLECTROVANNE, 9D. ANÉMOMÈTRE ET SONDE DHT 22 (TEMPÉRATURE ET HUMIDITÉ) [SI LA T° > 30°C ET L'HUMIDITÉ < 70%, LE SYSTÈME DE BRUMISATION S'ACTIVE. SI LE VENT > 30 KM/H, LE SYSTÈME S'ARRÊTE] – 10. CASQUETTE [RÉDUCTION DU RAYONNEMENT SOLAIRE DIRECT] – 11. CHAUFFAGE INFRAROUGE, 12 UNITÉS DE 250 W, COUPLÉ À UN ÉCLAIRAGE LED [ALIMENTÉ PAR LA BATTERIE] [RÉCHAUFFE LES CORPS PAR RAYONNEMENT THERMIQUE] – 12. INDICATEUR DE TEMPÉRATURES

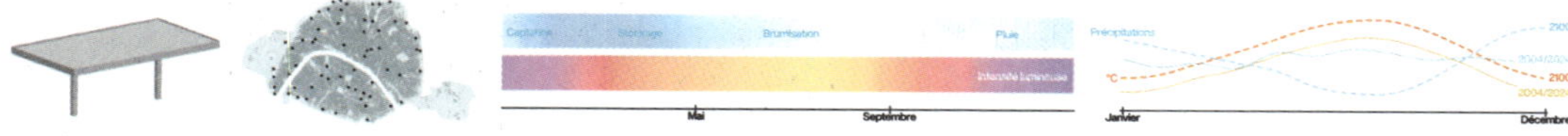

LONGTEMPS SYMBOLE DE LA MOBILITÉ CARBONÉE, QUEL AVENIR POUR LES STATIONS-SERVICE DANS UNE ÈRE POST-COMBUSTION ? ALORS QUE PARIS GLISSE VERS UN CLIMAT SUBTROPICAL, CES ESPACES PEUVENT-ILS ÊTRE RÉAPPROPRIÉS COMME SANCTUAIRES CLIMATIQUES, OFFRANT OMBRE, FRAÎCHEUR ET RESSOURCES ESSENTIELLES ? COMMENT TRANSFORMER CES INFRASTRUCTURES OBSOLÈTES EN REFUGES THERMIQUES ? PEUVENT-ELLES MUTER EN ESPACES PUBLIC FONCTIONNELS ET AUTONOMES, OFFRANT AUX CITADINS DE DEMAIN UN ABRI CONTRE LES TEMPÉRATURES EXTRÊMES ET UN ACCÈS À DES RESSOURCES VITALES ? ON COMPTE 74 STATIONS-SERVICE DANS PARIS INTRAMUROS. DANS LA MÉTROPOLE DU GRAND PARIS, IL EN EXISTE PLUS DE 400, COUVRANT AU TOTAL UNE SUPERFICIE DE 60 HECTARES. DANS LA CONTINUITÉ DES ORIENTATIONS POLITIQUES ET URBAINES POUR L'AVENIR DE PARIS, CES INFRASTRUCTURES TENDENT À DISPARAÎTRE. POURTANT, ON PEUT S'INTERROGER SUR LA PRÉSENCE DE CETTE TYPOLOGIE ET COMMENT ELLE POURRAIT CONTRIBUER À LA RÉDUCTION DE L'EFFET D'ÎLOT DE CHALEUR URBAIN. RÉIMAGINER LA STATION-SERVICE —EN COMBINANT OMBRAGE, BRUME ET RÉFLEXION SOLAIRE— REMET EN QUESTION LE RÔLE DES INFRASTRUCTURES EXISTANTES EN TANT QUE DISPOSITIFS ACTIFS DE LA RÉSILIENCE URBAINE.

[FR] PRENDRE LA CHALEUR
PAR BEATRIZ COLOMINA ET MARK WIGLEY

Arrivé il y a seulement 200 000 ans, l'humain a réussi en quelques siècles à rendre la planète de plus en plus inhabitable pour lui. L'espèce est en train de s'éteindre ou de forcer l'émergence d'une version plus résistante d'elle-même. Il est possible que le changement climatique provoque l'émergence d'un nouvel être humain qui ne soit pas un prédateur extractif de tout, y compris de lui-même. Quoi qu'il en soit, l'environnement construit par l'homme deviendra autre chose.

Alors que les températures remontent de 1 mètre par heure vers les pôles Nord et Sud, les humains, trop fragiles, et leur environnement bâti suivront le mouvement, quittant une zone inhabitable de plus en plus étendue centrée sur l'équateur. Les ruines de l'environnement bâti abandonné par l'homme seront investies par d'innombrables espèces, à commencer par les micro-organismes extrêmophiles migrateurs qui apprécient la chaleur extrême et les nouveaux circuits biogéochimiques. Les humains, à l'inverse des extrêmophiles, devront créer un environnement bâti qui ne se contente pas d'offrir un abri contre les changements environnementaux, mais qui embrasse – et même provoque – de nouveaux changements. L'idée d'un environnement modéré, rendu encore plus modéré par les bâtiments, doit céder la place à des structures plus poreuses qui acceptent et conservent des conditions fluctuantes. L'architecture elle-même devient un réfugié climatique. Peu de caractéristiques des villes contemporaines – sociales, spatiales, économiques, technologiques – survivront à la chaleur.

Les humains et le monde sont microbiens – fabriqués, habités et entretenus par des microbes. La biosphère elle-même, que l'homme s'est efforcé de transformer, est le fruit de 3,5 milliards d'années de travail microbien. L'avenir des abris humains ne peut être que microbien.

[EN] TAKE THE HEAT
BY BEATRIZ COLOMINA AND MARK WIGLEY

Having only arrived 200,000 years ago, humans have managed in just the last few centuries to make the planet increasingly uninhabitable for themselves. The species is either extinguishing itself or forcing the emergence of a more resilient version of itself. It is possible that climate change provokes a new human to emerge that is not an extractive predator of everything, including itself. Either way, the human-built environment will become something else.

As rising temperatures move one meter per hour towards the North and South poles, all-too-fragile humans and their built-environment will follow, vacating an ever-expanding uninhabitable zone centered on the equator. The ruins of the abandoned human-built environment will be taken over by countless species, starting with the migrating extremophile microorganisms that relish the extreme heat and new bio-geo-chemical circuits. Humans, the opposite of extremophiles, will have to make a built environment that not only offers shelter from environmental change but embraces and even provokes new kinds of change. The idea of a moderate environment, made even more moderate by buildings, has to give way to more porous structures that accept and curate pulsating conditions. Architecture itself becomes a climate refugee. Few features of contemporary cities—social, spatial, economic, technological—will survive the heat.

Both humans and the world are microbial—manufactured, inhabited, and maintained by microbes. The biosphere itself that humans have worked so hard to transform is itself the artifact of 3.5 billion years of microbial labor. The future of human shelter can only be microbial.

ODE À LA BRUME
Baptiste Chauvin, Paola Franco, Victor Angelard

III. FUTURE WATER.
Pablo Castillo Luna

PAR ROB DUNN

Pour réfléchir à l'avenir de Paris, il faut penser aux avenirs du passé.

L'homme est né du changement, de la réinvention. La première espèce humaine, *Homo erectus*, est apparue il y a 1,9 million d'années. Contrairement à ses ancêtres, il avait un gros cerveau créé grâce à une adaptation du régime alimentaire, à une certaine capacité à rechercher des aliments plus délicieux et plus riches en énergie, peut-être de la viande grillée au barbecue, du miel, des moules ou des racines fermentées. Ce changement est apparu alors que les forêts déclinaient, que les savanes se développaient et que les anciennes méthodes ne fonctionnaient plus. Ceux qui ont mangé les nouveaux aliments et vécu selon les nouvelles méthodes ont survécu ; les autres ont disparu.

Chez les mammifères comme chez les oiseaux, les gros cerveaux évoluent en période de changement. Ils amortissent le changement, permettent aux animaux de se souvenir de la date de maturité de certains arbres fruitiers, de manger des aliments variés à des moments différents, de les stocker et, de bien d'autres façons, de faire face à des conditions variables avec ingéniosité. Les corbeaux, les corneilles, les geais, les perroquets, les singes sont tous nés dans des lieux et à des moments imprévisibles. Il en va de même pour les premiers humains, nés du feu et de la transition.

Il y a 15 000 ans, au Levant, le changement est revenu. Le Levant comprend la région aujourd'hui divisée entre le Liban, Israël, la Jordanie, la Palestine et la Syrie. Au Levant, le climat s'est réchauffé, puis s'est rapidement refroidi. À cette même époque, des humains ont commencé à y habiter. Nous les appelons aujourd'hui les Natufiens. Ils ont commencé à utiliser des levures pour fabriquer de la bière et, plus tard, du pain. Ils ont récolté puis cultivé des céréales pour nourrir ces levures. Ils ont commencé à vivre au même endroit d'une saison à l'autre. Tout cela était-il dû à l'évolution du climat ? Certains archéologues répondent par l'affirmative, d'autres par la négative. Dans leurs réunions et dans leurs livres, ils s'opposent avec soin et passion. Ce que nous pouvons dire avec certitude, c'est que pendant les siècles où le climat a changé au Levant, les sociétés ont emprunté des voies nouvelles. Elles l'ont fait par le biais de leurs rapports avec les levures, les céréales et les légumineuses. Des choses similaires se sont produites en Chine et ici et là dans le monde. Des transitions similaires, des détails différents, des espèces différentes.

Finalement, certaines populations humaines ont commencé à s'associer à des animaux non humains. Il ne s'agissait pas des premiers partenariats avec des animaux. Des relations anciennes existaient entre les oiseaux mangeurs de miel de l'espèce « indicateurs » et de nombreuses cultures humaines en Afrique et, il y a 40 000 ans, certains humains avaient commencé à vivre avec des loups/chiens. Mais ces partenariats étaient inédits. À une autre époque de changement, quelqu'un a décidé de ramper sous un aurochs – cette vache ancestrale – et de le téter, ou encore d'enclore une brebis ou une chèvre sauvages, ou encore un cochon. Certains humains s'adaptaient, voire provoquaient le changement, par le biais de partenariats. Je les appelle – avec les levures, les plantes, les animaux – des mutualismes. Ceux-ci ont créé de nouveaux modes de vie qui étaient les conséquences non seulement des humains ou de leurs partenaires, mais des deux. Lorsque certains humains se sont associés à des chevaux, par exemple, d'abord au Kazakhstan puis bien après, par rapport à la guerre qui est devenue plus probable. Ce n'était pas inévitable, mais c'est pourtant le chemin qui, une fois que les humains et les chevaux sont devenus des centaures culturels, a été le plus souvent emprunté.

Dans chacun de ces nombreux passés, les humains semblent avoir souvent fait face au changement en s'associant à d'autres espèces et en opérant les transformations culturelles qui en découlaient. Ces transformations étaient souvent radicales. Pour l'*Homo erectus*, on se représente une époque avant la viande cuite, la fermentation, l'abondance de miel. Pour les premiers agriculteurs, on imagine une époque d'abondance errante, où l'on se déplaçait au gré des saisons, où l'on mangeait du poisson et des gazelles, des baies et des fruits. Et puis pensons à un temps passé dans les maisons, dans le village, à manger de la bouillie et des lentilles et à boire de la bière et du vin de palme. Au Kazakhstan, pensons à une époque où chaque voyage était aussi lent ou aussi rapide que le marcheur le plus lent du groupe. Puis imaginons le temps des chevaux, où le monde devenait plus petit et où chaque voisin était plus proche.

Dans le Paris d'aujourd'hui, des millions de personnes vivent au milieu des conséquences de ces changements antérieurs, mangeant de la viande rôtie, buvant du vin ou de la bière, et rompant le pain. Le cerveau des Parisiens modernes est semblable à celui de l'*Homo erectus*. Leur régime alimentaire s'appuie sur les partenariats forgés par les anciens. Les vestiges de ces héritages sont profondément ancrés dans les fondements de Paris. À cela s'ajoutent les spécificités culturelles de la France mélangées à celles de la capitale, une ville qui ne ressemble à aucune autre, dans laquelle les rues et les bâtiments ont été reconstruits et renaissent pourtant. Ils contiennent des passés et des pierres plus anciens, constituant la génétique géologique de l'histoire de la France.

Le changement qui se produira à Paris au cours des prochaines décennies est plus important que celui qui a touché les ancêtres de l'*Homo erectus* et que le changement climatique qui a coïncidé avec les progrès culturels dans le croissant fertile. Il pourrait s'agir d'une différence de quatre degrés centigrades. Cela pourrait facilement être plus. Certains jours, certains mois, peut-être certaines années entières, ce sera le cas. À ce réchauffement s'ajouteront les degrés supplémentaires liés aux îlots de chaleur urbains. Parce que le ciment, le béton et les briques emmagasinent la chaleur, des parties de Paris seront plus chaudes – et variables – de douze degrés centigrades que les températures historiques. Tantôt chaudes et poussiéreuses, tantôt ravagées par la sécheresse et ruisselantes. Parfois des inondations, des incendies, de la pluie.

Ce changement ressemble aux précédents, mais reste différent. D'une part, il n'est pas facile pour des millions de Parisiens de se déplacer et, pour la plupart, c'est un changement qui naîtra sur place. D'autre part, si l'on se tourne vers le passé lointain, rien ne prouve que les humains avaient planifié les changements qui les ont frappés. Le changement dans la vie des ancêtres de l'*Homo erectus* a été rapide, vu de notre époque, mais lent par rapport à leur vie. Il était évolutif et s'est produit en fonction d'un décès ou d'une naissance à la fois. Le changement au Levant a été plus rapide et pourtant, il ne s'est pas produit en une génération, comme ce sera le cas à Paris. Aucun être humain n'a vu le changement, pas complètement, et aucun n'a pu prédire sa venue. Nous ne savons pas si les ancêtres de l'*Homo erectus* ont imaginé l'avenir. Nous savons en revanche qu'ils n'auraient pas pu prévoir ce qui arrive. Les Natufiens ont peut-être essayé de prédire l'avenir. Des milliers d'années plus tard, les Mésopotamiens et, plus tard, les Assyriens, ont eu recours à de nombreuses formes de prédictions. Certains brisaient les os des poulets, d'autres observaient si les poulets picoraient ou non et d'autres encore relevaient la direction du vol des oiseaux ou examinaient le foie et les entrailles d'autres animaux. Parfois, ces pronostics étaient fondés sur des signaux fiables, des présages de la nature ; dans d'autres cas, il s'agissait d'une magie pleine d'espoir.

Les individus qui cherchaient à voir l'avenir en se fondant sur les viscères étaient des haruspices. Ceux qui se tournaient vers les oiseaux étaient des augures. Aujourd'hui, les oiseaux (et ceux qui les écoutent, y compris les ornithologues et les écologistes) ont encore quelque chose à dire. De nombreuses espèces d'oiseaux ont disparu de Paris. Les geais, les corneilles, les merles, les pies et de plus en plus, les perruches sont présentes. Ce sont tous des oiseaux à gros cerveaux qui ont évolué pour tirer profit des périodes variables. Il est probable qu'ils persisteront ; plus ils prospéreront, plus ils nous signaleront la variabilité qui nous échappe. Ils le feront proportionnellement à l'imprévisible. Il en va de même pour les oiseaux purement féconds, tels que les pigeons et les moineaux domestiques. Observez-les, ils nous racontent des histoires de nos villes qui nous échappent.

Les physiciens mentionnent également l'avenir. Mais ils en parlent dans des contextes abstraits de niveaux d'émissions et de températures. Les écologistes traduisent ce que les physiciens voient dans les réalités du monde vivant. Il y a quelques années, mon ami et collègue Matt Fitzpatrick et moi-même avons mis au point une approche permettant de traduire les prédictions des physiciens. En Amérique du Nord, nous pouvions prédire à quelle ville ressemblerait une ville existante selon différents scénarios. Matt a étendu cette approche au monde entier, y compris à Paris. D'après ses travaux, avec un réchauffement de quatre degrés, Paris ressemblera davantage à Naples ou à Bari, en Italie. Au cours des années plus chaudes, ou en cas de résultats extrêmes, Paris deviendra semblable à des villes plus chaudes ou plus sèches. Pensez à Rabat au Maroc.

Nous pouvons nous inspirer de ces villes pour voir comment les gens vivent. Qu'est-ce qui, de Naples, peut être apporté à Paris, de l'architecture, mais aussi de la nourriture, de l'agriculture, des façons d'être. Ce que l'on peut emprunter à Rabat. Une ville, c'est aussi une sorte d'être, auquel on peut s'associer. Que pouvons-nous apprendre du métabolisme de toute la vie de ces villes ? Des villes situées dans des climats comme Naples, qui possèdent les êtres vivants qui aideront le plus Paris à prospérer, les arbres qui, comme des poumons, survivent et exhalent de l'oxygène dans un avenir plus chaud. Les Italiens du sud qui vivent à Paris ont des histoires à raconter sur l'avenir de Paris, des connaissances à partager. Les villes dont le climat est comparable à celui de

Rabat ont encore d'autres êtres qui pourraient bénéficier aux Parisiens. Les Marocains vivant à Paris ont eux aussi des connaissances sur l'avenir. Le changement offert par cette connaissance pourrait être modeste, mais si nous revenons aux exemples de l'*Homo erectus* et du Levant, le succès pourrait bien signifier une ré-imagination et un partenariat plus radicaux avec d'autres espèces.

Pour un tel partenariat radical, nous pourrions nous tourner vers les espèces elles-mêmes. Il y a 1,9 million d'années, l'*Homo erectus* choisissait parmi les aliments qui pouvaient être transformés avec les outils dont il disposait. Il y a quinze à douze mille ans, les Natufiens ont choisi de s'associer à des levures, des céréales et des légumineuses, parmi d'autres êtres avec lesquels collaborer. Paris aussi pourra choisir, dans les décennies à venir. Le choix le plus simple est de trouver les moyens de cultiver les espèces qui vivent, par exemple, à Naples ou à Rabat. Pourtant, ces villes ne sont pas parfaites non plus. À quoi ressemble un choix plus audacieux, celui d'un partenariat à Paris avec les espèces qui donneraient aux Parisiens la meilleure vie possible ? Cela me rappelle ce que Primo Levi a dit à propos de l'époque à laquelle le centaure a été formé. Levi décrit un temps après une inondation. La boue était « l'hôte des mariages de toutes les espèces… […] Ce fut une époque, qui ne se répétera jamais, de fécondité sauvage et extatique, où l'univers entier ressentit de l'amour, si intensément qu'il faillit retourner au chaos ».

Mais il n'est pas retombé dans le chaos. Et Paris n'a pas besoin de devenir un chaos. Les Parisiens peuvent choisir radicalement des espèces qui font plus que nous nourrir. Ils peuvent choisir les arbres qui rafraîchiront le mieux les rues dans les climats futurs, qui séquestreront le mieux le carbone, qui nettoieront le mieux l'eau. Ils peuvent choisir les microbes qui soutiennent le mieux la santé des systèmes immunitaires, la biodiversité qui est la plus bénéfique pour la santé mentale. Les algues, peut-être, qui font la photosynthèse sur les murs et les toits. Les fleurs qui courtisent les humains avec leurs odeurs, oui, mais aussi les insectes qui volent ici et là à travers nos meilleurs avenirs.

Les Parisiens peuvent choisir une ville vivante qui n'est pas seulement une façon de faire face à ce qui arrivera, mais qui permet aussi un avenir meilleur que le présent, un avenir plus sauvage que le présent, un avenir dans lequel Paris est sauvage avec les cris des oiseaux capables de prospérer dans des temps instables – les cris des corbeaux, le babil des pies, mais aussi, ici et là, les cris de ceux qui annoncent des temps plus stables, comme ceux que de nouveaux partenariats radicaux pourraient façonner.

PARIS AND THE FUTURES OF THE PAST

BY ROB DUNN

To think about the future of Paris, we must think about the futures of the past.

Humans emerged out of change; we are born of change, of reinvention. The first human species, *Homo erectus*, evolved 1.9 million years ago. Unlike its ancestors, *Homo erectus* had a big brain. That brain was made possible by a change in diet, some ability to search out more delicious and energy-rich foods. Maybe barbequed meat, maybe honey, maybe mussels or fermented roots. This change emerged as forests were waning, savannahs were waxing and the old ways no longer worked. Individuals who ate the new foods and lived in the new ways persisted; those who did not are gone.

In mammals and birds alike, big brains evolve in times of change. Big brains buffer change. They allow animals to remember when particular fruit trees ripen, to eat different foods at different times, to store food and to, in many other ways, deal with variable conditions through ingenuity. Ravens, crows, jays, parrots, monkeys, they were all born out of unpredictable places and times. So did the first humans; they were born of fire and transition. We were born out of fire and transition.

Fifteen thousand years ago, in the Levant, change came again. The Levant includes the region now parcelled into Lebanon, Israel, Jordan, Palestine and Syria. In the Levant, the climate warmed, only to rapidly cool. During this same time, some humans began to settle. We call them Natufians now. They began to rely on yeast to make beer and, later, bread. They gathered and then farmed grains to feed those yeast. They began to live in the same place from one season to the next. Was this all-in response to the changing climate? Some archaeologists say yes, others no. In their meetings and, in duelling books, they disagree with care and passion. But what we can say for sure is this, during the centuries in which climate changed in Levant, societies undertook fundamentally new paths. They did so through relationships with yeast, grains and pulses too. Similar things unfolded in China and here and there around the world. Similar transitions. Different details. Different species.

Eventually, some populations of humans began to partner with non-human animals. These weren't the first partnerships with animals. Ancient relationships existed between honeyguides and many human cultures in Africa and, by forty thousand years ago, some humans had begun to live with wolves/dogs. But these partnerships were something new. In yet another time of change, someone decided to crawl under an aurochs–that ancestral cow–and suckle, or to corral a wild sheep, a wild goat, or a pig. Some humans were coping with change, indeed making change, through partnerships. I call all of these partnerships–with yeast, with plants, with animals–mutualisms. The mutualisms created new ways of life that were the consequences not just of the humans or of their partners, but of both, together. Once some humans partnered with horses, for instance, first in Kazakhstan and then far beyond, war became more likely, war and empire. Not inevitable and, yet, the road that, once humans and horses became cultural centaurs, was more often travelled.

In each of many pasts, humans seem to have often coped with change through partnering with other species and through associated cultural transformations. These transformations were often radical. For *Homo erectus*, think about a time before grilled-meat, a time before fermentation, a time before abundant honey and then after. For the first farmers, think about a time of wandering abundance, of moving with the seasons, of fish and gazelle, berries and fruits. And then think about a time in houses, in the village, eating porridge and lentils and, yes, also drinking beer and palm wine. In Kazakhstan, think about a time when each journey was only as slow or as fast as the slowest walker in a group. And then think of a time upon horses, a time when the world became smaller and each neighbour nearer.

In modern Paris, millions live amidst the consequences of these previous changes, eating pleasurably roasted meat, drinking wine or beer, and breaking bread. The brains of modern Parisians are remarkably similar to those of *Homo erectus*. The diet of Parisians builds on the partnerships forged by ancients. Deep in Paris's bones are the remains of these legacies. On top of those though are other things, the cultural uniquities of France and, on top of those, mixed with those, the uniquities of Paris, a city unlike any other, a city in which the streets and buildings have been rebuilt and reborn again and again and yet, invariably, contain older pasts, older stones, the geological genetics of French history.

The change that will come for Paris in the next decades is greater than the change that befell the ancestors of *Homo erectus*, greater too than the climatic change that coincided with the cultural changes in the fertile crescent. It might be four degrees centigrade of change, yes. It could easily be more. Some days, some months, maybe some whole years, it will be. On top of that warming will be the added degrees associated with the urban heat islands. Because cement, blacktop and bricks store heat, parts of Paris will be twelve degrees centigrade warmer than historic temperatures. Conditions will be hot, but also variable. Sometimes hot and drought wrecked; dusty corners and streams. Sometimes flooded. Sometimes fire. Sometimes rain.

This change is like previous changes, but also different. For one, it is not easy for millions of Parisians to move and so, for most, it is a change that will be born in place. Also, as we look to the distant past, there is no evidence that humans planned for the changes that befell them. The change to the lives of the ancestors of *Homo erectus* was fast when seen from our moment, yet slow relative to their lives. It was evolutionary change that occurred one death or birth at a time. The change in the Levant was faster and yet, still, it did not occur in a generation, as the change in Paris will. No human saw the change, not fully, nor was any human able to predict its coming. We don't know if the ancestors of *Homo erectus* imagined the future. We know, though, that they couldn't have foreseen the change to come. The Natufians may have tried to predict the future. Thousands of years later, the Mesopotamians and, later, the Assyrians, employed many forms of prognosticators. Some broke open the bones of chickens. Some watched whether or not chickens pecked. Others watched the directions the birds flew or looked into the livers or guts of other animals. They looked for signs. Sometimes this prognostication was based on reliable signals, nature portents; in other cases it was hopeful magic.

The individuals who sought to see the future on the basis of innards were haruspices. Those who turned to birds were auguries. Today, the birds (and those who listen to them, including ornithologists and ecologists) still have something to say. Many bird species have disappeared from Paris. Still common though are jays, crows, blackbirds, magpies, and, increasingly, parakeets. These are all big-brained birds that evolved to take advantage of variable times. They are likely to persist; the more they thrive, the more they will signal to us the variability that we miss. They thrive in proportion to the unpredictable. So did do those birds that are purely fecund, such as pigeons and house sparrows. Watch them, they speak to stories of our cities that we miss.

Physicists also tell us of futures. But they speak about futures in abstract contexts, levels of emissions and temperatures. Ecologists translate what physicists see back into the realities of the living world. A number of years ago, my friend and colleague, Matt Fitzpatrick and I developed an approach through which to translate the predictions of the physicists. In North America, we could predict which city an existing city will be like under different future scenarios. Matt extended the approach to consider the world, including Paris. Paris, Matt's work suggests, will, with four degrees of warming, become more like Naples or Bari, Italy, on average. In warmer years, or more extreme outcomes, Paris becomes like warmer or drier cities. Think Rabat in Morocco.

We can look to those cities to see how people live. What, from Naples, can be brought to Paris, from the architecture of Naples, but also the food, the agriculture, the ways of being. What can be borrowed from Rabat. But a city is also a kind of being, with which one can partner. What can we learn from the metabolism of all of the life in those cities? From the cities in climates like Naples, which have the living beings that will most help Paris to thrive, the trees that, like lungs, survive, thrive and exhale oxygen in a warmer future. Southern Italians living in Paris have stories to tell about the future of Paris, knowledge to share. Which cities with climates like Rabat have yet other beings from which the people of Paris might benefit. Moroccans living in Paris, they too know something about the future. The change this knowing offer could be modest, but if we return to the examples of *Homo erectus* and Levant, success may well mean more radical reimagining, more radical partnering with other species.

For such radical partnering, we might look to the species themselves. 1.9 million years ago, *Homo erectus* chose among the foods that could be processed with the tools at hand. Between fifteen and twelve thousand years ago, Natufians chose to partner with yeast, grains, and pulses, among other beings with which to collaborate. Paris, too, can choose, in these coming decades. The simplest choice is to find ways to grow the species that live in, say, Naples or Rabat. And, yet, those cities aren't perfect either. What does it look like to choose more boldly, to choose to partner in Paris with the species that would give Parisians the best life? I'm reminded of what Primo Levi said about the time in which the centaur was formed. Levi describes a time after a flood. The mud was 'host to the marriages of all the species… It was a time, never to be repeated, of wild, ecstatic fecundity, in which the entire universe felt love, so intensely that it nearly returned to chaos.'

But it didn't return to chaos. And Paris needn't become chaos. Parisians can radically choose species that do more than feed us. They can choose the trees that will best cool streets in future climates, that best sequester carbon, that best clean water. They can choose the microbes that best sustain health immune systems, the biodiversity that most benefits mental health. The algae, maybe, that photosynthesize on walls and roofs. The flowers that woo with their smells to humans, yes, but also the insects flying here and there through our better futures. Parisians can choose a living city that is not just a way of coping with what will come, but also that allows for a future better than the present, a future wilder than the present, a future in which Paris is wild with the calls of birds able to thrive in unstable times–crow caws, magpie chatter, but also, here and there, also, the calls of those that portend more stable times, like those that radical new partnerships could shape.

[FR] MISE EN ABÎME AU ÉNIÈME DEGRÉ

PAR PEDRO GADANHO
LISBONNE, DÉCEMBRE 2024

1°C

Quelques jours avant d'écrire ces mots, je suis dans une prairie et je me demande si ce jeune arbre va survivre. Naïf autrefois, je redoute *la saison meutrière* pour sa survie. Dans le contexte d'un nouvel épisode de *changement climatix*[1], il ne suffit plus de planter un arbre. Il est devenu difficile de le garder en vie.

2°C

En guise de leçon sur la pénurie[2], j'ai toujours appris à mes enfants à naviguer dans la ville en passant d'un ombrage à l'autre. Là où c'est impossible – pensez à Phoenix ou au Koweït – les organes internes des passants fondent s'ils traversent la ville à pied.

3°C

J'essaie d'enseigner aux étudiants l'agrivoltaïque comme tactique spatiale pour aider les espèces les plus fragiles. Je les pousse à imaginer les arbres ou le photovoltaïque linéaire comme des dispositifs futurs pour rendre les pistes cyclables supportables.[3] Nouvelles ombres à *l'*éloge de l'*ombre*. Ils n'ont toujours pas compris.

4°C

L'abri était autrefois une question d'architecture. Avec 300 millions de réfugiés climatiques en mouvement d'ici à 2050, ce n'est plus qu'une préoccupation éthique. Combien de temps les Européens supporteront-ils que des millions de personnes se liquéfient littéralement au pied de la forteresse Europe ?[4]

5°C

Ma *prise de conscience écologique*, comme on dit, est née avec l'écriture d'un essai brutal intitulé *Endless Summer (*L'été sans fin). Sa proposition : nous nous adapterons à la hausse des températures et finirons par l'accepter. Il faut toujours voir le bon côté des choses, « peu importe les sports d'hiver ou l'enfer au Cambodge ».[5]

n°C

Comme je l'ai écrit dans un autre texte plus récent, « des incendies massifs à Hawaï ou en Europe du Sud aux inondations bibliques ailleurs, en effet, *la fin* sera télévisée. Et nous la regarderons jour après jour dans une torpeur au ralenti. »[6] Néanmoins, *jusqu'ici tout va bien*.

1 Voir *Climax Change ! How Architecture Must Transform in the Age of Ecological Emergency*, Actar Publishers, New York/Barcelone : 2022.
2 Voir "Ecologies of Scarcity", magazine Umbigo, n° 86, septembre. Lisbonne : 2023. Également dans Garcia, Andreia
& Patricia Coelho (eds.) *Fertile Futures Vol. 2*, Architectural Affairs, Porto : 2024.
3 Voir "Ecological Stress Test", dans Weird Economies.com https:// https://weirdeconomies.com/contributions/ecological-stress-test. Publié le 14 mai 2024. Dernière
consulté le 23 décembre 2024.
4 Voir *Tales of a Warming Planet #4*, dans Instagram/@pedrogadanho
https://www.instagram.com/
5pDBtOFuysDdT/?igsh=MWs0bWJuYmpoM210ag==
Publié octobre 29, 2024. Dernière consultation le 23 décembre 2024.
5 Voir "Endless Summer", in Gadanho, Pedro (ed.), *Eco-Visionaries, Art, Architecture and New Media after the Anthropocene*. Hatje Cantz, Berlin : 2018.
6 Voir "Electrifying the Titanic, or LEED'ing the Weapons of Ecocide" dans Prologue Magazine, numéro 5, Madrid : 2024.

[EN] *MISE EN ABÎME* TO THE N[TH] DEGREE

BY PEDRO GADANHO

LISBON, DECEMBER 2024

1°C

A few days before I write these words, I stand in a field wondering if this young tree will survive. Once a Summer child, I know dread for the end of the *killing season*. In yet another *climax change*,[1] it is no longer enough to plant a tree. It is harder to keep it alive.

2°C

As one lesson on scarcity,[2] I always taught my kids to navigate the city by hoping from shade to shade. Where this is impossible by design — think of Phoenix or Kuwait — people's internal organs will actually melt if they cross the city on foot.

3°C

I try to teach students about agrivoltaics as a spatial tactic to help more fragile species. I push them to imagine trees or linear photovoltaic as future devices to make bike lanes bearable.[3] New shades to *l'éloge de l'ombre*. They still don't get it.

4°C

Shelter used to be an architectural issue. With 300 million climate refugees on the move by 2050, it will become but an ethical conundrum. How long will Europeans stand themselves while millions literally liquefy at the foot of fortress Europe?[4]

5°C

My *ecological reckoning*, as they say, arose with a brutal essay called *Endless Summer*. Its proposition: we would adapt to and eventually embrace rising temperatures. Always look at the bright side, 'never mind winter sports or hell in Cambodia.'[5]

n°C

As I wrote in another, more recent text, 'from massive fires in Hawai or Southern Europe to biblical floods elsewhere, indeed, *the end* will be televised. And we will watch it day by day in slow motion torpor.'[6] Nonetheless, *jusqu'ici tout va bien*.

1 See *Climax Change! How Architecture Must Transform in the Age of Ecological Emergency*, Actar Publishers, New York/Barcelona: 2022.
2 See 'Ecologies of Scarcity,' Umbigo magazine, #86, September. Lisbon: 2023. Also in Garcia, Andreia & Patricia Coelho (eds.) *Fertile Futures Vol. 2*, Architectural Affairs, Porto: 2024.
3 See 'Ecological Stress Test', in Weird Economies.com https:// https://weirdeconomies.com/contributions/ecological-stress-test. Published May 14, 2024. Last accessed December 23, 2024.
4 See *Tales of a Warming Planet #4*, in Instagram/@pedrogadanho https://www.instagram.com/p/DBtOFuysDdT/?igsh=MWs0bWJuYmpoM210ag== Published October 29, 2024. Last accessed December 23, 2024.
5 See 'Endless Summer', in Gadanho, Pedro (ed.), *Eco-Visionaries, Art, Architecture and New Media after the Anthropocene*. Hatje Cantz, Berlin: 2018.
6 See 'Electrifying the Titanic, or LEED'ing the Weapons of Ecocide' in Prologue Magazine, Issue #5, Madrid: 2024.

Larue

[FR] PENSER PAYSAGE
PAR BÉATRICE GRENIER

L'architecture donne forme au monde dans lequel nous vivons : elle est chargée de configurer à la fois l'expérience humaine la plus privée et d'organiser les conditions les plus publiques de ce qui constitue les manières d'être ensemble en tant que société. Que signifierait le fait de redéfinir l'ensemble de la discipline architecturale ?

Après tout, c'est ce que la crise climatique oblige à faire, c'est-à-dire mettre de côté les briques et les pierres, les éléments et les proportions de l'architecture, et devenir la science qui repense l'abri commun pour une densité multiespèces dans des environnements urbains changeants.

Transformer l'architecture commence par une nouvelle manière de penser le paysage, la seule discipline qui puisse être pensée à travers un prisme planétaire. Le paysage est la branche de l'architecture qui reconnaît que la planète est une, et que les humains en sont des êtres, inséparables et unis à la nature. En ce sens, penser le paysage est repenser la mondialisation. Aujourd'hui, le paysage occupe une nouvelle place dans la conception, qui n'est ni architecturale ni écologique, mais qui se situe au cœur même de la culture, façonnant de nouvelles idées sur ce qu'est la nature et sur la manière dont les humains et les non-humains devraient vivre ensemble.

Le musée a un rôle clé à jouer en rendant visibles les approches discursives et méthodologiques qui sont essentielles pour repenser nos villes et nos futures institutions à travers le prisme du paysage et il a la responsabilité de placer cette discipline au cœur de la culture, notre quintessence et notre expérience la plus contemporaine de celle-ci.

[EN] THINKING LANDSCAPE

BY BÉATRICE GRENIER

Architecture shapes the world we live in : it configures the most private human experiences while also organizing the most public conditions of collective life.

What if we redefined the entire spectrum of the architectural discipline? This is, after all, what the climate crisis obliges, which is to say, to cast aside architecture bricks and stones, elements, and proportions, and become the science that rethinks the common shelter for multi-species density in shifting urban environments.

Transforming architecture starts with a new way of thinking about landscape, the only discipline that can be thought through a planetary prism. Landscape is the branch of architecture that acknowledges that the planet is one, and that humans are its beings, inseparable and one with nature. In this sense, thinking landscape is a new way to think about globalization. Today, landscape has a new place in design, not just architectural, nor ecological, but one that situates itself at the very core of culture, starts with a new way of thinking about landscape.

The museum has an important role to play in making visible the discursive and methodological approaches which are essential to rethinking our cities and future institutions through the prism of landscape and holds the responsibility of positioning the discipline at the very core of culture, our quintessential and most contemporary experience of it.

A LITHIC LUNG FOR PARIS
Immanuel Bergmann, Lennard Gritzo, Lilou Günther

AIRBORNE
A-roh, Agathe Sautet, Matthieu Friedli

[FR] LES FLEURS DE NOTRE PLANÈTE
PAR LISA HESCHONG, 2025
Traduction française par Isabelle Tuncer

Nous sommes les fleurs de notre planète. Nos comportements et nos habitats sont façonnés par le climat. Au cœur même de notre être, notre code génétique anticipe les rythmes planétaires.

Clair-obscur, chaud et froid. Clair-obscur, chaud et froid.
La chaleur : elle nous invite. La fraîcheur : elle nous détend.

Pourtant, trop de froid nous immobilise. Avec trop de chaleur, nous mourrons.

La nuit, nous dormons, nous rêvons, nous réfléchissons.
Dans l'obscurité, nous guérissons.
Le jour, nous nous réveillons, nous bougeons, nous créons.
Dans la lumière, nous agissons.

Pourtant, trop d'obscurité nous affaiblit. Trop de soleil nous brûle.
Même si nous cherchons à nous abriter des extrêmes, nous devons respecter les rythmes de la nature.

Les autres formes de vie nous offrent une myriade d'exemples.

Elles aussi ont leurs propres rythmes de vie : de leur croissance à leur décomposition et à leur renaissance. Qu'elles hibernent ou qu'elles migrent, elles évitent le pire et recherchent le meilleur. De leur naissance à leur sénescence, du lever au coucher du soleil, leur croissance et leur santé sont guidées par les rythmes du soleil.

En utilisant l'énergie du soleil, la vie structure un monde nouveau.

Des chloroplastes à la bioluminescence, la lumière du soleil alimente l'activité de la vie.
Les récifs coralliens se construisent couche par couche, en regardant toujours vers le ciel lumineux.
Les créatures des profondeurs marines brillent dans l'obscurité, recyclant l'énergie solaire provenant des sucres formés à la surface de la mer par le phytoplancton, qui dérive lentement vers le fond.
De la feuille la plus haute d'un arbre majestueux aux minuscules filaments d'un champignon caché dans le sol sombre, les forêts utilisent pleinement chaque photon disponible.

Nous pouvons en faire autant.

En utilisant tout ce qui se trouve à portée de main.
En trouvant des occasions de réutiliser de vieux objets.
En adoptant les rythmes planétaires, en recherchant les signaux du soleil.
En apprenant à nos enfants à être persévérants,

En créant une civilisation ingénieuse, généreuse et durable.
Comme les fleurs de notre planète.

[EN] FLOWERS OF OUR PLANET

BY LISA HESCHONG, 2025

We are the flowers of our planet. Our behaviors and habitats are shaped by climate.
At the very core of our being, our genetic machinery anticipates planetary rhythms.

Light-dark, hot-cold. Light-dark, hot-cold.
Warmth: it invites us. Coolth: it relaxes us.

Yet, with too much cold, we are immobilized. With too much heat, we die.

At nighttime, we sleep, we dream, we reflect.
In darkness, we heal.
In daytime, we awaken, we move, we create.
In sunlight, we activate.

Yet, with too much darkness, we decay. With too much sunlight, we burn.
Even while we seek shelter from extremes, we must still respect nature's rhythms.

Other life forms offer many lessons.

They too have intrinsic rhythms of activity and repair. Of growth, decay and rebirth.
Of hibernation or migration: avoiding the worst and seeking the best. From infancy to
senescence, sunrise to sunset, growth and health are guided by signals from the sun.

Utilizing the sun's energy, life launches a cascade of construction.

From chloroplasts to bioluminescence, sunlight fuels the activity of life.
Coral reefs build layer upon layer, looking ever upwards to the bright sky.
Deep sea creatures glow in the dark, recycling the sun's energy from sugars first formed
at the sea's surface by phytoplankton slowly drifting downward.
From the top-most leaf of a towering tree to tiny filaments of fungi hidden in the dark soil,
forests make full use of every available photon.

We can too.

By making use of whatever is near at-hand.
By finding opportunities to reuse old stuff.
By embracing planetary rhythms, seeking signals from the sun.
By teaching our children to persevere,

In creating an ingenious, bountiful, enduring civilization.
As the flowers of our planet.

TRESSER L'OMBRE
Clémence Althabegoïty, Catherine Romand

Prix Liliane Bettencourt pour l'intelligence de la main® - Dialogues
crédits : François Lauginie, DRAC Centre-Val de Loire

CIEL ROUGE

Le 18 septembre 2020, au plus fort de la pandémie de Covid-19 au Brésil, São Paulo s'est réveillée avec un ciel rouge sinistre. Depuis les fenêtres de leurs appartements, des habitants socialement isolés regardent dehors, cherchant la source de l'épaisse fumée qui recouvre la ville. Contrairement aux incendies de forêt qui allaient embraser Los Angeles en 2025, le phénomène de São Paulo n'avait pas de source d'incendie visible, du moins pas dans un rayon de 700 kilomètres. Plus tard dans la journée, les météorologues en ont révélé la cause : le Pantanal, un biome célèbre pour sa biodiversité inégalée, était en train de brûler. Des vents violents avaient transporté la fumée jusqu'à la plus grande ville du Brésil, peignant le ciel de teintes apocalyptiques. Mais l'histoire qui se cache derrière ce ciel rouge est encore plus alarmante.

Quatre mois plus tôt, les Brésiliens avaient été stupéfaits par la fuite d'une vidéo d'une réunion ministérielle du gouvernement d'extrême droite dirigée par le président de l'époque, Jair Bolsonaro. Dans cet enregistrement, Ricardo Salles, le ministre de l'Environnement, suggère que l'attention portée par les médias à la pandémie constitue un moment opportun pour « tout faire passer » (en portugais, « passar a boiada », littéralement faire passer le bétail). Sa proposition était claire : assouplir les réglementations environnementales pour permettre l'expansion de l'agro-industrie dans des zones protégées comme l'Amazonie et le Pantanal. Les incendies de forêt intentionnels sont une tactique courante pour étendre les frontières de l'agriculture, en défrichant la végétation indigène pour les cultures et le bétail.

Le ciel rouge, auquel ont assisté des millions d'habitants de São Paulo incrédules et confinés chez eux, est devenu le symbole brutal de deux réalités interconnectées : la nature mondialisée des crises environnementales, souvent soulignée par les activistes, et l'alliance troublante entre les politiciens alignés sur l'agro-industrie et la destruction de l'environnement.

CIEL NOIR

Alors que l'élite de São Paulo se préparait à passer le carnaval 2023 sur la côte, tout le monde ne s'est pas rendu à la plage. Les surfeurs ont choisi de rester chez eux après avoir vu des images radar surprenantes sur leurs sites web spécialisés. Ils avaient du mal à croire ce qu'ils voyaient. Les pires prédictions se sont réalisées. Le 19 février, le ciel au-dessus du littoral paradisiaque de São Sebastião s'est assombri et a déchaîné sa fureur : 637 mm de pluie en seulement quatre heures, soit l'équivalent de ce qui tombe généralement en une année dans des villes comme Paris ou Barcelone. L'événement a fait 65 victimes. Bien que de nombreuses maisons de vacances luxueuses aient été laissées en ruines, les décès se sont concentrés à Vila Sahy, un quartier de dortoirs construit dans une zone à haut risque de glissement de terrain et habitée par des travailleurs qui desservent les communautés fermées de la plage populaire de Barra do Sahy.

Fin avril 2024, l'histoire s'est répétée, cette fois dans le Rio Grande do Sul, en particulier à Porto Alegre, la cinquième plus grande métropole du Brésil. Au lieu d'une tempête brève et intense, la région a subi des semaines de pluie continue : 461 mm en 20 jours. Les rivières sont montées de 4 mètres, inondant les zones urbanisées et laissant un bilan tragique : plus de 200 morts et des quartiers entiers détruits. Les médias internationaux ont comparé la catastrophe à l'ouragan Katrina, qui a frappé La Nouvelle-Orléans en 2005. Depuis des décennies, les experts mettent en garde contre les risques hydrologiques dans ces régions.

Dans un climat mondial de plus en plus extrême, de tels événements mettent en lumière deux réalités essentielles : (1) des mesures simples et abordables, telles que des systèmes d'alerte précoce et des stratégies de défense civile, pourraient sauver des vies. (2) La qualité de vie des communautés pauvres – toujours les plus touchées – dépend de politiques publiques permanentes, telles que la surveillance des zones à risque, la construction de logements sociaux et l'investissement dans le drainage et l'assainissement, entre autres initiatives. Pourtant, au Brésil, les décisions sont souvent prises à l'encontre des preuves scientifiques, en choisissant de nettoyer les dégâts au lieu de les éviter. Pendant ce temps, des vies sont emportées par les eaux. Ces événements révèlent en fin de compte les liens complexes entre la politique et l'écologie à l'heure actuelle.

RED SKY

On September 18, 2020, at the height of the COVID-19 pandemic in Brazil, São Paulo awoke to an eerie red sky. From their apartment windows, socially isolated residents peered out, searching for the source of the dense smoke blanketing the city. Unlike the wildfires that would later engulf Los Angeles in 2025, the São Paulo phenomenon had no visible fire sources—at least none within 700 kilometers. Later that day, meteorologists revealed the cause: the Pantanal, a biome celebrated for its unparalleled biodiversity, was burning. Strong winds had carried the smoke to Brazil's largest city, painting the sky in apocalyptic hues. But the story behind the red sky was even more alarming.

Four months earlier, Brazilians had been stunned by a leaked video from a ministerial meeting of the far-right government under then-President Jair Bolsonaro. In the recording, Ricardo Salles, the Minister of the Environment, suggested that the media's focus on the pandemic presented an opportune moment to "push through everything" (in Portuguese, "passar a boiada", literally "push the cattle through"). His proposal was clear: relax environmental regulations to enable agribusiness expansion into protected areas like the Amazon and the Pantanal. Intentional forest fires are a common tactic to expand agricultural frontiers, clearing native vegetation for crops and livestock.

The red sky, witnessed by millions of incredulous São Paulo residents confined to their homes, became a stark symbol of two interconnected realities: the globalized nature of environmental crises, as often emphasized by activists, and the troubling alliance between politicians aligned with agribusiness and environmental destruction.

BLACK SKY

While São Paulo's elite prepared to spend Carnival 2023 on the coast, not everyone headed to the beach. Surfers chose to stay home after seeing startling radar images on their specialized websites. They could hardly believe what they were seeing. The worst predictions came true. On February 19, the sky over the paradisiacal coastline of São Sebastião darkened and unleashed its fury: 637 mm of rain in just four hours—equivalent to the amount that typically falls in an entire year in cities like Paris or Barcelona. The event claimed 65 lives. Although many luxurious vacation homes were left in ruins, the fatalities were concentrated in Vila Sahy—a dormitory neighborhood built in a high-risk landslide zone and inhabited by workers who serve the gated communities of the popular Barra do Sahy beach.

In late April 2024, history repeated itself, this time in Rio Grande do Sul, particularly in Porto Alegre, Brazil's fifth-largest metropolis. Instead of a brief, intense storm, the region endured weeks of continuous rain: 461 mm over 20 days. Rivers rose by 4 meters, flooding urbanized areas and leaving a tragic toll: over 200 deaths and entire neighborhoods destroyed. International media compared the disaster to Hurricane Katrina, which struck New Orleans in 2005. Experts had been warning for decades about the hydrological risks in these regions.

In an increasingly extreme global climate, such events highlight two key realities: (1) Simple and affordable measures, like early warning systems and civil defense strategies, could save lives. (2) The quality of life for poor communities—always the most affected—depends on permanent public policies, such as monitoring risk areas, building social housing, and investing in drainage and sanitation, among other initiatives. Yet, in Brazil, decisions are often made contrary to scientific evidence, opting to clean up the mess instead of avoiding it. Meanwhile, lives are carried away by the waters. These events ultimately reveal the intricate connections between politics and ecology in present days.

[FR] LE CHANT DES GRENOUILLES

PAR EDUARDO PRIETO

Avant le choc entre les deux mondes, les peuples autochtones d'Amérique centrale vénéraient les grenouilles non seulement comme gardiennes des morts lors de leur voyage vers l'au-delà, mais aussi comme chanteuses – annonceurs, présages — des tempêtes et des changements climatiques. La raison de cette mythologie résidait dans les changements tropicaux : soleils implacables, pluies orageuses, ouragans imprévisibles. Pour ceux qui vivaient dans les jungles du sud, le climat n'était pas une question de chiffres, de manuels ou de techniciens, mais un fait profondément culturel qui façonnait les coutumes, les croyances, l'art et, bien sûr, le mode de vie. Ce n'est pas un hasard si ces hommes et ces femmes ont construit l'architecture légère, au-dessus du sol, perméable, presque en apesanteur, résiliente, des cabanes sur pilotis et cette architecture en mode mineur qu'est le hamac, suspendu entre deux palmiers, soutenu par la nature.

Alors que le premier quart du XXIe siècle est désormais terminé, nous éprouvons une préoccupation face au changement climatique semblable à celle ressentie par les sociétés précolombiennes, mais nous continuons à insister pour nous accrocher uniquement aux formules techniques et aux discours éthiques de la « durabilité ». Et au-delà de l'établissement de certains langages politiquement corrects, nous avons à peine obtenu des résultats. L'une des raisons de cet échec est que le changement climatique et la conscience environnementale n'ont pas encore réussi à donner naissance au type de valeurs culturelles, allégoriques et esthétiques qui structurent l'imaginaire d'une société riche et complexe. Et c'est dans ce déficit symbolique que l'architecture et le paysage peuvent jouer un grand rôle, en tant que médiateurs entre le corps et l'environnement, entre la forme et le climat, entre la réalité construite et la réalité des imaginaires culturels.

Les grenouilles sont là-bas – ici – et elles continuent de chanter, en espérant que quelqu'un daigne leur accorder du crédit.

[EN] THE SONG OF THE FROGS

BY EDUARDO PRIETO

Before the clash between the two worlds, the indigenous people of Central America worshipped frogs not only as guardians of the dead on their journey to the afterlife but also as singers – announcers, prophets – of storms and changes in climate. The reason for this mythology was in the tropical changes: relentless suns, stormy rains, unpredictable hurricanes. For those who lived in the southern jungles, the climate was not a matter of numbers, manuals, or technicians, but a deeply cultural fact that shaped customs, beliefs, art and, of course, the way of living. It was not by chance that those men and women built the light, ground-based, permeable, almost weightless, resilient architecture of the huts on stilts and that minor-key architecture that is the hammock, hung between two palm trees, supported by nature.

As we have completed the first quarter of the 21st century, we are experiencing a concern about climate change like that felt by those pre-Columbian societies, but we continue to cling only to technical formulas and ethical discourses of 'sustainability'. And beyond establishing certain politically correct languages, we have barely achieved results. One of the reasons for this failure is that climate change – environmental awareness – have not yet managed to give rise to the cultural, allegorical and aesthetic values that structure the imaginary of a rich and complex society. And it is in this symbolic deficit that architecture and landscape can play a great role, as mediators between the body and the environment, between form and climate, between built reality and the reality of cultural imaginaries.

The frogs are out there – in here – and they continue to sing, in the hope that someone will deign to give them credit.

VISION POUR L'ADAPTATION DES TOITS PARISIENS FACE AU CHANGEMENT CLIMATIQUE ET À L'ÉVOLUTION DES USAGES DANS LES BÂTIMENTS / Roofscapes Studio et Mosaïka

2.800.000 POTS DE PEINTURE BLANCHE

Gaël Biache

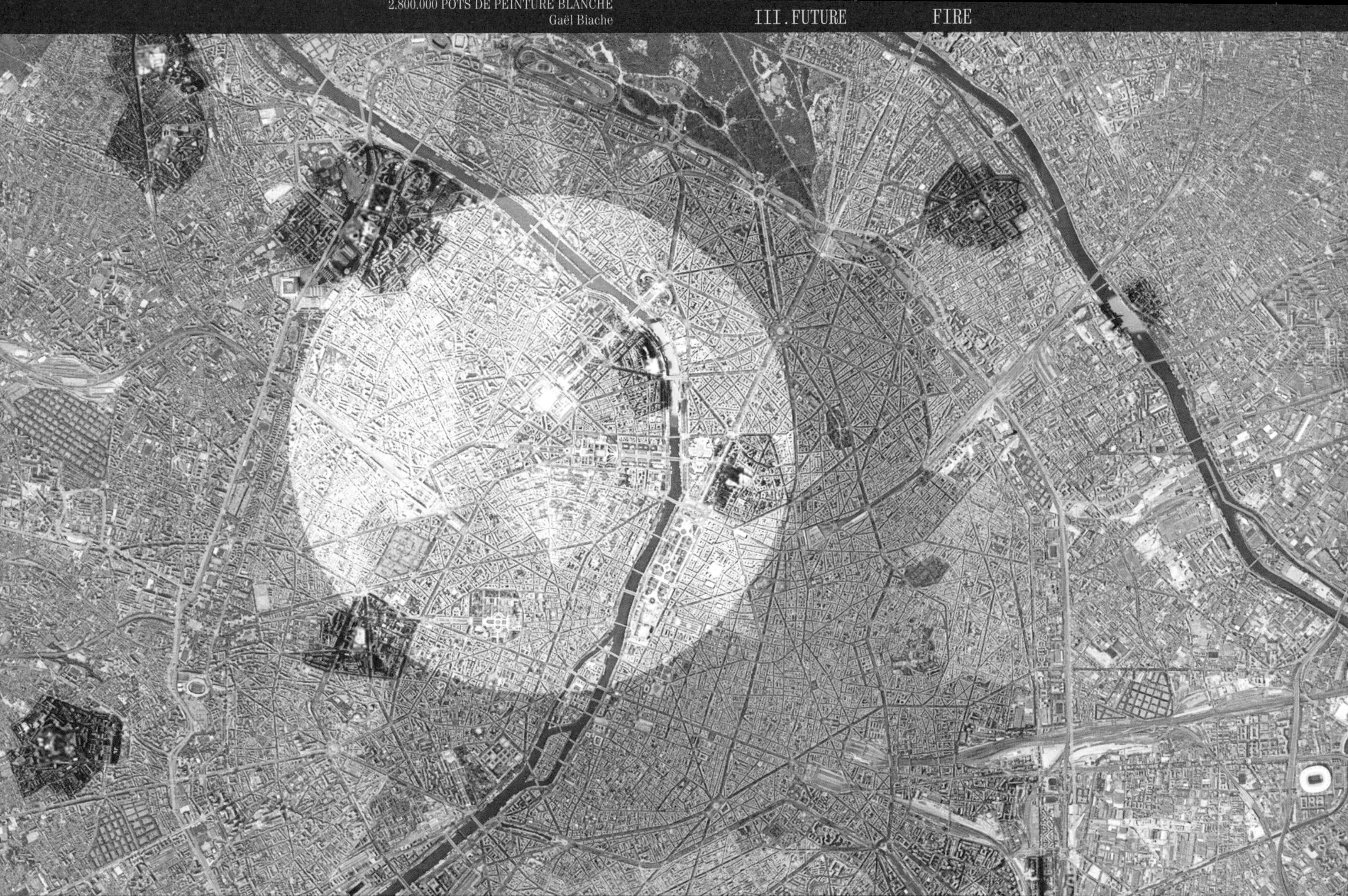

[FR] JOURNAL DE LONDRES, 1ER JANVIER 2100 PAR CAROLYN STEEL

Le nouveau siècle s'est levé et c'est une belle journée – chaude, comme d'habitude, mais avec un ciel bleu clair. Pendant un certain temps, je n'étais pas sûr que nous allions y arriver. Dans les années 2020, je me souviens que mes parents s'inquiétaient beaucoup de l'état du monde ; les choses semblaient vraiment sombres à l'époque. Je ne suivais pas beaucoup la politique, mais je me souviens du jour où Trump est mort et du chaos qui a suivi ; c'était vraiment un tournant, lorsque ses copains de la Tech se sont battus pour la suprématie et que les gens ont enfin pris conscience de la menace qu'ils représentaient. Peu après, l'ONU a créé son Forum mondial et a élu Greta Thunberg en tant que première présidente ; c'est à ce moment-là que les choses ont véritablement commencé à changer. Beaucoup ont été surpris par l'enthousiasme avec lequel des pays comme la Chine se sont joints au mouvement ; ils ont compris que leur propre survie dépendait de la collaboration.

Ces premières années ont été difficiles : de nombreux gouvernements ont eu du mal à s'adapter au nouvel ordre mondial, mais lorsque les premiers changements majeurs sont apparus, par exemple le moratoire mondial sur l'élevage industriel, ou lorsque l'augmentation des budgets d'aide à l'Afrique a commencé à stabiliser les nations et à aider les populations à s'adapter, tout le monde s'est rallié à la cause. Je pense que pour moi, le changement le plus important a eu lieu lorsque l'UE (Dieu merci, nous avons réintégré l'Union en 2030 !) a rendu obligatoire l'accès de tous à des terres agricoles ; beaucoup plus de gens travaillent aujourd'hui dans l'agriculture et cela change vraiment notre façon de vivre et de voir le monde. Cela a certainement rapproché la ville et la campagne, ce qui a été très important pour localiser l'économie – et réduire notre empreinte écologique !

Ici, à Londres, le plus grand changement que je remarque est probablement la verdure en ville. Elle a toujours été verte, bien sûr, mais le fait d'avoir des vergers de pêchers et des oliveraies dans des endroits comme Trafalgar Square, et tant de marchés alimentaires et d'exploitations agricoles familiales en banlieue, ainsi qu'une industrie du champagne florissante dans le Kent, est un énorme changement. Tous les balcons que nous avons installés sur les bâtiments pour donner de l'ombre aux gens et leur permettre de s'asseoir pendant les chaudes soirées d'été ont changé l'aspect de la ville ; ils ont en fait rendu les gens beaucoup plus sociables. Bien sûr, les toits verts et la quantité d'asphalte restitué à la terre ont également fait une énorme différence. Dans l'ensemble, je pense que Londres est un meilleur endroit pour vivre que dans ma jeunesse – maintenant que nous nous sommes adaptés, c'est le genre d'endroit où nous avions l'habitude d'aller en vacances !

[EN] LONDON DIARY,
1ST JANUARY 2100
BY CAROLYN STEEL

The new century has dawned and it's a beautiful day – warm, as usual, but with a clear blue sky. For a while back there, I wasn't sure if we were going to make it. Back in the 2020s, I remember my parents really worrying about the state of the world; things looked bleak back then. I didn't follow politics much, but I do remember the day Trump died and the chaos after that; it was a turning point, when his tech-bro cronies fought each other for supremacy and people finally woke up to the threat they posed. It was soon after that that the UN formed its Global Forum and voted Greta Thunberg in as its first president; that was when things really began to change. Many people were surprised at how enthusiastic nations like China were to join in; they recognized that their own survival depended on collaboration.

Those first years were rocky: many governments struggled to adapt to the new world order – but when the first major changes came through, for example the global moratorium on factory farming, or when increased aid budgets in Africa began to stabilize nations there and help people adapt – everyone began to buy in. I think for me the biggest change was when the EU (thank goodness we rejoined in 2030!) made it mandatory for everyone to have access to agricultural land; so many more people farm now, and it really makes a difference to the way we live and see the world. It has certainly brought the city and country closer together, which has been so important in locating the economy – and lowering our ecological footprint!

Here in London, the greatest change I notice is probably how green the city is. It was always green, of course, but having peach orchards and olive groves in places like Trafalgar Square, and so many food markets and suburban family farms, as well as a thriving champagne industry in Kent, is a huge change. All the balconies we've fitted onto buildings to give people some shade and places to sit on hot summer evenings have really changed the way the city looks too; it has made people far more sociable. Of course, having green roofs and so much asphalt returned to soil has made a huge difference too. Overall, I think London is a better place to live than it was in my youth – now we have adapted, it feels like the kind of place we used to go on holiday!

[FR] «RÉATTERRIR» À VERSAILLES : TERRITOIRE ET MATÉRIALITÉ DANS L'ARCHITECTURE CONTEMPORAINE

PAR GERMAN VALENZUELA ET SIMONE HORNER

La production architecturale du Sud Global latino-américain offre un nouveau modèle d'architecture pour le contexte croissant de crise écologique et culturelle. L'architecture latino-américaine contemporaine synchronise les traditions et les matériaux locaux avec les influences mondiales. Caractérisée par la rareté, elle imagine de nouvelles façons de penser et de produire, enracinées dans des contextes climatiques et culturels spécifiques. Les principes de l'architecture latino-américaine offrent des stratégies pour s'adapter aux nouvelles conditions dans les régions confrontées au changement climatique comme Versailles et, ce faisant, fait «réatterrir» (relanding) l'architecture contemporaine dans son territoire spécifique et selon ses traditions culturelles.

Ce «réatterissage» présente une nouvelle notion du temps dans laquelle le passé, le présent et le futur ont une position relative et la possibilité que ces temps se chevauchent est acceptée de manière conceptuelle. Cette notion de temps met l'accent sur le point de vue post-historique du moment présent et sur la possibilité de méthodes alternatives de production architecturale détachées de l'axe moderne de croissance infinie.

La synthèse du local et du global fait émerger un nouveau matérialisme, capable de recréer un lien physique avec la matière et ses possibilités. Ce matérialisme dépend d'un processus architectural «zététique» qui répond à la rareté et recherche le succès plutôt qu'une vérité axiomatique. «Réatterrir» à Versailles, c'est penser la discipline architecturale comme adaptative, productive et expressive, hybridant les matériaux, les technologies et les processus, éthiquement fixés à son territoire et matériellement liés aux atouts locaux. En réponse aux conditions globales de crise, cette architecture «zététique» est une alternative à l'immobilisme d'une attitude résignée et à l'impossibilité de changement.

[EN] «RELANDING» IN VERSAILLES:
TERRITORY & MATERIALITY IN CONTEMPORARY ARCHITECTURE

BY GERMAN VALENZUELA AND SIMONE HORNER

The architectural production of the Latin Global South provides a new model of architecture for the increasing context of ecological and cultural crisis. Contemporary Latin American architecture synchronizes local traditions and materials with global influences. Characterized by scarcity, this work imagines new ways of thinking and producing, rooted in specific climatic and cultural contexts. The principles of Latin American architecture offer strategies to adapt to new climate conditions in regions experiencing climate change such as Versailles and in doing so reland contemporary architecture in its territory and cultural traditions.

Relanding presents a new notion of time in which past, present, and future have a relative position and the possibility of these times overlapping is understood conceptually. This notion of time emphasizes the post-historical vantage point of the present moment and the possibility of alternative methods of architectural production detached from the modern axis of infinite growth.

Through synthesis of the local and global emerges a new materialism, capable of recreating a physical connection to matter and its possibilities. This materialism is dependent on a *Zetetic* architectural process that responds to scarcity and seeks success instead of an axiomatic truth. *Relanding* in Versailles proposes an adaptive, productive, and expressive architectural discipline that hybridizes materials, technologies, and processes that is ethically fixed to its territory and materially linked to local assets. In response to global conditions of crisis, this Zetetic Architecture is an alternative to the immobility of a resigned attitude and to the impossibility of change.

DELTA T°
Mickey Chapa, Oscar Zamora

COMMISSAIRES [CURATORS]
Sana Frini
Philippe Rahm

ARCHITECTES [ARCHITECTS]
Al Borde
Alsar Atelier
Andrés Jaque / Office for Political Innovation
APC
Aziza Chaouni
Bajet Giramé
Banduksmith
BIAS
Civil Architecture
Colectivo C377
Colectivo Warehouse
Estúdio Flume
Estúdio Gustavo Utrabo
Fleury Atallah Architectes
Harquitectes
H&P Architects
Hood Design Studio
Husos Arquitecturas
Ignacio Urquiza et Ana Paula de Alba, en collaboration avec Naso
Isla
Khristian Ceballos Ugarte
Lanza
Luo Studio
Manuel Bouzas
MAS / Miskavi Architecture Studio
Mauricio Rocha / Taller de Arquitectura
Max Von Werz
Modu
Natura Futura
New South
Paparkone
Ponto Atelier
Projectiles
Roman Bauer Arquitectos
Rozana Montiel
Salazar Sequero Medina
Sealab
Septembre Architecture
Shau
Souleima Fourati
Tatiana Bilbao
Takk
Tropical Space
Worofila

CRITIQUES D'ARCHITECTURE [ARCHITECTURAL CRITICS]
Daniel A. Barber
Pierre Charbonnier
Beatriz Colomina
Rob Dunn
Pedro Gadanho
Béatrice Grenier
Lisa Heschong
Simone Horner
Gabriel Kogan
Eduardo Prieto
Carolyn Steel
Germán Valenzuela
Mark Wigley

APPEL À CANDIDATURES [OPEN CALL]
Lauréats appel à projet [Prize winners open call] :
Clémence Althabegoïty, Catherine Romand
Victor Angelard, Baptiste Chauvin, Paola Franco
Méryl Benoist, Léa Calus, Léa Dubromel, Émile Fourcade, Lola Grefferat, Carla Grama, Alexandre Mendes, Laureline Perrin, Paul-Émile Pierre, Jules Poussin,
Mária Bogárová
Bernadetta Budzik, Rachel Rouzaud, Burek Tomasz
Louis Cartier, Lucien Chartier Dalix
Xinyu Chen, Chentian Liu
Cookies
DoZa
Fabulism
GOA Arquitectura, Javier Garcia-Germán
Make It Rain, brasebin terrisse
MLAV, UHO
Oficinaa
Same

Prix honorifiques appel à projet [Honorary prizes open call] :
A-roh architectes
Immanuel Bergmann, Lennard Gritzo, Lilou Günther
Gaël Biache
Leila Breen
Pablo Castillo Luna
Nichola Czyz, Vasilis Marcou Ilchuk
Carla Dissegna, Moritz Heuberger, Thore Terpilowski
Espace Disponible
Iris Hansen
Alessia Rapetti
Roofscapes Studio
Oscar Zamora, Mickey Chapa

UNIVERSITÉS [UNIVERSITIES]
Columbia University Graduate School of Architecture Planning and Preservation (GSAPP), USA
ENSEIGNANTS [TEACHERS]
Philippe Rahm
Mariami Maghlakelidze

ÉTUDIANTS [STUDENTS]
Aiko Alvarez-Gibson
Sharel Liu
Metha Lajja
Matija Pogorilic
Yemin Yan

Cornell University College of Architecture Art and Planning (AAP), USA
ENSEIGNANT [TEACHER]
José Ibarra

ÉTUDIANTS [STUDENTS]
Anusha Dasgupta
Tony Liu
Shu Chen Xu

École Nationale d'Architecture et d'Urbanisme de Tunis (ENAU), Tunisie
ENSEIGNANTS [TEACHERS]
Narjes Abdelghani
Alia Bel Haj Hamouda
Alia Ben Ayed
Imen Landoulsi
Olfa Meziou

ÉTUDIANTS [STUDENTS]
Aya Sellami
Amani Naija
Feriel Mesbah
Yosr Ammar
Mariem Chouchani
Hosni Aljamal
Mariem Chelbi
Mohamed Benothmen
Oumaima Meliane
Ayeb Mohamed Yessine
Zitoun Imen
Raya Najet Rebai
Issra Messaoudi
Lina Kallel
Mohamed Benothmen
Oumaïma Beji
Mohamed Yessine Ayeb

École nationale supérieure d'architecture de Versailles (ÉNSAV), France
ENSEIGNANTS [TEACHERS]
Emeric Lambert
Hugo Haenni

ÉTUDIANTS [STUDENTS]
Blanc Cyrielle
Bogárová Mária
Corral Ophélie
de Amorim Sacha
Fenoll Marine
Larivé Solène
Mariot Vincent
Petit Emma
Reinert Lea
Wipff Elise
Yanar Cetin

ENSEIGNANT [TEACHER]
Philippe Rahm

ÉTUDIANTS [STUDENTS]
Bah Abdourahamane
Bouamoucha Djihane
Bouchiba Sana
Bui To Uyen
Campion Lola
Genet Guillaume
Ha Chaewoon
Kawamoto Masako
Marque Annabelle
Méderbel Fatima
Pham Thien-Thu
Robert Nolwenn
Roger Thomas
Sall Mamadou
Servais Juliane
Springer Floriane
Syed Khalil Gibran
Vail Léa

École Polytechnique Fédérale de Lausanne (EPFL), Suisse
ENSEIGNANT [TEACHER]
Sophie Delhay

ASSISTANTS
Capucine Legrand
Romain Curnier
Harry Waknine

ÉTUDIANTS [STUDENTS]
Anna Benador
Virginie Grand
Loïse Boulnoix
Lisa Girard
Lili Rouveure
Jean-Baptiste Bouleux
Ana Preda
Cindy Iso
Zofia Beyger
Mathieu Brajou
Valentina Takatc

Archives de la construction moderne (ACM) / École Polytechnique Fédérale de Lausanne (EPFL), Suisse

Haute école d'art et de design de Genève (HEAD), Suisse
ENSEIGNANT [TEACHER]
Philippe Rahm

ASSISTANT
Valentin Calame

ÉTUDIANTS [STUDENTS]
Emma Canton
Hugo Maia Schmitt
Letizia Milone
Martino De Grandis
Roeder David
Zepeda Aranda Ana Karina

PARTICIPANTS

PARTICIPANTS

National University of Singapore Department of Architecture (NUS), Singapour

ENSEIGNANT [TEACHER]
Erik L'Heureux

ÉTUDIANTS [STUDENTS]
Cindy Koo Xin Yu
Daryl Lim Mingze
Fu Jie
Jillian M. Lee
Kerk Xin Yi
Lin Zichun
Liu Heng
Phua Jue Hua Pearl
Sabrina Mahbub
Teo Rui Zhi Rachel
Yingxi Zhou

Pontificia Universidad Católica del Perú (PUCP), Pérou

ENSEIGNANT [TEACHER]
Augusto Román

ÉTUDIANTS [STUDENTS]
Alberto Lazo Cuba
Andrea Cardenas
Arumi Pala
Carolina Gomez
Daniel Mateo Rodriguez
Francisco Reynaga
Judit Mayorca
Juan Carlos Ylizarbe Rosales
Kenneth Rado
Mariel Abarca
Milagros Perales
Paloma Gonzales

Sapienza Università di Roma Dipartimento di Pianificazione Design Tecnologia dell'Architettura (PDTA), Italie

ENSEIGNANTS [TEACHERS]
Alessandra Battisti
Angelo Figliola

ÉTUDIANTS [STUDENTS]
Cherry Aala
Rosa Bianco
Denisa Dulaj
Flavia Leone
Mattia Morgia
Laura Pomella
Daniele Scalia
Giusy Solis
Pan Ziyi

Texas Tech University Huckabee College of Architecture (TTU), USA

ENSEIGNANTS [TEACHERS]
Sina Mostafavi
Asma Mehan

ÉTUDIANTS [STUDENTS]
Corinne Tendorf
Darian Martinez
Evan Machnacki
Garrett Whitehead
Hampton Perez
Jack Dittrich

The Ohio State University (OSU), USA

ENSEIGNANTS [TEACHERS]
Sana Frini
Philippe Rahm
Alex Oetzel

ÉTUDIANTS [STUDENTS]
Kristin Leuzinger
Markie Mathews
Daevon McDowell
Angela Sakis

The University of Texas at Austin School of Architecture (UT Austin), USA

ENSEIGNANTS [TEACHERS]
Nerea Feliz
Clay Odom

ÉTUDIANTS [STUDENTS]
Valentina Claros
Winnie Lin
Libbie Lee Ansell
Karina Thome

Universidad Nacional Autónoma de México (UNAM), Mexique

ENSEIGNANTS [TEACHERS]
Daou Ornelas
Daniel Tudela
Rivadenerya Elena

ÉTUDIANTS [STUDENTS]
César Fabricio Cortés Morado
Paulina Neri Rosario

ENSEIGNANTS [TEACHERS]
Gabriela Carrillo Valadez
Loreta Castro Reguera

ASSISTANTS
Gustavo Iturbe
Martin Gutiérrez
William Brinkman

ÉTUDIANTS [STUDENTS]
Daniel Aguilar Hernández
Juan Pablo Angarita Rivera
Jesús Israel Pérez Navarrete
Andres Quiroz Angeles
Valeria Romero
Dhamar Sánchez
Mariana Velazco

CINÉASTES [FILMMAKERS]
Derrick Belcham
Manuel Muñoz Rivas
Younes Ben Slimane

ÉCRIVAINS [WRITERS]
Aurélien Bellanger
Jean-Max Colard
Marie Darrieussecq
Célia Houdart
Annie Lulu
Marielle Macé
Yamen Manaï
Samy Manga
Ryoko Sekiguchi
Peter Stamm
Dominic Thomas
Abdourahman Waberi

COMMISSAIRES [CURATORS]

SANA FRINI

Sana Frini est une architecte tunisienne basée à Mexico City, et cofondatrice de LOCUS (Mexique). Son travail se concentre sur les pratiques architecturales du Sud global, telles que les processus participatifs, les systèmes manufacturés artisanaux, les post-vernacularités, les réintégrations locales et la résilience climatique. Avec LOCUS, Sana Frini a récemment livré divers projets de régénération contextuelle, notamment la construction du premier bâtiment public à faible empreinte carbone au Mexique, le premier restaurant zéro déchet d'Amérique latine et la première prison climatique réadaptative du continent. Elle a également été sélectionnée comme commissaire de la biennale d'architecture et de paysage d'Île-de-France 2025 ainsi que curatrice du pavillon Mexicain de la Biennale de Venise 2025. Sana Frini a enseigné aux É.-U. dans des universités telles que Cornell University, Columbus et Kent University.

Sana Frini is a tunisian architect based in Mexico City, and co-founder of LOCUS (Mexico). Her work focuses on architectural practices of the global South, such as participatory processes, artisanal manufactured systems, post-vernacularities, local reintegration and climate resilience. With LOCUS, Sana Frini has recently delivered various contextual regeneration projects, including the construction of Mexico's first low-carbon public building, Latin America's first zero-waste restaurant and the continent's first rehabilitative climate prison. She was also selected to curate the Île-de-France 2025 biennial of architecture and landscape, as well as the Mexican pavilion at the Venice Biennale 2025. Sana Frini has taught in the USA at universities such as Cornell University, Columbus and Kent University.

PHILIPPE RAHM

Philippe Rahm est un architecte suisse diplômé de l'École Polytechnique Fédérale de Lausanne, docteur de l'Université de Paris-Saclay, dont l'agence *Philippe Rahm architectes* est établie à Paris. Il a notamment réalisé le Parc Central de Taichung à Taiwan, inauguré en 2020 (avec Mosbach paysagistes). Il est l'auteur en 2023 des livres *Histoire naturelle de l'architecture*, *Climatic architecture* et *Le Style Anthropocène*. Il a enseigné dans les universités de Harvard, de Princeton ou de Columbia, à la HEAD – Genève et à l'ENSA Versailles. Il a participé à de nombreuses biennales dont celles de Venise (2025), Tbilissi (2024), Madrid (2024), Chicago (2023) ou Tallinn (2022). En 2025, il est co-commissaire des biennales d'Île-de-France et de Saint-Étienne. Il est chevalier de l'Ordre du Mérite culturel de Monaco et a reçu la Médaille d'argent de l'Académie française d'Architecture.

Philippe Rahm is a Swiss architect with a degree from the École Polytechnique Fédérale de Lausanne and a doctorate from the Université de Paris-Saclay, whose practice *Philippe Rahm architectes* is based in Paris. His projects include the Taichung Central Park in Taiwan, inaugurated in 2020 (with Mosbach paysagistes). In 2023, he authored the books *Histoire naturelle de l'architecture*, *Climatic architecture* and *The Anthropocene Style*. He has taught at Harvard, Princeton and Columbia universities, HEAD – Geneva and ENSA Versailles. He has taken part in numerous biennials, including those in Venice (2025), Tbilisi (2024), Madrid (2024), Chicago (2023) or Tallinn (2022). In 2025, he is co-curator of the Île-de-France and Saint-Etienne biennales. He is a knight of the Monaco Order of Cultural Merit and has been awarded the Silver Medal of the French Academy of Architecture.

ARCHITECTES [ARCHITECTS]

AL BORDE

Al Borde (fondé en 2007) est un studio d'architecture basé à Quito et dirigé par David Barragán, Pascual Gangotena, Maríaluisa Borja et Esteban Benavides. Connu pour son approche innovante, ce cabinet multidisciplinaire met l'accent sur le développement local, l'innovation sociale et la durabilité environnementale. Lauréat du prix d'architecture uisse BancaStato 2024.

Al Borde (est. 2007) is a Quito-based architecture studio led by David Barragán, Pascual Gangotena, Maríaluisa Borja, and Esteban Benavides. Known for its innovative approach, the multidisciplinary practice emphasizes local development, social innovation, and environmental sustainability. Winner of the 2024 BancaStato Swiss Architectural Award.

ALSAR ATELIER

alsar-atelier est un studio d'architecture né pendant la pandémie et basé à Boston et Bogota. Le studio se concentre sur la conception et le développement d'architectures dans le domaine du bâti en recherchant les notions d'adaptabilité, d'abordabilité et de résilience. Le studio a généré une ligne de travail qui a été présentée dans divers médias, y compris l'édition de novembre 2023 de DOMUS. Récemment, le studio a été nominé pour le prix Mies Crown Hall Americas Prize EMERGE, cycle 5.

alsar-atelier is a pandemic-born architecture studio based in Boston & Bogotá. The practice focuses on the design and development of architectures in the built realm by pursuing notions of adaptability, affordability, and resilience. The practice has generated a line of work that has been featured in diverse media including the Nov 2023 Edition of DOMUS. Recently, the studio was nominated for the Mies Crown Hall Americas Prize EMERGE, Cycle 5

ANDRÉS JAQUE / OFFICE FOR POLITICAL INNOVATION

Andrés Jaque/Office for Political Innovation (OFFPOLINN) est un cabinet d'architectes, basé à New York et à Madrid, qui travaille à l'intersection du design, de la recherche et des pratiques corporelles et environnementales. Le cabinet a reçu le Prix Frederick Kiesler, le Prix mondial de l'UNESCO pour l'architecture durable et le LION D'ARGENT à la 14e Biennale de Venise.

Andrés Jaque/Office for Political Innovation (OFFPOLINN) is an architectural practice, based in New York and Madrid, working at the intersection of design, research, and body-environmental practices. They have been awarded with the Frederick Kiesler Prize, the UNESCO Global Award for Sustainable Architecture, and the SILVER LION at the 14th Venice Biennale.

APC

APC Architectural Pioneering Consultants est un cabinet d'architecture basé à Dar es-Salaam/Tanzanie et à Zurich/Suisse. Fondé en 2008, il est dirigé par Dark Gummich, Gunter Klix, Lucas Sager et Comfort Mosha. Nous nous concentrons sur des solutions de conception simples et adaptées au climat pour un large éventail de projets en Afrique de l'Est. Annika Seifert, Patricia Mhoja Bandora et Joselyn Uwineza ont contribué à l'exposition d'APC à la Biennale d'Architecture 2025.

APC Architectural Pioneering Consultants is an architecture practice based in Dar es Salaam/Tanzania and Zurich/Switzerland. Founded in 2008, it is led by Dark Gummich, Gunter Klix, Lucas Sager and Comfort Mosha. Our focus lies on climate responsive and simple design solutions for a wide range of projects in East Africa. Annika Seifert, Patricia Mhoja Bandora, and Joselyn Uwineza contributed to APCs Biennale d'Architecture 2025 exhibit.

AZIZA CHAOUNI PROJECTS

Aziza Chaouni Projects (ACP) est une agence de design multidisciplinaire basée à Toronto et Fès, spécialisée en architecture, paysage et construction durable. Fondée en 2007, elle collabore avec divers experts et institutions travers le monde. ACP privilégie une approche innovante et participative, primée pour ses projets écologiques et sociaux.

Aziza Chaouni Projects (ACP) is a multidisciplinary design agency based in Toronto and Fez, specializing in architecture, landscape and sustainable construction. Founded in 2007, it collaborates with experts and institutions around the world. ACP favours an innovative, participatory approach, winning awards for its ecological and social projects.

BAJET GIRAMÉ

Bajet Giramé développe des projets architecturaux, des prototypes construits, des expositions et des publications, visant à explorer et à étendre la multiplicité des interrelations matérielles, sociales et écologiques. Le travail du bureau a notamment été récompensé par le prix FAD 2024 « City and Landscape » et a été finaliste de l'AR Emerging Award 2024.

Bajet Giramé develops architectural projects, built prototypes, exhibitions and publications, aiming to explore and expand the multiplicity of material, social, and ecological interrelations. Among others, their work has been recognized with the FAD award 2024 'City and Landscape' as well as a finalist for the AR Emerging Award 2024.

BANDUKSMITH STUDIO
BandukSmith Studio est un cabinet d'architecture basé à Ahmedabad, qui s'engage dans la réalisation par la recherche de méthodes de construction uniques, à la fois institutionnalisées et inventives. Nos projets construits explorent les limites de la construction indienne contemporaine. Nous donnons la priorité à nos contextes variés : climat, artisanat, compétences et connaissances locales, afin de produire des espaces accessibles, réalisables et magnifiquement construits.

BandukSmith Studio is an Ahmedabad-based architecture practice, which engages making through research on unique construction methods, both institutionalized and inventive, and built projects that explore the boundaries of contemporary Indian construction. We prioritize our varied contexts: of climate, of craft, of local skills and knowledge, to produce space that is accessible, achievable, and beautifully made.

BIAS
BIAS Architects & Associates a été fondé à Taïwan par Hanju Chen, Chen-Jung Liu et Alessandro Martinelli en 2013. Aujourd'hui, elle est constituée d'une équipe d'architectes et de curateurs d'origine asiatique et européenne ; ils se consacrent à la promotion du développement de l'espace public tout en tenant compte des besoins des parties prenantes humaines et non humaines.

BIAS Architects & Associates was established in Taiwan by Hanju Chen, Chen-Jung Liu, and Alessandro Martinelli in 2013. Today, it is constituted by a team of architects and curators with Asian and European background, dedicated to promoting the development of public space while considering the needs of both human and non-human stakeholders.

CIVIL ARCHITECTURE
Civil Architecture est une agence culturelle qui se préoccupe de la construction de bâtiments et de livres à leur sujet. Basé entre Bahreïn et le Koweït, le travail de Civil s'interroge sur ce que signifie produire de l'architecture à une époque résolument non civile, présentant un nouveau caractère civique pour une condition mondiale. Depuis sa fondation en 2017 par Hamed Bukhamseen et Ali Ismail Karimi, le cabinet a attiré de nombreux adeptes pour ses œuvres provocantes et son offre d'un avenir alternatif pour un Moyen-Orient naissant.

Civil Architecture is a cultural practice preoccupied with the making of buildings and books about them. Based between Bahrain and Kuwait, the work of Civil asks what it means to produce architecture in a decidedly uncivil time, presenting a new civic character for a global condition. Since its founding in 2017 by Hamed Bukhamseen and Ali Ismail Karimi, the practice has attracted a strong following for their provocative works and their offer of an alternate future for a nascent Middle East.

COLECTIVO C733
Colectivo C733, constitué en 2019, réunit les studios de Gabriela Carrillo, Carlos Facio et Jose Amozurrutia (TO), Eric Valdez (labg), et Israel Espín pour le développement de projets publics au Mexique. Tout au long de leur trajectoire, ils ont développé plus de 30 projets d'équipement urbain dans toutes les régions du pays et ont été reconnus dans les biennales d'architecture mexicaines, panaméricaines et ibéro-américaines. En 2024, ils ont reçu le Prix Obel pour leurs 36 œuvres développées en 36 mois.

Colectivo C733, constituted in 2019, brings together the studios of Gabriela Carrillo, Carlos Facio and Jose Amozurrutia (TO), Eric Valdez (labg), and Israel Espín for the development of public projects in Mexico. Throughout their trajectory, they have developed over 30 urban equipment projects in all regions of the country and have been recognized in Mexican, Pan-American, and Ibero-American architecture biennials. In 2024, they got the Obel Award for their 36 works developed throughout 36 months.

COLECTIVO WAREHOUSE
Colectivo Warehouse est un collectif fondé en 2013, axé sur l'architecture participative, l'art et l'urbanisme communautaire. Notre pratique explore tout ce qui est lié à ces domaines et prend de nombreuses formes – conception, construction, expositions, ateliers et publications – toujours à la recherche de processus collaboratifs pour façonner les espaces partagés qui favorisent la connexion et la transformation.

Colectivo Warehouse is a collective founded in 2013, focused on participatory architecture, art, and community-driven urbanism. Our practice explores everything that connects to these areas and takes many forms – design, construction, exhibitions, workshops, and publications – always seeking collaborative processes to shape the shared spaces that foster connection and transformation.

ESTÚDIO FLUME
Estúdio Flume, fondé en 2015 à São Paulo, conçoit des projets socio-environnementaux dans les divers biomes du Brésil. Axé sur la conception participative, il améliore les chaînes de production locales par le biais de l'architecture, en s'adaptant à des géographies et des climats distincts. Attaché à l'engagement communautaire et à la résilience, Flume a reçu de nombreux prix nationaux et internationaux pour son travail.

Estúdio Flume, founded in 2015 in São Paulo, designs socio-environmental projects in Brazil's diverse biomes. Focused on participatory design, it enhances local production chains through architecture, adapting to distinct geography and climate. Committed to community engagement and resilience, Flume has received numerous national and international awards for its work.

ESTÚDIO GUSTAVO UTRABO
Estúdio Gustavo Utrabo, basé à São Paulo et dirigé par l'architecte et artiste plasticien Gustavo Utrabo, explore les contradictions contemporaines à travers la technique et une perspective sensibles. Reconnus par des prix internationaux comme le RIBA International Prize (2018), ses projets font partie de diverses collections, notamment la collection permanente du Centre Georges Pompidou à Paris.

Estúdio Gustavo Utrabo, based in São Paulo and led by the architect and visual artist Gustavo Utrabo, explores contemporary contradictions through technique and a sensitive perspective. Recognized with international awards like the RIBA International Prize (2018), its projects are part of various collections, including the permanent collection of the Georges Pompidou Center in Paris.

FLEURY ATALLAH ARCHITECTES
L'agence Fleury Atallah architectes a été créée en 2011. Chacha Atallah à Tunis et Catherine Fleury à Toulon partagent une réflexion sur la question de la création contemporaine en milieu méditerranéen. Nos projets, majoritairement à l'échelle domestique, sont devenus également des terrains d'exploration pour utiliser et détourner des techniques ou des matériaux issus de l'architecture vernaculaire.

Fleury Atallah architectes was founded in 2011. Chacha Atallah in Tunis and Catherine Fleury in Toulon share a vision of contemporary creation in the mediterranean environment. Our projects, mostly on a domestic scale, have also become exploration grounds for using and diverting techniques and materials from vernacular architecture.

HARQUITECTES
Harquitectes est un bureau d'architecture fondé en 2000 par David Lorente, Josep Ricart, Xavier Ros et Roger Tudó. Ils combinent leur activité professionnelle avec l'enseignement, à la faculté d'architecture de l'Université polytechnique de Catalogne (ETSAV et ETSAB), à l'École polytechnique fédérale de Zurich et à la Graduate School of Design de l'Université de Harvard. Ils ont reçu plusieurs prix nationaux et internationaux et leur travail a été largement publié et exposé.

Harquitectes is an architecture studio founded in 2000 by David Lorente, Josep Ricart, Xavier Ros and Roger Tudó. They combine their professional activity with teaching, in Polytechnic University of Catalonia Faculty of Architecture (ETSAV and ETSAB), Swiss Federal Institute of Technology Zurich, and Harvard University Graduate School of Design. They have received several national and international awards and their work has been widely published and exhibited.

H&P ARCHITECTS
Doan Thanh Ha est diplômé de l'université d'architecture de Hanoi depuis 2002. Il a créé et dirige H&P Architects depuis 2009. Les travaux du studio se concentrent sur les communautés pauvres et défavorisées du Viêt Nam, en concevant des structures construites à partir de matériaux naturels, traditionnels et recyclés. Ces « espaces essentiels » sont imbriqués dans des systèmes écologiques pour former des environnements semblables à la nature qui peuvent s'adapter à des conditions changeantes.

Doan Thanh Ha graduated from Hanoi Architectural University in 2002. He set up and has been operating H&P Architects since 2009. The studio's works focus on poor and disadvantaged communities in Vietnam, designing structures built from natural, traditional and recycled materials. These 'essential spaces' are intertwined with ecological systems to form nature-like environments that can adapt to changing conditions.

HOOD DESIGN STUDIO
Nous répondons au lieu par une approche adaptative, en renforçant les modèles et les pratiques endémiques. Les espaces urbains et leurs objets agissent comme des sculptures publiques, créant de nouvelles ouvertures à travers lesquelles nous pouvons voir la beauté émergente et l'étrangeté qui nous entourent.

We respond to place with an adaptive approach, strengthening endemic patterns and practices. Urban spaces and their objects act as public sculpture, creating new apertures through which to see emergent beauty and strangeness around us.

HUSOS

Husos est un cabinet espagnol qui considère l'architecture comme un puissant outil de transformation écologique et sociale. Leur travail explore la manière dont l'architecture peut contribuer au bien-être et à la joie des divers êtres sensibles qui habitent notre monde, tout en s'intéressant à la santé de la planète, ces deux aspects étant considérés comme des objectifs indissociables.

Husos is a Spanish practice that views architecture as a powerful tool for ecological and social transformation. Their work explores how architecture can contribute to the well-being and joy of the diverse sentient beings that inhabit our world, while also addressing planetary health–understanding both as inseparable goals.

IGNACIO URQUIZA ET ANA PAULA DE ALBA
EN COLLABORATION AVEC NASO

Co-fondé par Ana Paula de Alba et Ignacio Urquiza, Estudio IUAPdA est une équipe de designers et d'architectes dédiée à la recherche de solutions objectives et fonctionnelles pour des projets variés. Nous travaillons sur différents programmes, usages et échelles, convaincus que le design et l'architecture ont un impact positif, quel que soit le contexte.

José Ignacio Vargas, architecte mexicain, a été assistant de Ricardo Legorreta avant de poursuivre ses études à la Glasgow School of Art. De retour au Mexique, il a collaboré avec Tatiana Bilbao et FRAMA Copenhagen. Diplômé d'un MPhil en architecture et urbanisme de la Architectural Association de Londres (2017), il enseigne depuis 2018 à l'Universidad Iberoamericana de Mexico.

Co-founded by Ana Paula de Alba and Ignacio Urquiza, Estudio IUAPdA is a team of designers and architects committed to finding objective and functional solutions for diverse projects. We work across different programs, uses, and scales, believing that design and architecture have a positive impact regardless of context.

José Ignacio Vargas, a Mexican architect, worked as an assistant to Ricardo Legorreta before studying at the Glasgow School of Art. Upon returning to Mexico, he collaborated with Tatiana Bilbao and FRAMA Copenhagen. He holds an MPhil in architecture and urban design from the Architectural Association in London (2017) and has been teaching at Universidad Iberoamericana in Mexico City since 2018.

ISLA

Juan Palencia de Sarriá (Madrid, 1981) & Marta Colón de Carvajal Salís (Majorque, 1982). Isla : Studio d'architecture basé à Majorque qui conçoit des projets contemporains enracinés dans le lieu et la culture. Isla est un bureau de design basé à Majorque qui aborde chaque projet de manière contextuelle, en partant du lieu et de sa culture. En mettant en valeur le potentiel existant et en honorant l'artisanat traditionnel, Isla élabore des solutions contemporaines spécifiques à chaque site.

Juan Palencia de Sarriá (Madrid, 1981) & Marta Colón de Carvajal Salís (Mallorca, 1982). Isla: Mallorca-based architecture studio building contemporary designs rooted in place and culture. Isla is a Mallorca-based design office that approaches each project contextually, starting from the place and its culture. By highlighting existing potential and honoring traditional craftsmanship, Isla crafts contemporary, site-specific solutions.

KHRISTIAN CEBALLOS UGARTE

Khristian Ceballos Ugarte est un architecte vénézuélien basé à Paris, professeur et directeur du master *Réutiliser* à l'École Spéciale d'Architecture. Fondateur de KCU Architects et d'ADJKM, il développe des projets internationaux privés et publics axés sur des méthodes collaboratives et une approche participative. Cofondateur de Dislocal-Lab, il se spécialise dans la conception durable et les politiques architecturales.

Khristian Ceballos Ugarte is a Venezuelan architect based in Paris, professor, and the director of the *Réutiliser* master's program at the École Spéciale d'Architecture. As the founder of KCU Architects and ADJKM, he leads international private and public projects with a strong emphasis on collaborative methods and a participatory approaches. A co-founder of Dislocal-Lab, he specializes in sustainable design and architectural policies.

LANZA

Fondé en 2015 par Isabel Abascal et Alessandro Arienzo, LANZA est un studio d'architecture basé à Mexico. Son travail, salué pour son inventivité et sa sensibilité au contexte, couvre le design industriel, les projets résidentiels, culturels et d'infrastructures publiques. LANZA a reçu plusieurs distinctions, dont le prix Emerging Voices en 2023.

Founded in 2015 by Isabel Abascal and Alessandro Arienzo, LANZA is a Mexico City-based architecture studio. Their work, celebrated for its inventiveness and sensitivity to context, spans industrial design, residential, cultural, and public infrastructure projects. LANZA has received multiple accolades, including the Emerging Voices Award in 2023.

LUO STUDIO

LUO studio est attentif à la construction durable et préconise l'utilisation d'un minimum de matériaux pour créer un espace plus « universel ». Nous insistons sur l'utilisation de matériaux naturels dans la construction, nous étudions et concevons des bâtiments en bois qui adoptent des structures préfabriquées en acier et en bois, et nous nous efforçons d'établir un lien avec les constructions en bois traditionnel orientales en utilisant des techniques locales.

LUO studio pays attention to sustainable construction, and advocates using minimum materials to create more 'universal' space. We insist on applying natural materials to construction, study and design wooden buildings that adopt prefabricated steel and wood structures, and work to build a connection with Oriental traditional timber constructions through utilizing local techniques.

MANUEL BOUZAS

Manuel Bouzas est un architecte espagnol basé en Galice et à New York. Son travail de conception englobe la pratique, l'éducation, la conservation, la recherche et l'édition. Fondateur de MB-AE, il enseigne à Cornell AAP, assure le commissariat d'*Internalities* au pavillon espagnol de la Biennale de Venise 2025 et édite *Obradoiro*, le journal de l'Institut galicien des architectes.

Manuel Bouzas is a Spanish architect based in Galicia and New York. His design work spans practice, education, curation, research, and publishing. Founder of MB–AE, he teaches at Cornell AAP, curates *Internalities* at the Spanish Pavilion, Venice Biennale 2025, and edits *Obradoiro*, the Galician Institute of Architects' journal.

MISKAVI ARCHITECTURE STUDIO

MAS est un cabinet d'architecture et de design basé à Istanbul. Le studio s'engage dans des projets à différentes échelles et sur différents supports, allant de la conception de meubles sur mesure à des transformations urbaines, grâce à une approche itérative et axée sur le concept. Ancré dans la clarté, la communication et la créativité, MAS s'efforce de concevoir des projets qui non seulement satisfont les besoins, mais aussi inspirent et innovent.

MAS is an architecture and design practice based in Istanbul. The studio engages in projects of various scales and media ranging from custom-made furniture design to urban transformations through an iterative, concept-driven approach. Rooted in clarity, communication and creativity, MAS strives for designs that not only satisfy needs but also inspire and innovate.

MAURICIO ROCHA - TALLER DE ARQUITECTURA

Mauricio Rocha Iturbide a fondé *Taller de Arquitectura* à Mexico en 1991. L'entreprise mélange des matériaux locaux avec des technologies de pointe pour créer une architecture de haute qualité, sensible au contexte et à toutes les échelles. Reconnu dans le monde entier, Taller a remporté des prix importants, notamment la Médaille d'Or 2019 de l'Académie d'Architecture de France et le MCHAP en 2023.

Mauricio Rocha Iturbide founded *Taller de Arquitectura* in Mexico City in 1991. The firm blends local materials with cutting-edge technology to create context-sensitive, high-quality architecture across scales. Recognized globally, Taller has won major awards, including the 2019 Médaille d'Or from France's Academy of Architecture and the MCHAP in 2023.

MAX VON WERZ ARCHITECTS

Max von Werz Architects est un jeune cabinet d'architecture primé basé à Mexico. Fournissant des services dans les domaines de l'architecture et de la construction, MVWA travaille à des échelles et dans des secteurs variés, avec un intérêt particulier pour le travail résidentiel et les projets liés au secteur de l'hôtellerie. Nous sommes très attachés à l'attention que nous portons aux détails, au soin et au professionnalisme que nous mettons dans notre travail.

Max von Werz Architects is a young award–winning architecture practice based in Mexico City. Providing services in the fields of architecture and construction, MVWA works across a variety of scales and sectors with a particular interest in residential work and projects related to the hospitality sector. We pride ourselves on the attention to detail, care and professionalism that we invest in our work.

MODU

MODU est un studio transdisciplinaire new-yorkais qui conçoit des architectures, des espaces urbains et des intérieurs. Le cabinet crée des environnements adaptés au climat, intégrant l'architecture et ses intérieurs à la ville. Il a été récompensé par l'Académie américaine de Rome, le National Endowment for the Arts et l'American Institute of Architects. Son livre, Field Guide to Indoor Urbanism, fait partie de la bibliothèque de design du Cooper Hewitt.

MODU is a New York transdisciplinary studio designing architecture, urban spaces, and interiors. The practice creates climate-responsive environments, integrating architecture and its interiors with the city. It has earned awards from the American Academy in Rome, National Endowment for the Arts, and American Institute of Architects. Its book, Field Guide to Indoor Urbanism, is in Cooper Hewitt's design library.

NATURA FUTURA

Natura Futura, de Babahoyo, en Équateur, est un cabinet qui s'interroge sur des questions sensibles liées à l'architecture et aux villes latino-américaines ; une voie d'exploration architecturale qui cherche des solutions par le biais d'une expérimentation et d'une recherche continues. Ils interviennent à partir d'une simple logique d'incorporation d'un certain ordre dans une redéfinition non exhaustive des dimensions du collectif et des actions qui génèrent l'urbanité, en utilisant la gestion comme un processus de production pour le transfert de connaissances. Ils considèrent qu'il est d'une importance vitale de travailler autour une architecture contextuelle : interpréter le lieu comme une exigence implicite pour faire les choses, sans oublier le contexte humain de ces projets, en comprenant la partie émotionnelle de ses habitants et de leurs traditions.

Natura Futura, based in Babahoyo, Ecuador, is a practice that critically engages with pressing architectural and urban issues in Latin America. It follows a path of continuous experimentation and research, seeking solutions through an evolving process of architectural exploration. Their interventions operate through a simple logic: introducing a sense of order while constantly redefining collective spaces and the actions that shape urban life. They use management as a means of knowledge production and transfer. Contextual architecture is central to their work – interpreting place as an inherent design requirement while acknowledging the human dimension of their projects, including the emotions and traditions of the inhabitants.

NEW SOUTH

Fondé par Meriem Chabani et John Edom, NEW SOUTH est un cabinet d'architecture, d'urbanisme et d'anthropologie primé, basé à Paris. Pour reprendre les mots de bell hooks, nous plaçons la marge au centre. Nous questionnons les dynamiques sociales, politiques et économiques qui agissent sur les territoires et façonnent leur architecture.

"Founded by Meriem Chabani and John Edom, NEW SOUTH is an award-winning architecture, urban planning, and anthropology firm based in Paris. Inspired by bell hooks' words, we place the margins at the center. We explore the social, political, and economic forces that shape territories and their architecture."

PAPARKONE

Roberto Paparcone Branchini (Naples, 1971) est un architecte-céramiste napolitain, créateur de contes méditerranéens installé à Majorque. Combinant sa formation en architecture et sa passion pour l'artisanat, il crée des pièces uniques en céramique d'inspiration méditerranéenne. Son studio de Palma présente ses collections et ses collaborations, mêlant design et tradition pour produire des œuvres contemporaines faites à la main.

Roberto Paparcone Branchini (Napoli, 1971) is a Neapolitan architect-ceramist crafting Mediterranean tales based in Mallorca. Combining his background in architecture with a passion for craftsmanship, he creates unique, Mediterranean-inspired ceramic pieces. His Palma studio showcases his collections and collaborations, blending design and tradition to produce contemporary, handmade works.

PROJECTILES

Projectiles est une structure pluridisciplinaire fondée par deux architectes, Reza Azard & Daniel Meszaros, et un architecte d'intérieur, Hervé Bouttet. La relation aux cultures et aux natures est la colonne vertébrale de leur pratique. À travers la notion de patrimoine, ils définissent le rapport à la matière, au paysage et à l'anthropologie spatiale comme des axes fondamentaux. En expérimentant et en prototypant de nouveaux matériaux au contact du paysage et de l'histoire, en travaillant l'architecture comme un geste artistique comme le landart, une architecture ancrée et intégrée tout en s'identifiant par un geste en dialogue avec le patrimoine naturel et culturel.

Projectiles is a multidisciplinary structure founded by two architects, Reza Azard & Daniel Meszaros, and an interior designer, Hervé Bouttet. The relationship to cultures and natures is the backbone of their practice. Through the notion of heritage, they define the relationship to matter, landscape and spatial anthropology as fundamental axes. By experimenting and prototyping new materials in contact with the landscape and history, by working with architecture as an artistic gesture like landart, an architecture anchored and integrated while being identified by a gesture in dialogue with the natural and cultural heritage.

PONTOATELIER

Fondé en 2016 par Ana P. Ferreira et Pedro M. Ribeiro à Madère, le travail de pontoatelier est un champ d'expérimentation dynamique avec des projets et des idées construits entre la mémoire du passé et le design contemporain. En 2022, ils ont remporté le concours public international de design urbain avec Clabarchitettura, Corso Libertà pour Merano, en Italie.

Founded in 2016 by Ana P. Ferreira and Pedro M. Ribeiro in Madeira, the work of pontoatelier is a dynamic field of experimentation with projects and ideas built between the memory of the past and contemporary design. In 2022, they won the international public competition of urban design with Clabarchitettura, Corso Libertà for Merano, Italy.

ROMAN BAUER ARCHITECTS

Roman Bauer Architects, dirigé par José Bauer et Augusto Román, crée des projets sensibles, techniquement ingénieux et respectueux de l'environnement depuis 2012. Leur travail a été reconnu lors de biennales nationales et internationales et peut être exploré sur romanbauer.org.

Roman BauerArchitects, led by José Bauer and Augusto Román, has been creating sensitive, technically ingenious, and environmentally conscious projects since 2012. Their work has been recognized at national and international biennials and can be explored at romanbauer.org.

ROZANA MONTIEL

Rozana Montiel est la fondatrice et la directrice du cabinet mondialement reconnu Rozana Montiel Estudio de Arquitectura (REA), basé à Mexico, qui se concentre sur la conception architecturale, les reconceptualisations artistiques de l'espace et le domaine public. Ses recherches portent sur les utilisations urbaines de l'espace public, la revalorisation des matériaux de construction en mettant l'accent sur la création de lieux, l'habitabilité et les utilisations temporaires de l'espace.

Rozana Montiel is the founder and director of the globally recognized practice Rozana Montiel Estudio de Arquitectura (REA) based in Mexico City that focuses on architectural design, artistic re-conceptualizations of space and the public domain. Her research includes urban uses of public space, resignification of building materials with an emphasis on place making, liveability, and temporary uses of space.

SALAZARSEQUEROMEDINA

Salazarsequeromedina est un cabinet d'architecture collaboratif fondé en 2020 par Laura Salazar, Pablo Sequero et Juan Medina, avec des projets en Espagne, au Pérou, en Corée du Sud et aux États-Unis. Leur travail répond à la culture matérielle locale dans un contexte global, confrontant l'histoire à des solutions sensibles et contemporaines. Reconnu à l'échelle mondiale, le groupe a participé à de grandes biennales et a reçu des récompenses telles que le MCHAP Emerging Practice Award (liste restreinte).

Salazarsequeromedina is a collaborative architecture practice founded in 2020 by Laura Salazar, Pablo Sequero, and Juan Medina, with projects in Spain, Peru, South Korea, and the U.S. Their work responds to local material culture within a global context, confronting history with sensitive, contemporary solutions. Recognized globally, the practice has exhibited at major biennales and earned accolades such as the MCHAP Emerging Practice Award shortlist.

SEALAB

Sealab est un cabinet d'architecture basé à Ahmedabad, en Inde, fondé par Anand Sonecha. Nous travaillons dans l'Inde urbaine et rurale, et avons construit des logements, des bâtiments culturels, des écoles, des installations et du mobilier. Notre approche est lente, contemplative et ouverte. Nous nous engageons rigoureusement avec le lieu, améliorant ou renforçant subtilement ce qui existe, créant des expériences uniques et parfois de nouvelles essences.

Sealab is an architecture practice, based in Ahmedabad, India, founded by Anand Sonecha. We work in urban and rural India, and have built housing, cultural buildings, schools, installations, and furniture. Our approach is slow, contemplative, and open-ended. We rigorously engage with the place, subtly enhancing or reinforcing what exists, creating unique experiences and sometimes new essences.

SEPTEMBRE

Septembre est une agence d'architecture basée à Paris composée de trois associés : Memia Belkaid (enseignante à l'ENSA Versailles), Lina Lagerström (enseignante à l'ENSA Paris-Est) et Sami Aloulou (enseignant à l'ENSA Paris Malaquais). SEPTEMBRE appréhende tous les espaces sans cloisonnement d'échelles ni programmes tout en ayant une réflexion sur les enjeux actuels et leurs conséquences dans les domaines de l'habitat, des stratégies urbaines et des modes constructifs. L'agence mène régulièrement un travail sur des sujets prospectifs, avec un intérêt particulier pour les usages métropolitains émergents et les nouveaux modes d'habiter. Elle investit également le champ de la recherche et de l'expérimentation des matériaux et modes constructifs biosourcés, mais aussi la compréhension des milieux, des usages et des nouveaux modes de vie.

Septembre is a Paris-based architectural practice with three partners: Memia Belkaid (teacher at ENSA Versailles), Lina Lagerström (teacher at ENSA Paris-Est) and Sami Aloulou (teacher at ENSA Paris Malaquais). SEPTEMBRE takes an all-encompassing approach to spaces, without compartmentalizing scales or programs, while reflecting on current issues and their consequences for housing, urban strategies and construction methods. The agency regularly works on forward-looking issues, with a particular interest in emerging metropolitan uses and new ways of living. It is also involved in research and experimentation with bio-sourced materials and construction methods, as well as understanding environments, uses and new lifestyles.

SHAU

SHAU (@shauarchitects), fondé par les architectes Daliana Suryawinata et Florian Heinzelmann, donne la priorité à la performance environnementale et sociétale. Ils ont réalisé d'importants projets en Indonésie, notamment un logement étudiant multiethnique, un centre créatif et des microbibliothèques. Leurs projets actuels comprennent un centre des arts du spectacle de 1200 places à Jakarta et un palais tropical dans la nouvelle capitale.

SHAU (@shauarchitects), founded by architects Daliana Suryawinata and Florian Heinzelmann, prioritizes environmental and societal performance. They completed significant projects in Indonesia, including a multi-ethnic student housing, a creative center, and microlibraries. Their current projects include a 1200-seat Performing Arts Center in Jakarta and a Tropical Palace in the New Capital.

SOULEIMA FOURATI

Souleima Fourati est née à Tunis en 1975. Après des études à l'EAPV Paris Malaquais, elle fonde son agence à Tunis en 2009. Elle conçoit ses projets avec une vision globale, allant de l'architecture à l'objet. Toujours attentive à l'artisanat et aux savoir-faire locaux, son approche est marquée par la volonté permanente de s'intégrer dans son environnement. Le projet Palmaison dans la palmeraie de Tozeur a été nominé au prix EUMiesAward en 2022.

Souleima Fourati was born in Tunis in 1975. After studying at EAPV Paris Malaquais, she founded her own agency in Tunis in 2009. She designs her projects with a global vision, from architecture to the object. Always attentive to local craftsmanship and know-how, her approach is marked by a constant desire to integrate into her environment. The Palmaison project in the Tozeur palm grove was nominated for the EU-MiesAward in 2022.

TATIANA BILBAO ESTUDIO

Tatiana Bilbao ESTUDIO est un studio d'architecture basé à Mexico, nourri par la recherche, les stratégies communautaires et la construction responsable. Nous comprenons que l'architecture est avant tout une forme de soin, et nous concevons donc nos projets en tenant compte de cette responsabilité. TBE est composé de six partenaires: Tatiana Bilbao, Catia Bilbao, Juan Pablo Benlliure, Mariano Castillo, Alba Cortés, Soledad Rodríguez.

Tatiana Bilbao ESTUDIO is an architecture studio based in Mexico City, nurtured by research, community-lead strategies, and responsible construction. We understand that architecture is primarily a form of care; therefore we design coring this responsibility. TBE is comprised of six partners: Tatiana Bilbao, Catia Bilbao, Juan Pablo Benlliure, Mariano Castillo, Alba Cortés, Soledad Rodríguez.

TAKK

TAKK est un studio d'architecture et de design basé à Barcelone et à New York. Fondé par Mireia Luzárraga (Madrid, 1981) et Alejandro Muiño (Barcelone, 1982), leur travail explore la manière dont l'architecture peut promouvoir le développement de vies plus justes en intégrant le féminisme et l'écologie dans les pratiques spatiales.

TAKK is an architecture and design studio based in Barcelona and New York. Founded by Mireia Luzárraga (Madrid, 1981) and Alejandro Muiño (Barcelona, 1982), their work explores how architecture can promote the development of fairer lives by integrating feminism and ecology into spatial practices.s

TROPICAL SPACE

Tropical Space a été fondé par les architectes Tran Thi Ngu Ngon et Nguyen Hai Long en 2011. Le studio, basé à Hô Chi Minh-Ville, possède une expertise en matière de plan directeur, de conception architecturale, de conception paysagère et de design d'intérieur. Étant situés dans l'Asie du Sud-Est, nous avons une compréhension culturelle et climatique profondément enracinée qui se reflète dans les réponses apportées par le design. Par conséquent, nous donnons la priorité à la résolution du défi que représente l'environnement de vie dans un climat tropical.

Tropical Space was founded by Tran Thi Ngu Ngon and Nguyen Hai Long architects in 2011. The studio based in Ho Chi Minh City has expertise in master planning, architecture design, landscape design, and interior design. Being placed in ASEA, we have a deep-rooted cultural and climatic understanding which is portrayed in the design responses. Therefore, we prioritize solving the challenge of the living environment in a tropical climate.

WOROFILA

Worofila est un atelier d'architecture basé à Dakar, fondé en 2019 et dirigé par Nzinga B. Mboup & Nicolas Rondet spécialisés dans l'architecture et la construction bioclimatiques grâce à l'utilisation de matériaux durables dans le but de promouvoir une architecture qui le soit également, ancrée dans son territoire, économe et adaptée au(x) climat(s).

Worofila is a Dakar-based architecture studio founded in 2019 and led by Nzinga B. Mboup & Nicolas Rondet specializing in bioclimatic architecture and construction using sustainable materials with the aim of promoting also sustainable architecture, rooted in its territory, thrifty and adapted to the climate(s).

CRITIQUES D'ARCHITECTURE [ARCHITECTURAL CRITICS]

DANIEL A. BARBER

Daniel A. Barber est titulaire de la chaire d'histoire et de théorie de l'architecture à TU Eindhoven. Il est l'auteur de *Modern Architecture and Climate: Design before Air Conditioning*, parmi ses autres livres et articles. Il coédite les séries «Accumulation» et «After Comfort: A User's Guide» sur *e-flux architecture*. Daniel a reçu une bourse Guggenheim en 2023.

Daniel A. Barber is the Chair of Architecture History and Theory at TU Eindhoven. He is the author of *Modern Architecture and Climate: Design before Air Conditioning* among other books and articles. He co-edits the 'Accumulation' and 'After Comfort: A User's Guide' series on *e-flux architecture*. Daniel received a 2023 Guggenheim Fellowship.

PIERRE CHARBONNIER

Pierre Charbonnier est philosophe, professeur à SciencesPo, Paris. Il est l'auteur de *Abondance et liberté, une histoire environnementale des idées politiques* (2021), et plus récemment *Vers l'écologie de guerre, une histoire environnementale de la paix* (2024). Il travaille sur la théorie écologique politique, au croisement des *science studies* de Bruno Latour et de la philosophie politique critique.

Pierre Charbonnier is a philosopher, professor at Sciences Po, Paris. He's the author of *Affluence and freedom, An environmental history of ideas* (2021), and more recently *Vers l'écologie de guerre, Une histoire environnementale de la paix* (2024). He works on green political theory, at the crossing between Bruno Latour's science studies and critical political philosophy.

BEATRIZ COLOMINA

Beatriz Colomina est titulaire de la chaire Howard Crosby Butler d'histoire de l'architecture à l'Université de Princeton. Elle écrit et organise des expositions sur les questions de design, d'art, de sexualité et de médias. Parmi ses livres et expositions, citons *We the Bacteria: Notes Toward Biotic Architecture*, 2025 Triennale de Milan, avec Mark Wigley.

Beatriz Colomina is the Howard Crosby Butler Professor of the History of Architecture at Princeton University. She writes and curates on questions of design, art, sexuality and media. Her books and exhibitions include *We the Bacteria: Notes Toward Biotic Architecture*, 2025 Triennale of Milan, with Mark Wigley.

ROB DUNN

Rob Dunn étudie l'écologie et l'évolution des espèces qui vivent avec les humains et les autres sociétés animales, tout en s'inspirant de l'art, de l'architecture, de la littérature et d'autres disciplines. Rob Dunn a également écrit huit livres, dont les plus récents sont *Une histoire naturelle du* futur et, avec Monica Sanchez, *Delicious, The Evolution of Flavor and How it Made us Human*.

Rob Dunn studies the ecology and evolution of the species that live with humans and other animal societies, while drawing on insights from art, architecture, literature and other disciplines. Dunn has also written eight books, most recently *A Natural History of the Future* and, with Monica Sanchez, *Delicious, The Evolution of Flavor and How it Made us Human*.

PEDRO GADANHO

Pedro Gadanho est architecte, curateur et écrivain. Lauréat de la bourse Loeb 2020 de l'Université de Harvard, il a été conservateur de l'architecture contemporaine au MoMA, à New York, et directeur fondateur du musée MAAT à Lisbonne. Il est l'auteur de *Climax Change! How Architecture Must Transform in the Age of Ecological Emergency* (ACTAR, 2022).

Pedro Gadanho is an architect, curator and writer. A 2020 Loeb Fellow from Harvard University, he was a curator of contemporary architecture at MoMA, New York, and the founding director of the MAAT museum in Lisbon. He is the author of *Climax Change! How Architecture Must Transform in the Age of Ecological Emergency* (ACTAR, 2022).

BÉATRICE GRENIER

Béatrice Grenier est une commissaire d'exposition, écrivain et éditrice basée à Paris. Elle est actuellement directrice des projets stratégiques à la Fondation Cartier, où elle organise une exposition sur l'architecture de Jean Nouvel pour la XIXe Biennale d'architecture de Venise. Béatrice est l'auteure de *Tashkent: A Modernist Capital* (Rizzoli) et *Infinite Memory* (Lenz Press).

Béatrice Grenier is a Paris-based curator, writer and editor. She is currently the Director of Strategic Projects at the Fondation Cartier where she is curating an exhibition on the architecture of Jean Nouvel for the 19th Venice Architecture Biennale. Beatrice is the author of *Tashkent: A Modernist Capital* (Rizzoli) and *Infinite Memory* (Lenz Press).

LISA HESCHONG

Lisa Heschong, auteure du livre *Architecture et volupté thermique* et de sa suite, *Visual Delight in Architecture : Daylight, Vision and View*, est titulaire d'une maîtrise d'architecture du MIT et est l'une des fondatrices du Heschong Mahone Group (HMG). Elle a reçu trois prix pour l'ensemble de sa carrière, dont la médaille du IES en 2022.

Lisa Heschong, author of *Thermal Delight in Architecture* and its companion, *Visual Delight in Architecture: Daylight, Vision and View*, received a Master of Architecture from MIT and was a founding principal of the Heschong Mahone Group (HMG). She has been honoured with three lifetime achievement awards, including the IES Medal in 2022.

GABRIEL KOGAN

Gabriel Kogan, architecte et critique, est titulaire d'une maîtrise en gestion de l'eau de l'UNESCO-IHE (Pays-Bas, 2013) et d'un doctorat en architecture de la FAU-USP (Brésil, 2025). Professeur à l'Escola da Cidade (Brésil) et critique invité au Politecnico di Milano (Italie), il a également été professeur invité au Tokyo Institute of Technology (Japon, 2021) et chercheur à l'université de Kyoto (Japon, 2022). Il dirige actuellement un bureau d'architecture indépendant basé à São Paulo.

Gabriel Kogan, architect and critic, has an MSc in water management from UNESCO-IHE (Netherlands, 2013) and a PhD in architecture from FAU-USP (Brazil, 2025). Professor at Escola da Cidade (Brazil) and guest critic at Politecnico di Milano (Italy), he was also a visiting professor at the Tokyo Institute of Technology (Japan, 2021) and a researcher at Kyoto University (Japan, 2022). Currently, he runs an independent practice based in São Paulo.

EDUARDO PRIETO

Eduardo Prieto est titulaire d'un doctorat en architecture, d'un diplôme en philosophie et d'un DEA en esthétique. Il est professeur à l'ETSAM-UPM. Il a été chercheur invité au GSD Harvard et est l'auteur d'ouvrages sur l'architecture, l'environnement et la culture, notamment *Environmental History of Architecture* et *The Labyrinths of Air. Les vents, les miasmes et l'architecture à la Renaissance.*

Eduardo Prieto holds a PhD in Architecture, a degree in Philosophy and a DEA in Aesthetics, and is a Professor at the ETSAM-UPM. He has been a visiting scholar at GSD Harvard and is the author of books on architecture, environment and culture, including *Environmental History of Architecture* and *The Labyrinths of Air. Winds, Miasmas and Architecture in the Renaissance.*

CAROLYN STEEL

Carolyn Steel est une éminente spécialiste de l'alimentation et des villes. Universitaire basée à Londres, ses ouvrages primés *Ville affamée – Comment l'alimentation façonne nos vies* (2008) et *Le ventre des villes, Comment l'alimentation façonne nos vies* (2021) ont établi son concept de « sitopia » (lieu de nourriture) dans le monde entier et sa conférence TEDGlobal de 2009 a été visionnée 1,5 million de fois.

Carolyn Steel MA (Cantab) ARB is a leading thinker on food and cities. A London-based academic, her award-winning books *Hungry City: How Food Shapes Our Lives* (2008) and *Sitopia: How Food Can Save the World* (2020) have established her concept of 'sitopia' (food place) worldwide and her 2009 TEDGlobal talk has received 1.5 million views.

GERMAN VALENZUELA

German Valenzuela, architecte et titulaire d'une maîtrise, a cofondé l'école d'architecture de l'Université de Talca. Les projets de son studio et de ses étudiants ont été récompensés par des prix prestigieux. Il a été professeur invité dans différents pays. Il dirige le séminaire « Del Territorio al Detalle » et a publié de nombreux ouvrages.

German Valenzuela, architect and Master's graduate, co-founded the School of Architecture at the University of Talca. His studio and student projects have won prestigious awards. He has been a guest professor in different countries. He directs the 'Del Territorio al Detalle' seminar and is a published author.

MARK WIGLEY

Mark Wigley is Professor of Architecture and Dean Emeritus at Columbia University. He is a historian, theorist, and critic who explores the intersection of architecture, art, philosophy, culture, and technology. His books and exhibitions include *Are We Human? Notes on an Archaeology of Design* with Beatriz Colomina.

Mark Wigley est professeur d'architecture et doyen émérite de l'université de Columbia. Historien, théoricien et critique, il explore l'intersection de l'architecture, de l'art, de la philosophie, de la culture et de la technologie. Parmi ses livres et expositions, citons *Are We Human ? Notes on an Archaeology of Design* avec Beatriz Colomina.

CINÉASTES [FILMMAKERS]

DERRICK BELCHAM

Derrick Belcham est un cinéaste canadien dont le travail, reconnu internationalement, l'a amené à créer des œuvres avec des artistes tels que Philip Glass, Steve Reich, Laurie Anderson, Yo Yo Ma, Ryuichi Sakamoto et des centaines d'autres dans les domaines de la musique, de la danse, du théâtre et de l'architecture.

Derrick Belcham is a Canadian filmmaker whose internationally recognized work has led him to create pieces with such artists as Philip Glass, Steve Reich, Laurie Anderson, Yo Yo Ma, Ryuichi Sakamoto and hundreds of others in music, dance, theatre and architecture.

YOUNÈS BEN SLIMANE

Younès Ben Slimane est artiste et cinéaste, diplômé du Fresnoy en 2022. Sa pratique se situe à la croisée du cinéma, de l'architecture et des arts visuels. Son travail du film et de l'installation s'attache à faire dialoguer ces différents médiums pour mieux déplier leurs potentialités et leurs limites.

Younes Ben Slimane is an artist and filmmaker. He completed post-graduate studies at Le Fresnoy in 2022. His practice lies at the intersection of cinema, architecture and the visual arts. His film and installation work aims to bring these different media into dialogue in order to unfold their potentialities and limits.

MANUEL MUÑOZ RIVAS

Manuel Muñoz Rivas est un cinéaste originaire de Séville, en Espagne. Il est diplômé de l'EICTV – École internationale de cinéma (Cuba). Son travail explore de manière poétique les relations entre les gens et le territoire, entre le quotidien et le transcendantal, avec une approche hybride qui défie les catégories de la fiction et du documentaire et privilégie une expérience immersive et sensorielle.

Manuel Muñoz Rivas is a filmmaker from Sevilla, Spain. He graduated from the EICTV–International Film School (Cuba). His work poetically explores the relationships between people and territory, between the mundane and the transcendental, with a hybrid approach that defies the categories of fiction and documentary and privileges an immersive and sensory experience.

Cette publication accompagne l'exposition
« 4° Celsius entre toi et moi »
présentée à l'École nationale supérieure
d'architecture de Versailles du
7 MAI–13 JUILLET, 2025.

« 4° Celsius entre toi et moi » a été conçue dans le cadre de troisième
édition de la BAP ! Biennale d'architecture d'Ile de France, proposée
et financée par la Région Ile de France.

This publication accompanies the exhibition
«4° Celsius Between You and Me»,
presented at the École nationale supérieure
d'architecture de Versailles from
MAY 7–JULY 13, 2025.

«4° Celsius Between You and Me» was conceived as part of the third
edition of BAP! Biennale of Architecture of Île-de-France, proposed
and funded by the Île-de-France Region.

MÉCÈNES
[SPONSORS]
Centre culturel suisse. On tour
Ratti S.p.A. SB, Como, Italie

PARTENAIRES
[PARTNERSHIPS]
Éditions Points, Paris
d'a (d'architectures),
magazine d'architecture, Paris

CONTACT
[CONTACT]
hello@bap-quatredegres.com / biennale@versailles.archi.fr

MENTIONS LÉGALES
[CRÉDITS]
Les textes publiés dans cet ouvrage n'engagent
que la responsabilité de leurs auteurs.

Photos et images :
Avec l'aimable autorisation des architectes,
des universités, des cinéastes et des auteurs / ADAGP.

École nationale
supérieure d'architecture
Versailles

COMMISSARIAT GÉNÉRAL DE LA BAP !
[GENERAL CURATION]
François de Mazières

COMMISSARIAT DE 4° *CELSIUS ENTRE TOI ET MOI*
[CURATION]
Sana Frini, Philippe Rahm

CHARGÉS DE PROJET
[PROJECT MANAGERS]
Sana Frini / Locus :
Jachen Schleich, Raphaël Fenoglio (chef de projet), Mariana Lopez Pulido (Project Manager), Santiago Sitten, Monica Arellano, Rodrigo Huesca, Arlette Plata, Jose Silva, Javiera Elicer, Lucia Pells
Philippe Rahm / Philippe Rahm architectes :
Muriel Maggiol (cheffe de projet), Lucien Rahm, Inés Gárate Marín, Aya Sellami, Noë Renaudineau

REMERCIEMENTS
[THANKS]
François de Mazière, Alexandre Labasse, Nicolas Dorval-Bory, Amal Lahlou Loubatières, Nadège Desnoues, Sabrina Maitrier, Marc Srikandan, Thierry Boucher, Kévin Lanfant, Fatima Dasilva, Gaël Gaudin, Lionel Patte, Fabienne Vittot, Marie-Hélène Amiot.

COORDINATION ET CONCEPTION ÉDITORIALE
[COORDINATION AND EDITORIAL CONCEPTION]
Philippe Rahm, Sana Frini

COORDINATION GRAPHIQUE ET DESIGN GRAPHIQUE
[GRAPHIC COORDINATION AND GRAPHIC DESIGN]
Estudio Herrera, Mexico City
Maricris Herrera
Israel Hernández, Marianna Pasaret, Diego Pereyra, Gabriela Quezada, Mirelle Rodríguez

TRADUCTION / CORRECTION
[TRANSLATION / CORRECTION]
Monica D'Andrea, Philippe Rahm

EDITION / PUBLISHING
Actar Publishers
New York, Barcelona
www.actar.com

DISTRIBUTION
[DISTRIBUTION]
Actar D, Inc.

New York
440 Park Avenue South, 17 Fl.
New York, NY 10016, USA
+1 212 966 2207
salesnewyork@actar-d.com

Barcelona
Roca I Batlle, 2-4
08023 Barcelona, Spain
+34 933 282 183
eurosales@actar-d.com

IMPRESSION
[PRINTING]
Gràfiques Jou, Barcelona

CARACTÈRES TYPOGRAPHIQUES
[TYPEFACES]
ITC Century Std
Xanh Mono
Trispace Mono

PAPIERS
[PAPER]
Coral Book 130grs, 300grs

INDEXATION
[INDEXING]
ISBN: 978-1-63840-184-1

NUMÉRO DE CONTRÔLE DE LA BIBLIOTHÈQUE DU CONGRÈS
[LIBRARY OF CONGRESS CONTROL NUMBER]
2025933488

Imprimé en Europe
avril 2025

Printed in Europe
April 2025